水利工程项目建设管理

戴金水　徐海升　毕元章　编著

黄河水利出版社

·郑州·

内 容 提 要

全书共分三篇。第一篇介绍了目前建筑市场实行的项目法人负责制、招投标制、建设监理制和合同管理制,讲述工程项目建设管理的要点,对工程项目实施的进度管理、质量管理和投资管理等进行了系统的阐述。第二篇叙述了工程项目建设管理实践中常见问题的预防及对策。第三篇阐述了代建制及其应用,通过对实行代建制的分析,结合实际案例,探讨了代建制在实施过程中应该注意的问题。该书通俗易懂,具有较强的针对性和实用性。

本书可以作为高等院校水利工程、土木工程、交通工程等专业的本科、研究生教育教材或参考书;也可作为各级政府建设管理部门、项目法人(建设单位)、施工单位、设计单位和社会中介咨询公司等单位的工程管理人员及专业技术人员的工作参考书。

图书在版编目(CIP)数据

水利工程项目建设管理/戴金水,徐海升,毕元章编著.
郑州:黄河水利出版社,2008.8
ISBN 978 - 7 -80734 -475 -9

Ⅰ.水… Ⅱ.①戴…②徐…③毕… Ⅲ.水利工程 – 项目管理 Ⅳ.TV512

中国版本图书馆 CIP 数据核字(2008)第 117866 号

组稿编辑:岳德军 手机:13838122133 E-mail:dejunyue@163.com

出 版 社:黄河水利出版社
地址:河南省郑州市金水路 11 号 邮政编码:450003
发行单位:黄河水利出版社
发行部电话:0371 – 66026940、66020550、66028024、66022620(传真)
E-mail:hhslcbs@ 126.com
承印单位:黄河水利委员会印刷厂
开本:787 mm×1 092 mm 1/16
印张:15
字数:347 千字 印数:1—4 500
版次:2008 年 8 月第 1 版 印次:2008 年 8 月第 1 次印刷

定价:32.00 元

前　言

　　近年来,为了满足国民经济快速发展的需要,我国工程项目投资增速很快,建设行业总产值数额巨大。"十五"期间我国基础设施建设投资年平均超过3万亿元,政府投资年均接近6 000亿元。具体在水利行业,2005年,全社会水利固定资产投资827.4亿元,2006年,全社会水利固定资产投资932.7亿元。"十一五"期间,政府投资将继续加大。如此巨大的投资,如何用好、管好,使其真正发挥效益,是个重要课题。伴随着这样的发展速度,相应的项目管理水平并不能满足发展需要,甚至是不相适应的。国家及省的一些大型项目投资额少则几亿元,多则几十亿元,甚至更多,比如我国的三峡工程建设投资就达2 039亿元。有些工程项目延误一天就会造成上百万元的损失。而一些项目管理者不懂项目管理理论,不能利用已有的项目管理成果及经验来进行项目管理,甚至有些项目的管理者根本就不了解现代工程项目管理的基本思想,工程项目计划不准确,随意性大,资源配置及合同管理不科学,极易造成经济损失,增加项目成本,延误工期。作者在与工程项目管理者交流的过程中,发现很多管理者没有系统的项目管理思想,所应用的只是项目管理的局部知识;还有的项目管理人员认为,项目管理只是领导的事。参与项目的管理者没有系统学习现代项目管理的知识,更不能将其应用到具体的项目管理中。正因为如此,项目管理在我国的应用具有很大的空间,项目管理理论及实践的学习,有助于国家和地方建设项目的高效管理,有助于提高我国项目管理的整体水平。根据我国和各地的实际情况进行科学管理,减少成本,确保建设工期、质量及项目绩效,必将产生巨大的经济效益和社会效益。

　　水利工程建设项目是国民经济的基础设施,在社会发展的各个阶段为人民的生产和生活提供了重要保障。新中国建立以来,工程项目建设管理经历了新中国初期恢复生产建设阶段,大跃进模式的建设管理;文化大革命时期,造反有理、"左"倾思潮统治一切的建设管理;还有后来的计划经济模式下的建设管理;以及目前实行的项目法人负责制、招投标制、建设监理制和合同管理制,即现今推行的建设管理"四制"形式。各个阶段都建设了大量工程项目,其中有不少优质工程,也有劣质工程。目前,建筑市场实行"四制"形式的建设项目管理模式,有不少优质工程,但也有"豆腐渣"工程,甚至还有没有实施工程建设就花掉工程投资的"工程"。可见,工程项目建设管理质量的水平有很大的弹性,若把工程建设项目管理看做变量x,工程质量看做因变量y,工程项目建设管理质量这个函数 $y = f(x)$ 应该是这样一个函数:一端是优质工程对应的工程项目建设质量管理;一端是劣质工程对应的工程项目建设质量管理,甚至是"虚构工程"对应的建设项目质量管理。目前把我们的工程项目建设质量管理水平定在什么水平上更合理、更符合实际呢?

　　工程项目建设管理质量是行政和技术结合的产物,影响的因素很多,也相当复杂。本书是从项目法人角度来细致地剖析工程项目建设管理。全书共分三篇,第一篇工程项目建设管理,是按照目前建筑市场实行的项目法人负责制、招投标制、建设监理制和合同管理制,讲述工程项目建设管理的要点,对进度管理、质量管理和投资管理等进行了系统的理论阐述。第二篇工程项目建设管理问题剖析,讲述工程项目建设管理实践中,建设管理中常见问题的预防及对策。第三篇政府投资项目的代建制,介绍了代建制及其应用,通过对代建制实践的分析,结合实际案例,探讨了在实行代建制过程中应该注意的问题。

　　由于水平所限,书中的谬误和不足之处肯定不少,欢迎读者斧正,以便改进。

作　者

2008 年 1 月

目　录

第二篇　工程项目建设管理问题剖析

第一篇　工程项目建设管理

第一章　工程项目建设管理概述

第一节　项　目

一、项目概念

项目,来源于人类有组织活动的分化。随着人类的发展,有组织的活动逐步分化为两个类型:一类是连续不断、周而复始的活动,人们称之为"作业或运作",如人们日常生产产品的活动;另一类是临时性、一次性的活动,人们称之为"项目",如人们开挖一条河道、进行一项技术改造的实施等。

从广泛的含义上讲,项目是在当时社会的技术、经济、环境条件可能的情况下,在一定的时间内,为满足一系列特定的目标,将被完成的有限任务的集合,是多项相关工作的总称。

项目可以按照不同的原则来进行分类,如从层次上分有宏观项目、中观项目和微观项目;从行业领域分有建筑项目、制造项目、水利项目、金融项目等。

在各种不同的项目中,项目内容可以说是千差万别的,但项目本身有其共同的特点,这些特点可以概括如下:

(1)项目由多个部分组成,跨越多个组织,因此需要多方合作才能完成。

(2)在技术上,项目涉及多个专业,因此需要多个技术专业合作才能完成。

(3)为了追求一种新产物才组织项目。

(4)可利用资源预先要有明确的预算。

(5)可利用资源一经确定,不再轻易接受其他支援。

(6)有严格的时间界限,一般公之于众。

(7)项目的构成人员来自不同专业的不同职能组织,项目结束后原则上仍回原职能组织中。

(8)项目的产物其保全或扩展通常由项目参加者以外的人员来进行。

二、项目的组成要素

项目由以下五要素构成:

(1)项目的(界定)范围。

(2)项目的组织结构。

(3)项目的质量。

(4)项目的费用。

(5)项目的时间进度。

项目组成五要素中,项目的(界定)范围和项目的组织结构是最基本的,而质量、时间进度和费用是可以变动的,是依附于(界定)范围和组织结构的。

三、工程项目

工程项目属于投资项目中最重要的一类,是一种既有投资行为又有建设行为的项目的决策与实施活动。

一般来讲,投资与建设是分不开的,投资是建设的起点,没有投资就不可能进行建设,而没有建设行为,投资的目的也无法实现。所以,建设过程实质上是投资的决策和实施过程,也是投资目的的实现过程,也是把投入的货币转换为实物资产的经济活动过程。

从管理角度看,一个工程项目应是在一个总体设计及其概算范围内,由一个或者几个互相联系的单项工程组成的,建设中实行统一核算、统一管理的投资建设工程。

四、工程项目的特点

(一)建设目标的明确性
任何项目都有明确的建设目标,包括宏观目标和微观目标。
(二)建设目标的约束性
工程项目实现其建设目标,要受到多方面条件的制约。
(1)时间约束,即工程要有合理的工期时限。
(2)资源约束,即工程要在一定的人、财、物力条件下来完成建设任务。
(3)质量约束,即工程要达到既定目标满意度的要求。
(4)投资约束,即工程要在核定的资金数量下达到目标。
(5)空间约束,即工程要在一定的施工空间范围内通过科学合理的方法组织完成。
(三)具有一次性和不可逆性
工程项目建设地点一次性确定,建成后不可移动,设计的单一性、施工的单件性,使得它不同于一般商品的批量生产,一旦建成,要想改变非常困难。
(四)影响的长期性
工程项目一般建设期长,投资回收期长,寿命周期长,质量好坏影响面大,作用时间长。
(五)投资风险性大
由于工程项目建设是一次性的,建设过程中不定因素很多,因此投资的风险性很大。
(六)管理的复杂性
工程项目的内部结构存在许多结合部,是项目管理的薄弱环节,使得参加建设的各单位之间的沟通、协调困难重重,也是工程实施中容易出现事故和质量问题的地方。

第二节 项目管理

一、项目管理

项目管理就是以项目为对象的系统管理方法,通过一个临时性的专门的柔性组织,对项目进行高效率的计划、组织、指导和控制,以实现项目全过程的动态管理和项目目标的综合协调与优化。

所谓实现项目全过程的动态管理,是指在项目的生命周期内,不断进行资源的配置和协调,不断做出科学决策,从而使项目执行的全过程处于最佳的运行状态,产生最佳的效果。所谓项目目标的综合协调与优化,是指项目管理应综合协调好时间、费用及功能等约束性目标,在相对较短的时间内成功地达到一个特定的成果目标。项目管理的日常活动通常是围绕项目计划、项目组织、质量管理、费用控制、进度控制等五个基本任务来展开的。

项目管理是以项目经理负责制为基础的目标管理。一般来讲,项目管理是按任务(垂直结构)而不是按职能(平行结构)组织起来的。目前为三维管理:

(1)时间维,即把整个项目的生命周期划分为若干阶段,从而进行阶段管理。

(2)知识维,即针对项目生命周期的各个不同阶段,采用和研究不同的管理技术方法。

(3)保障维,即对项目人、财、物、技术、信息等的后勤保障管理。

二、项目管理的四大要素

项目管理的要素是理解项目管理的关键,也是做好项目管理的基础。

(一)资源

一切具有现实和潜在价值的东西,包括自然资源和人造资源、内部资源和外部资源、有形资源和无形资源。如人力和人才、材料、机械、资金、信息、科学技术、市场等。项目管理本身作为管理的方法和手段,也是一种资源。

(二)需求和目标

通常把需求分为基本需求和期望需求。

基本需求包括项目实施的范围、质量要求、利润或成本目标、时间目标以及必须满足的法规要求等。在一定范围内,质量、成本、进度三者是互相制约的,当进度要求不变时,质量要求越高,则成本越高;当成本不变时,质量要求越高,则进度越慢;当质量标准不变时,进度的过快或过慢都会导致成本的增加。管理的目的是谋求快、好、省的有机统一,好中求快,好中求省。如果把"多"或"大",即项目实施的范围或规模一起考虑在内的话,可以以利润代替成本作为目标。利润 = 收益－成本。管理是要寻求使利润最大的项目实施范围或规模,从而确定其相应的成本。

期望需求常常对开辟市场、争取支持、减少阻力产生影响。

(三)项目组织

组织就是把多个人联系起来,做一个人无法做的事情,是管理的一项功能。

项目组织是在不断地更替和变化。组织的一个基本原则是因事设人。根据项目的任务设置机构,设岗用人,事毕境迁,及时调整,甚至撤消。项目要有机动灵活的组织形式和用人机制,可称之为柔性。千万不可来了走不得,定了变不得,不用去不得,用得进不得;或者,因人设岗,且占岗不干事,占岗不会干事;官位争到手,事事不做主,好事争抢,工作推诿,形成干事的没权,有权的不会干,两眼盯别人,到处鼓"棒槌"的局面,变成一个迟钝、僵化、无生命力的机体。

项目组织的柔性还反映在各个项目利益相关者之间的联系都是有联系的、松散的,它们是通过合同、协议、法规、项目本身以及其他各种社会关系结合起来的;项目组织不像其他组织那样有明晰的组织边界,项目利益相关者及其个别成员在某些事物中属于某些组织,在另外的事物中可能又属于其他组织。此外,项目中各利益相关者的组织形式也是多种多样的。

(四)项目环境

要使项目取得成功,除了需要对项目本身、项目组织及其内部环境有充分的了解,还需要对项目所处的外部环境有正确的认识。

一般包括政治环境、经济环境、文化和意识环境、人文环境、规章和标准环境等。

三、项目管理的特点

项目管理与传统的部门管理相比最大的特点是项目管理注重于综合性管理,并且项目管理工作有严格的时间期限。项目管理必须通过不完全确定的过程,在确定的期限内产生不完全确定的产品,日程安排和进度控制常对项目管理产生很大压力。具体表现有:

(1)项目管理的对象是项目或被当做项目来处理的作业。项目管理是针对项目的特点而形成的一种管理方式,因而其适用对象是项目,特别是大型的、比较复杂的项目;鉴于项目管理的科学性和高效性,有时人们会将重复性的"作业"或"作业"中的某些过程分离出来,加上起点和终点当项目来管理,以便于在其中应用项目管理的方法。

(2)项目管理的全过程都贯穿着系统工程的思想。项目特别是大型项目是一个技术复杂、时限严格、目标明确、意识超前的完整的系统,项目管理要本着"整体—分解—综合"的原理,将系统分解为若干责任单元,由责任者分别按要求完成各自的目标,然后汇总、综合成最终成果。

(3)项目管理的组织具有特殊性。项目管理的一个最为明显的特征即是组织的特殊性。其特殊性表现在:①有了"项目组织"的概念。项目管理的突出特点是项目本身作为一个组织单元,围绕项目来组织资源。②项目管理的组织是临时性的。由于项目是一次性的,而项目的组织是为项目的建设服务的,项目终结了,其组织的使命也就完成了。③项目管理的组织是柔性的。所谓柔性的即是可变的,项目的组织打破了传统的固定建制的组织形式,而是根据项目生命周期各个阶段的具体需要适时地调整组织的配置,以保障组织的高效、经济运行。④项目管理的组织强调其协调控制职能。项目管理是一个综合管理过程,其组织结构的设计必须充分考虑到利于组织各部分的协调与控制,以保证项目总体目标的实现。因此,目前项目管理的组织结构多为矩阵式结构,而非直线式职能结构。

(4)项目管理的体制是一种基于团队管理的个人负责制。由于项目系统管理的要求,需要集中权力以控制工作正常进行,因而项目经理是一个关键角色。

(5)项目管理的方式是目标管理。项目管理是一种多层次的目标管理方式。由于项目往往涉及的专业领域十分宽广,而项目管理者谁也无法成为一个专业领域的专家,对某些专业虽然有所了解但不可能像专门研究者那样深刻。现代的项目管理者只能以综合协调者的身份,向被授权的专家,讲明应承担工作责任的意义,协调确定目标以及时间、经费、工作标准的限定条件。此外的具体工作则由被授权者独立处理。同时,经常反馈信息、检查督促并在遇到困难需要协调时及时给予各方面有关的支持。可见,项目管理只要求在约束条件下实现项目的目标,其实现的方法具有灵活性。

(6)项目管理的要点是创造和保持一种使项目顺利进行的环境。项目管理就是创造和保持一种环境,使置身于其中的人们能在集体中一道工作以完成预定的使命和目标。所以,项目管理是一个过程,而不是技术过程,处理各种冲突和意外事件是项目管理的主要工作。

(7)项目管理的方法、工具和手段具有先进性、开放性。项目管理采用科学先进的管理理论和方法。

四、工程项目管理

工程项目管理就是在一定的约束条件下,对项目的所有活动实施决策与计划、组织与指挥、控制与协调、教育与激励等一系列工作的总称。工程项目管理与其他管理要求更强调程序性、全面性和科学性。要运用系统的观点、理论和方法进行管理。

五、工程项目管理的具体职能

工程项目管理的具体职能如下:

(1)决策与计划。决策是计划的重要依据之一,是决策者对工程项目有关的重大问题所做出的选择和决定。计划,就是根据决策情况,制定科学的奋斗目标来指导项目的各项施工生产经营活动。计划要明确规定需要达到的目标,以及完成目标所采取的措施和方法,实施的地点、时间和负责人,需要消耗的原材料,会带来的效果等。一个工程项目如果没有正确的决策和科学的计划,就不可能实现其目标。

(2)组织与指挥。组织就是根据计划,合理安排人力、物力和财力,把工程项目的各个方面、各个阶段,按计划的要求严密地组织起来,使计划规定的措施方法落实到每个部门、每个环节乃至每一个成员。指挥就是为达到计划目标而实行的有效的领导,使工程项目的各个职能部门和各个基层单位都能按照一个统一的意志协调地、有秩序地运行。

(3)控制与协调。控制就是通过信息反馈系统,对工期目标、质量目标、成本目标及其他目标和实际完成情况及时进行对比,发现问题立即采取措施加以解决。所谓协调就是及时调整解决各个过程、各个环节和各个职能部门之间的矛盾,做到人尽其才、物尽其用,以期达到工程项目的目标。

(4)教育与激励。进行有效的思想政治工作,坚持精神鼓励和物质鼓励相结合的原则,调动广大职工的积极性、创造性,共同为实现项目的总目标而努力。

以上各种具体职能是一个紧密联系的有机整体,共同围绕工程项目这个中心发挥其各自的独立作用。通过决策与计划,明确奋斗目标;通过组织与指挥,实现项目的有效运转;通过控制与协调,建立正常的秩序,及时解决不协调的因素;通过教育与激励,调动职工积极因素,从而保证工程项目既定目标顺利实现。

六、建设项目管理

建设项目管理即建设单位的项目管理,是指项目业主或法人及其所委托的代表,对项目所实施的全过程、全方位的管理。在项目建设管理中业主或法人应始终处于中心地位，其指挥、管理和控制虽然有所侧重且形式多样，但总的看来应该是全过程、全方位的。首先，建设项目许多工作本身就不是被委托单位或承包商所能单独完成和解决的，需要合同双方密切配合和齐心协力。其次，有关业务虽已委托或承包出去并以合同形式予以约定，并不意味着业主的管理和监督职能的消减或丧失。合同不是万能的，它不可能将所有问题都包括进去，也不可能预料未来各种事件。对合同本身也有一个管理问题，至于某些游离于合同内外的"擦边"问题则要根据实际情况、行业惯例去灵活加以处置。再次，项目业主对可行性研究以及评估审查报告，是否客观得当，所提供的参考资料和咨询建议有无差错和漏洞，其有关资料来源和研究手段是否可靠等，项目业主在可能的条件下也应注意审议，至于最终决策这样的大事还须由业主拍板决定。最后，协调有关各方的关系、密切各个工作环节的关系以及业主自始至终对委托承包方的配合和支持，是项目成功的重要保证，也是建设项目管理不可或缺的重要内容。项目周期是由若干个有序阶段组成的，每一个阶段都有其具体目标和要求，都是为总目标服务的，只有站在业主或法人的角度，才可能统筹全局、前后照应，并在必要时牵头解决各种多边问题和业务交叉。

七、建设项目管理目标和职能

建设项目管理目标包括总体目标、分项目标和阶段目标，它们组成一个目标体系。建设项目管理的总体目标是：在有限资源和特定环境条件下，按既定的（质量、进度和投资规模等）要求圆满地完成项目建设任务，为项目投产使用、资金回收以及创造较好的财务效益、经济效益和社会效益打下坚实的基础。项目周期的各有序阶段的功能指向和任务要求则为项目的各阶段性目标。对总体目标或者阶段性目标的进一步分解，就得到不同层次的分项目标，它们有可能是项目管理目标体系中的重要组成部分，比如建设项目质量、进度和投资成本便是最重要的分项指标。

建设项目管理的主要职能是决策、计划、组织、控制和协调等。决策职能主要体现在投资前期，建设期和生产期则多为中层或低层战术决策。计划职能是把整个项目（包括项目中各种目标、要求以及有关活动等）自始至终纳入计划轨道，要求按计划行事，按计划开展有关工作，对照计划总结工作成效。组织职能主要体现在建立以项目经理为中心的管理体系，定岗定责并赋予相应的责任和权利，以实行有效的运作和管理。控制职能主要是对照计划目标，检查、督促并纠正实际工作和活动中的偏差及失误，以确保项目目标的实现和投资建设任务的圆满完成。协调职能主要在于处理好有关各个层次、各个环节、各个方面的关系，化解诸多业务交叉、结合部的矛盾和障碍，将阻力转化为动力，全面促进项目工作，齐心协力向着共同的目标前进。

第二章　工程项目前期管理

第一节　项目法人

一、项目法人

项目法人是指具有民事权利能力和民事行为能力,依法独立享有民事权利和承担民事义务,并以建设项目为目的,从事项目管理的最高权力集团和组织。

二、项目法人责任制

项目法人责任制,是指由投资方选定的代表(项目法人),对建设项目的筹划、筹资、设计、建设实施、生产经营、归还贷款以及国有资产的保值、增值等全过程负责,并承担投资风险。即是筹划项目、筹集资金、组织建设、生产经营、还贷付息的五位一体的建设项目管理模式。

三、项目承包合同管理的模式

项目法人通过招标择优选择监理单位、项目设计单位和合同承包单位;项目法人通过监理工程师在项目法人授权范围内,以合同为准则,协调合同当事人的关系,并对项目设计人员的设计,以及承包人的工作、生产进行监督和管理。

四、发包人的定义

发包人是指合同协议书写明的发包当事人以及取得该当事人资格的合法继承人。

五、项目法人与发包人的关系

工程项目建设管理中,项目法人是出资方,发包人(或建设单位)是受项目法人委派直接负责工程项目建设管理的合法继承人,也称建设单位。有时项目法人和发包人为一个单位,即项目法人直接进行工程项目建设管理。

六、发包人的权利

(1)有制定月、季、年计划的权利。
(2)有权同意或拒绝工程转让和分包,以及批准履约担保和工程保险。
(3)批准合同规定以外征占施工用地。
(4)批准合同以外承包人提出新施工条件的权利。
(5)批准修改工程各控制性工期和总工期。

(6)批准重大的合同变更和工程设计变更。

(7)批准备用金的使用。

(8)办理每期进度支付工程款、工程预付款、材料(工程设备)预付款、索赔,调整合同价格与物价波动,合同最终决算等。

(9)如果承包人违反合同规定和违约,有向承包人索赔的权利。

(10)有决定罚没逾期完工违约金的权利。

(11)如果承包人违约时,有解除对承包人全部或部分合同的权利。由此给发包人造成的直接经济损失,用罚没履约担保金或保留金予以补偿,还应弥补不足的部分。

(12)发生争议时发包人有要求争端裁决委员会(FIDIC 条款全文 Dispute Adjudication Board,简称 DAB)进行调解或要求仲裁的权利。

(13)发包人有对监理工程师授权或扩大授权或限制授权的权利。有撤换各级监理人员的权利,但拟替换的人员应事先通知承包人,如承包人对此人提出合理的反对意见,并附有详细依据,发包人就不应用该人替换。也有撤换各级承包人员的权利。

七、发包人的义务

(1)提供施工用地。

(2)提供部分施工条件和施工准备工程。

(3)移交测量基准点以及有关资料。

(4)提供必需的水文和地质勘测原始资料。

(5)提供施工图纸。

(6)协调外部关系,创造良好的施工条件。

八、发包人的责任

(1)遵守法律、法规和规章,承担自身引起的法律责任。

(2)支付工程价款、完工结算和最终结算。

(3)办理由发包人投保的保险。

(4)统一管理工程文明施工。

(5)全工地的治安保卫和施工安全。

(6)环境保护。

(7)发包人应授权监理工程师组织施工期运行验收、单项工程验收、部分工程验收和工程完工验收,以及缺陷通知期检验。

九、发包人的风险

(1)战争、社会动乱、爆炸、辐射污染等因素造成的损失和损坏。

(2)除合同规定以外发包人使用或占有的永久工程的任何部分。

(3)发包人负责提供的工程设计不当造成的损失和损坏。

(4)不可预见的或不能合理预期一个有经验的承包人已采取适宜预防措施的任何自然力的作用。

十、发包人的工作方法和行为准则

（1）应给予监理工程师充分授权,至少应把管理合同的全部权力授予监理工程师。

（2）在合同范围内,发包人和承包人的全部联系应通过监理工程师进行。

（3）对于按合同要求监理工程师在颁发指示和决定、确定价格、同意工期延误等工作之前与发包人协商的一切事宜,要正确理解,并应立即做出反应。

（4）发包人对监理工程师的能力、行为和职业道德进行监督,但不能直接干预监理工程师的具体工作。

（5）发包人的义务应认真履行,为监理工程师提供必要的工作条件,并创造良好的合同管理的外部环境。

（6）发包人的行为准则是:恪守合同规定,通过监理工程师对承包人的施工进行监督和管理。在按期获得合格工程的前提下,允许承包人得到合理的报酬。

十一、工程承包合同的定义

工程承包合同的定义是:项目法人(即业主或称发包人)与承包人(即承包商)之间为了实现特定工程合同的目的,而确立、变更和终止双方权利与义务关系的协议。

第二节　承包人

一、承包人

承包人是指其投标函已为发包人接受的当事人以及取得此当事人资格的合法继承人。

二、承包人的权利

（1）有要求发包人按合同规定提供施工用地、施工条件和施工通道的权利。

（2）有要求发包人或监理工程师按合同规定及时提供水文、地质和测量网点等勘测资料以及施工图纸的权利。

（3）承包人有选择材料供货商的权利。如有合理的理由,有权拒绝发包人指定分包人。

（4）在合同总工期和控制性工期的控制下,承包人有制定和修改工程施工进度的权利。

（5）承包人有选择现场作业和施工方法的权利,但应对所有现场作业、所有施工方法和全部工程的完备性、稳定性和安全性承担责任。

（6）在合同规定的变更或工程量变化的范围内,有要求发包人调整费率或价格的权利。

（7）发包人或监理工程师不按合同规定强行干预承包人的现场作业和施工方法,或苛刻检验,或违反合同规定,或违约,给承包人造成工期拖延或经济损失时有向发包人索赔的权利。

（8）当发生争议时，承包人有要求争端裁决委员会调解或仲裁的权利。

（9）发包人未及时支付工程价款以及发生其他违约行为时，承包人向发包人和监理工程师事先发出通知的条件下，有降低施工速度或暂时停工或终止合同的权利。

（10）当发生发包人风险时，已给承包人造成了损失，则承包人有权要求发包人对此进行赔偿。

三、承包人的责任

（1）承包人应在其负责的各项工作中遵守与本合同工程有关的法律、法规和规章。

（2）承包人应认真执行监理工程师发出与合同有关的任何指示。按合同规定的内容和时间完成工程施工、竣工和修补缺陷的全部承包工作。除合同另有规定外，承包人提供为完成本合同工作所需的劳务、材料、施工设备、工程设备和其他物品。

（3）承包人对现场作业和施工方法的完备性、稳定性和安全性负责。

（4）承包人应按国家规定文明施工。

（5）承包人应严格按技术条款的质量要求完成各项工作。

四、承包人的义务

（1）承包人在收到监理工程师开工通知之后，按规定的时间进场准备，并及时开工。

（2）按规定的时间和要求提交履约担保及保险单。

（3）提交施工方法说明（即施工组织设计和施工措施计划）以征求监理工程师的意见，并供其审批由承包人负责设计的工程施工图纸时参考。

（4）在执行合同过程中，从施工图纸或规范中发现任何错误、遗漏、失误或其他缺陷，有义务立即通知监理工程师，并抄报发包人。

（5）承包人必须给予在同一现场进行作业的其他承包人合理协作，创造必要条件的义务。

五、承包人的工作方法和行为准则

（1）承包人应主动接受监理工程师的监督和管理，恪守合同准则，用合同规定的费用、质量和工期约束自己的施工行为。

（2）在合同实施过程中，要与发包人和监理工程师建立相互信赖的关系。

（3）对发包人和监理工程师发出的指令与施工建议，作为一个合格的成熟的承包人，应及时地做出反应。

（4）有经验的承包人要主动配合工程设计和合同变更，正确对待和处理索赔。

（5）当索赔或争议得不到及时解决时，也应按合同规定的时间和程序行使自己的权利。

（6）承包人的行为准则是：恪守合同规定，主动接受监理工程师对施工进行监督和管理，按期移交令发包人满意的合格工程，从而获得应得的报酬。

六、承包人的风险

在合同条款中规定的发包人风险以外的风险都是承包人的风险,一般有以下风险:

(1)资金额度和来源的可靠程度,以及国家经济状况给承包人带来的风险。

(2)工程设计水平、工程水文和地质条件的风险。

(3)选择的合同标准范本对承包人风险的影响。

(4)对监理工程师的授权、独立处理合同争议的能力和公正程度,以及争端裁决委员会调解能力等方面对承包人风险的影响。

(5)工程各控制性工期和总工期的影响。

(6)由于承包人对工程(包括材料和工程设备)照管不周造成的损失和损坏。

(7)承包人自身能力、施工和管理水平,以及施工组织措施失误造成的损失和损坏。

(8)其他由于承包人原因造成的损失和损坏。

第三节　监理工程师

一、建设监理

工程建设期间项目法人为了工程承包合同的目的,组建或选择监理单位(国际上称咨询工程师或工程师),协调合同当事人之间的权利、义务、责任和风险,以及对承包人的工作和生产进行监督和管理。

二、监理工程师

监理工程师是指经过专门培训并且通过全国统一考试后,取得监理工程师资格,并且经过注册的从事监理业务的人员。

三、监理工程师的主要权力

一般情况下发包人授予监理工程师如下权力:

(1)决定工程开工、停工和复工权。

(2)工程、材料和永久设备的质量验收和质量检查否决权。

(3)工程进度计划和修改审批权。

(4)有对施工方法和现场作业的建议权或同意权。

(5)开具每期进度支付凭证权。

(6)决定合同变更(包括工程设计变更)权、决定工期和经济索赔权、决定新的价格和费率权。

(7)决定工程分包权和核准承包人选定分包人权。

(8)对合同规定的解释权。

(9)部分工程由监理工程师验收和签发永久工程任何部分的接收证书。

(10)工程和分项工程由监理工程师验收和签发工程接收证书,并审核竣工财务报表。

(11)工程缺陷通知期限(1987年第四版FIDIC合同条款称缺陷责任期)期满后,由监理工程师签发履约证书,并审核最终财务报表。

(12)承包人任命承包人代表应取得监理工程师的同意,如未获同意应另行任命,也应取得同意。

四、监理工程师的主要任务

监理工程师的主要任务是:在工程项目实施阶段,协助项目法人做好招标准备工作,编制资格预审文件和招标文件,以及参与投标人资格审查、招标、评标、定标和签订合同,并以合同为准则对工程进度、投资和质量控制等进行合同管理、信息管理与组织协调。

五、监理工程师的地位

项目法人是通过监理工程师对工程设计和工程施工进行监督与管理,所以在合同管理上是处于主导地位。也就是说合同双方的全部联系是通过监理工程师进行的。

六、监理工程师的行为准则

监理工程师在建设工程项目监理中应遵循如下行为准则:

(1)在建设工程项目的过程中应仔细遵循项目法人的要求。

(2)应当注意,凡合同要求监理工程师需应用自己的判断表明任何批准、校核、证明、同意、检查、检验、指示、通知、建议、要求、试验或类似行动(影响项目法人或承包人的权利和义务)时,其行为准则是实事求是和行为公正,没有偏见地使用合同。既要尊重项目法人的权益,也要维护承包人的合法权益。

(3)要作风正派、廉洁自律、严谨慎重、乐于合作,这样才能得到项目法人和承包人的尊重与信赖。

七、监理工程师的主要义务

(1)按合同规定为承包人提供进场条件和施工条件。

(2)合同规定为承包人提供水文和地质等原始资料,提供测量三角网点资料,提供施工图纸,以及指定有关规范和标准。

(3)发布各种管理信息和合同管理的有关指示。

(4)承包人的工作和生产需要监理工程师表明同意、决定、批准或签发证书等时,应在合同规定的时间内做出反应,以使工程能顺利实施。

(5)按合同规定的时间向承包人签发工程价款的支付凭证。

八、监理工程师的作用

监理工程师的作用是:在项目法人授权范围内,以合同为准则合理地平衡合同双方的权利和义务,公平地分配合同双方的责任和风险。

九、监理工程师应注意的问题

(1)要用正确的指导思想管理合同。

(2)监理工程师要编好合同文件,熟知合同规定与恪守合同。

(3)监理工程师必须在现场设置长期和稳定的管理机构。

(4)监理工程师在解决合同问题时必须及时协调和快速决策。

(5)建立岗位责任制。

第三章　工程项目建设招标与投标管理

招标:是指招标人通过招标公告或投标邀请书等形式,招请具有法定条件和具有承建能力的投标人参与投标竞争。

投标:是指经资格审查合格的投标人,按招标文件的规定填写投标文件,按招标条件编制投标报价,在招标限定的时间内送达招标单位。

授标:是指经开标和评标等程序,选定中标人,并以中标通知的方式,接受其投标文件和投标报价。

签订合同:是指自中标通知书发出后30天之内,就招标文件和投标文件存在的问题进行谈判,并签订合同协议书。

当前招标投标存在的问题:①进行招标投标力度不够;②招标投标程序不规范;③招标投标活动中不正当交易和腐败现象比较严重;④政企不分,行政干预过多;⑤行政监督体制不顺,职责不清。

第一节　招标准备

一、招标在经济建设中的作用

(1)节约资金,提高投资效益和社会效益。

(2)创造公平竞争的市场环境。

(3)依法招标有利于防止和堵住采购活动中的腐败行为。

(4)依法招标是保证项目质量的有效手段。

(5)依法招标有利于保护招标投标当事人的合法权益。

二、招标投标的基本特性

招标投标的基本特性有:①组织性;②公开性;③公平性与公正性;④一次性;⑤规范性。

三、招标准备工作的内容

拟建工程项目招标准备工作的内容如下:

(1)招标要点报告的编制。

(2)施工规划的编制。

(3)工程师概算的编制。

(4)资格预审文件的编制。

（5）招标文件的编制。

（6）标底的编制。

四、招标范围

（1）大型基础设施、公共事业等关系社会公共利益、公众安全的项目。

（2）全部或者部分使用国有资金投资或者国家融资的项目。

（3）使用国际组织或者外国政府贷款、援助资金的项目。

五、必须招标的标准

（1）施工单项合同估算价在 200 万元人民币以上的。

（2）重要设备、材料等货物采购，单项合同估算价在 100 万元人民币以上的。

（3）勘测、设计、监理等服务的采购，单项合同估算价在 50 万元人民币以上的。

（4）单项合同估算价低于第（1）、（2）、（3）项规定的标准，但项目总投资额在 3 000 万元人民币以上的。

六、可不进行招标的条件

依据《工程建设项目施工招标投标办法》的规定（2003 年 5 月 1 日起生效的七部委 30 号令），可不进行招标的条件如下：

（1）涉及国家安全、国家秘密或者抢险救灾而不适宜招标的。

（2）属于利用扶贫资金实行以工代赈需要使用农民工的。

（3）施工主要技术采用特定的专利或者专有技术的。

（4）施工企业自建自用的工程，且该施工企业资质等级符合工程要求的。

（5）在建工程追加的附属小型工程或者主体加层工程，原中标人仍具备承包能力的。

（6）法律、行政法规规定的其他情形。

七、招标的方式

（1）公开招标。

（2）邀请招标。

（3）议标（该种方式在《招标投标法》中被取消了，因用它招标出现许多弊端）。

八、允许邀请招标的条件

依据《工程建设项目施工招标投标办法》的规定（2003 年 5 月 1 日起生效的七部委 30 号令），允许邀请招标的条件如下：

（1）项目技术复杂或有特殊要求，只有少数几家潜在投标人可供选择。

（2）受自然地域环境限制的。

（3）涉及国家安全、国家秘密或者抢险救灾，适宜招标，但不宜公开招标的。

（4）拟公开招标的费用与项目的价值相比不值得的。

（5）法律、法规规定不宜公开招标的。

满足上述条件后,经批准后可以进行邀请招标。

九、招标人自行招标的条件

招标人自行办理招标事宜,应当具有编制招标文件和组织评标的能力,具体包括：

(1)具有项目法人资格(或者法人资格)。

(2)具有与招标项目规模和复杂程度相适应的工程技术、概预算、财务和项目管理等方面专业技术力量。

(3)有从事同类建设项目招标的经验。

(4)设有专门的招标机构或者拥有 3 名以上专职招标业务人员。

(5)熟悉和掌握招标投标法及有关法律规章。

十、合同类型

(一)总价合同

总价合同是指发包人以一个合同总价将项目发包给承包人,按形象进度或时间以完成工程量比例支付工程价款。

总价合同采用条件:具有详细设计、准确工程量,能准确评估各种风险。适用于工程规模小、技术简单、工期短、设计深度深的项目。其缺点是有经验的投标人要把所有可能发生的风险均摊入投标报价中,所以发包人投入资金是比较大的。

总价合同的类型有以下三种：

(1)固定总价合同。其合同价格是以明确的设计图纸和准确的工程量为基础,合同价格不变,所有风险由承包人承担。

(2)可调总价合同。其合同价格是以明确的设计图纸和准确的工程量,以及投标时物价的水平为计算基础。在执行合同过程中,如设计有重大变化、物价波动和某种意外事件等,使工程总造价增加时,合同价格可相应地调整。

(3)固定工程量总价合同。其合同价格是以明确的设计和准确的工程量为计算基础。除设计变更和增加项目外,均不作合同价格调整。而设计变更和增加项目等,也只按承包人投标时所报单价和所增加的工程量,进行合同价格调整。

(二)单价合同

单价合同是指合同价格以招标人给定的各项目工程量和中标人投标时所报的各项目单价为基础计算的。

(三)成本加酬金合同

成本加酬金合同是指发包人以实际发生的工程成本加上事先商定的酬金支付给承包人工程价款的合同。

一般情况下工程施工合同采用以单价合同为主、总价为辅的合同类型。

十一、招标要点报告的编制

招标要点报告包括如下内容：

(1)工程项目建设资金的来源、额度和采购范围。

(2)工程分标。

(3)建筑材料和工程设备的供应渠道。

(4)货物运输。

(5)劳务来源和提供方式。

(6)招标人将为投标人可能提供的条件。

(7)税收和保险。

(8)投标人主要资格条件的确定。

(9)确定招标方式。

(10)合同类型的选择。

十二、分标的原则

分标的原则如下：

(1)便于管理。

(2)有利于招标。

(3)易划清责任界线。

(4)按整体单项或者分区分段分标,避免按工序分标。

(5)把施工作业内容和施工技术相近的项目合在一个标中。

(6)考虑招标人提供的条件对主体工程分标的影响。

(7)有利于发挥施工企业的优势。

(8)利用外资时分标要考虑外资的主要投向。

十三、施工规划编制的目的

(1)编制施工规划是为编好资格预审文件和招标文件;是评定投标人资格的依据;是评价投标人施工方案水平的依据。

(2)施工规划是编制工程师概算的依据;也是评价投标人投标报价合理性的依据。

(3)施工规划是确定阶段性工期、控制性项目工期和总工期的依据。

(4)施工规划是评价投标人(或承包人)提出的施工组织设计和施工措施的依据;是评价承包人现场作业和施工方法的依据;是评价确保工程质量和安全措施的依据。

十四、施工规划编制的内容

施工规划应包括如下内容：

(1)招标工程建设项目的概况,以及与本工程其他项目的关系。

(2)工程项目概况和工程项目规模。

(3)施工机构设置、人员组成和编制。

(4)各单项工程的施工方案和施工方法。

(5)各单项工程进度和总进度的安排。

(6)对特殊工程项目的实施和要求。

(7)临时设施(生产和生活)的布置、规模、建设和投产使用计划。

(8)单项工程施工布置和施工总布置图。

(9)劳务使用计划。

(10)工程建筑材料和工程设备使用计划。

(11)施工设备选型和设备清单,以及生产效率的选定。

(12)分部分项工程量汇总表。

(13)附图。

十五、编制施工规划应注意的问题

编制施工规划应注意以下问题:

(1)编制各标的施工规划。

(2)划清承包人之间与发包人和承包人之间的任务及责任界线。

(3)编制好合同的工程量清单。

(4)明确计量方法(测量、设计线、监理工程师批准的数量、计日工、计量表等)。

(5)明确技术质量标准。

(6)编制初步的施工人员组成和机构设置的规划。

十六、工程师概算

工程师概算是指以合同为单位按现行的物价水平,以及依据施工规划所确定的施工方案、施工方法、施工设备的选型、施工强度和施工进度安排编制的工程概算,也就是说监理工程师站在投标人的角度上编制的投标报价。

十七、编制工程标底的目的

(1)作为评价投标人所报投标单价和总价合理性的依据。

(2)作为核定成本价的依据,工程师概算总价减去预计的利润和风险基金,即为成本价。

(3)作为计算物价波动(成本改变)调价公式中的权重系数以及选定范围的依据;作为评定投标人选定的权重系数是否合适的依据。

(4)在合同实施过程中作为投资控制的目标,并作为确定合同变更、价格调整、索赔和额外工程的费率与价格的依据。

(5)作为确定以季度或月为时段的现金流的依据。

(6)为贷款单位负责人和主管部门评估贷款效益、审批贷款额度及批准贷款等提供技术与经济依据。

十八、标底在评标时的运用

(1)标底作为评价投标人投标报价的合理性,以及核定"成本"的依据。

(2)用标底评定投标人报价的合理性,以评标价最低的作为选定的中标人。

(3)投标报价接近标底的投标人中标。

(4)作为合理价的核定标准。

十九、编制标底的方法

（1）用工程师概算编制标底。

（2）用项目设计概算编制标底。

（3）用投标人投标价格的平均值作为标底。

（4）组合加权平均法作标底。

（5）合理标价的平均值作标底。

二十、实物量法编制工程标底的依据

（1）工程设计所确定的工程数量、技术质量标准和要求。

（2）施工规划所确定的工期、施工方法、强度、施工设备选型和效率，以及以合同项目为单位进行施工活动分析，制定施工设备组合、人员配备和各种材料消耗水平等。

（3）现行材料和工程设备的物价水平。

二十一、实物量法编制工程标底

（1）计算完成该项目工程任务所消耗的各种材料数量和费用。

（2）消耗施工设备的工时和费用（按施工设备的生产效率计算投入工时，按施工设备的价值和经济寿命小时数计算工时费用）。

（3）投入劳务工时和费用（按劳动效率和工资等计算工时费用）。

这些资源投入总和被其相应产出的工程数量除，即为该项目的直接费单价。再计算合同的各项间接费、利润和风险，然后摊入直接费用中，即为各工程项目的综合单价。各项综合单价乘以项目工程数量为合价，合价相加汇总，再加上通用费和备用金，即为合同概算或工程师概算或工程标底的总额。

第二节　业主预算

一、业主预算

业主（项目法人）预算是指业主根据项目实施规划编制的项目管理预算。在初步设计批准以后，按照"总量控制、合理调整"的原则，为满足业主的投资管理和控制需求而编制的一种内部预算，也称执行预算。

二、业主预算的作用

概括讲，业主预算有如下作用：

（1）作为向主管部门或业主列报年度静态投资完成额的依据。

（2）作为控制静态投资最高限额的依据。

（3）作为控制标底的依据，可以指导招标评标工作。

（4）作为考核工程造价盈亏的依据。

(5)作为向国家申请年度工程款额度的依据。

三、业主预算的编制依据

(1)行业主管部门颁发的建设实施阶段的造价管理办法。

(2)行业主管部门颁发的业主预算编制办法。

(3)批准的初步设计概算。

(4)招标设计文件和图纸。

(5)业主的招标计划和委托任务书。

(6)国家有关的定额标准文件。

(7)董事会的有关决议、决定。

(8)出资方资本金协议。

(9)工程贷款发行债券协议。

(10)有关合同、协议。

四、业主预算编制项目划分

业主预算项目原则上划分为四个层次和四个部分。

第一层次为把一个工程划分为四部分项目进行管理:业主管理项目、建设单位管理项目、招标项目和其他项目。第二、三、四层次的项目划分,原则上按行业主管部门颁布的工程项目划分标准,结合业主预算的特点、工程的具体情况和工程项目管理的要求划定,如工程项目划分为单位工程、分部工程、单元工程等。

第一部分业主管理项目主要是指业主直接予以管理和通过建设单位直接拨付工程费用的项目。

第二部分建设单位管理项目主要指由建设单位管理(主体工程、设备采购工程和一般建筑工程)的项目和费用。

第三部分招标项目主要指进行招标的主体建安工程和设备采购工程。

第四部分其他项目主要指不包括上述一至三部分项目内容在内,而由建设单位直接管理的其他建安工程项目。

五、业主预算组成内容

业主预算内容,由编制说明、总预算表、预算表及有关资料书(表)组成,主要包括以下内容:

(1)编制说明,主要说明工程概况、编制依据,由初步设计概算过渡到业主预算的主要问题,以及其他应说明的问题。

(2)总预算表,按四部分分别列出各部分的建筑工作量、安装工作量,设备费和其他费用,静态的投资、总的投资。

(3)预算表,按四部分分别编制。

(4)主要单位汇总表,工程单价应分别列出基本直接费、其他直接费、间接费、施工利润、税金等。

（5）单价计算表，按主要工程项目分列，单价均应计算出人工费、材料费、机械使用费、其他直接费、间接费、施工利润和税金等。

（6）人工预算单价，主要材料预算价格汇总表。

（7）调价权汇总表。

（8）主要材料、工时、施工设备台时数量汇总表。

（9）分年度资金流程表。

（10）业主预算与设计概算投资对照表。

（11）业主预算设计概算工程量对照表。

（12）有关协议、文件。

六、工程师概算

工程师概算是某一特定设计阶段下的技术经济条件，是对特定条件下投资的一个称谓。一般是在合同划分全部确定后，根据最新的价格资料、详细的工程量以及详细的单价进行估算。

七、工程师概算的费用构成

工程师概算的费用构成如图3-1所示。

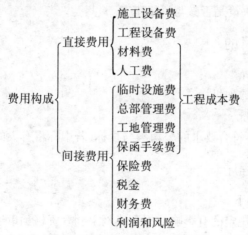

图3-1　工程师概算的费用构成

八、编制工程师概算的内容

工程师概算包括以下内容：

（1）编制的依据。

（2）工程师概算汇总表。

（3）工程材料、永久设备、施工设备、劳务和运输等费用计算，以及汇总表。

（4）主体工程和临时设施工程量汇总表。

（5）施工条件、施工方法和进度的简要说明。

（6）各单项工程项目工程量直接费单价分析，计算成果和说明。

（7）各项间接费分析计算成果。

（8）各单项工程项目工程量和综合单价表。

第三节　投标队伍资格审查

一、资格审查的目的和意义

通过资格审查，可防止不合格的队伍参加工程项目建设队伍竞争，维护其他投标队伍的合法权益，为保证工程项目建设质量打下良好的基础。

二、资格预审的目的

资格预审的目的是：

（1）易掌握投标信息，便于招标人决策。

（2）可预先了解到应邀投标的公司能力和各种情况。

（3）防止皮包公司参加投标。

（4）可吸引有实力和讲信誉的大公司参与竞争。

（5）对投标人而言预先了解工程项目条件和招标人要求，初评自己条件是否合格和可能获得的利益，以便决策是否参与资格审查。

三、资格后审的目的

资格后审的目的是：

（1）防止皮包公司参加投标。

（2）减少评标工作量。

（3）防止实力差、不符合要求的公司参与投标，若中标将有大的风险。

四、资格预审的程序

资格预审的程序如下：

（1）招标人在国家规定的有影响的报刊或网上刊登资格预审通告。

（2）有兴趣的潜在投标人购买资格预审文件和编制资格预审申请文件。

（3）提交资格预审申请文件。

（4）进行资格评审，确定合格投标人。

（5）评审结果通告资格预审申请的投标人。

五、资格评审的三阶段

第一阶段，组成评审工作小组，为评审委员会准备评审资料。

第二阶段，组成评审委员会，按资格预审文件规定的评定内容和标准进行具体评定，评定结果分为：

（1）完全符合要求：能够满足资格审查文件要求。

(2)基本符合要求:能够满足资格审查文件的基本要求。

(3)不符合要求:无论是否满足资格审查文件其他要求,施工经验的标准不合格。

第三阶段,评审委员会编写报告和推荐合格投标人,并由招标人确定合格投标人。

六、资格预审文件的内容

资格预审文件的内容包括:

(1)简况:合同内容、资金来源、招标和监理以及设计单位情况、工程概况。

(2)简要的合同条件:招标时合同条款的简要情况。

(3)资格预审申请须知:投标人要求填报公司情况;将对本工程进行资源投入的规划;以及对合格投标人的具体条件的限定;完成类似工程经验情况;资格预审评定的具体条件和内容。

七、资格预审的评定内容

资格预审的评定内容包括:

(1)投标人的法律地位。

(2)财务状况及其拟投入的流动资金金额和来源。

(3)施工经验。

(4)管理人员的资历。

(5)基本施工方法。

(6)施工设备的投入。

(7)商业信誉。

(8)正在执行及可望承建的项目。

八、经资格预审的资格后审内容

经资格预审的资格后审内容包括:

(1)参与本工程实施的主要管理人员是否变化,有则重评。

(2)拟配备的主要施工设备是否有变化,有则重评。

(3)财务状况是否有变化,有否纠纷、停业或破产。

(4)已承诺和在建项目是否有变化,评估对本工程的影响。

九、未经资格预审的资格后审内容

同资格预审的评定内容。

第四节　工程项目招标文件的编制

一、招标文件的重要性

招标文件是投标人编制投标文件的基本依据;是招标人选定中标人的标准文件;是将

来合同文件的基础文件;是合同实施过程中约束合同双方的行为准则;是监理工程师协调合同双方关系、监督和管理的基本依据。所以,招标文件是选择优秀承包人和合同顺利实施的重要文件。

二、招标文件的构成

招标文件由以下几部分构成:

(1)投标人须知和合同条款,包括投标邀请书、投标人须知、通用条款(也称第一部分)、专用条款(也称第二部分)。

(2)合同格式和投标函(Letter of Tender)格式,包括合同表格格式、投标函格式及其附件、工程量清单、辅助资料表。

(3)技术规范。

(4)图纸。

(5)参考资料(也可单独成册)。

三、投标邀请书

投标邀请书应包括下列内容:指明被邀请单位名称,本招标工程的建设项目名称,批准部门名称和批准文号,项目法人或招标人和招标代理机构名称,申明建设资金来源,工程简单介绍和对工程工期的要求;招标文件发售单位、发售时间和地点、发售的售价;投标时应交纳的投标保证金,接受投标文件的时间和地点,截止投标的时间;开标时间和地点等事项。

四、投标人须知

投标人须知内容包括:①总则;②招标文件;③投标文件;④投标文件的递交;⑤开标和评标;⑥合同的授予、中标通知和签订合同。

五、通用条款的概念

通用条款是让投标人了解合同双方的权利、义务、风险和责任,以及商务方面的投标报价条件的标准合同条款。

通用条款让投标人了解监理工程师的权力,以及独立处理合同问题的能力,依此评估带来的风险。

六、通用条款的内容

通用条款包括如下内容:

(1)一般规定:定义、解释、文件优先次序、合同协议书、延误的图纸或指示等。

(2)业主。

(3)工程师。

(4)承包商。

(5)指定分包商。

(6)员工。

(7)生产设备、材料和工艺。

(8)开工、延误和暂停。

(9)竣工验收。

(10)业主的接收。

(11)缺陷责任。

(12)测量和估价。

(13)变更和调整。

(14)合同价格和付款。

(15)由业主终止。

(16)由承包商暂停和终止。

(17)风险和责任。

(18)保险。

(19)不可抗力。

(20)索赔、争端和仲裁。

七、专用合同条款的基本概念

结合工程所在国、工程所在地和工程本身的情况,对通用条款的说明、修正、增补和删减,即为专用条款。所以通用条款和专用条款组成为一个适合某一特定国家和特定工程的完整合同条件。所以专用条款与通用条款的条号是一致的,但条号是间断的,并用专用条款解释通用条款。

八、合同格式

(1)合同协议书格式。

(2)履约担保书格式。

(3)履约银行保函格式。

(4)预付款银行保函格式。

九、投标函格式及附件

(1)投标函格式。

(2)投标函附件。

(3)投标函补充格式,是指替代方案或同时投多个标的有关规定的格式。

(4)投标银行保函格式。

(5)授权书格式。

十、工程量清单

(1)工程量清单表格和汇总表。

(2)填报工程量清单的说明。

(3)辅助表格:各种直接费、间接费汇总表和计日工报价清单。

十一、辅助资料表

(1)拟投入本合同工程的承包人设备表。

(2)拟投入本合同工作的主要人员和组织机构表。

(3)初步施工计划。

(4)施工方法说明(我国称施工组织设计)。

(5)承包人工地临时设施。

(6)主要工程材料和水、电等需用量计划表。

(7)工程分包情况表。

(8)劳务需要量计划表。

(9)资金流估算表(资金使用计划表)。

(10)财务状况(近2~4年的情况)。

(11)物价波动(成本改变)调整表及说明。

(12)投标联营体章程。

(13)其他表。

十二、技术规范

(一)总则

(1)本合同的工作内容和工作项目,以及由其他承包人完成的项目。

(2)工程工期和奖惩规定。

(3)施工条件、工程价款支付依据。

(4)名词定义和术语含义。

(5)工程图纸和文件的提交与保管。

(二)各工程项目

(1)工程的工作内容、工序、具体项目和部位。

(2)适用的技术规范标准。

(3)工程材料的技术质量标准和具体指标。

(4)工程实施的技术质量标准和具体指标。

(5)工程实施对承包人设备的技术要求。

(6)工程质量管理,包括质量检验的数量和部位。

(7)计量和支付。

十三、图纸

一般情况下所附图纸达到工程初步设计深度即可满足招标工作的要求,为投标人提供和了解以下内容:①工程规模;②建设条件;③编制施工说明;④可核定工程量;⑤具有完整和准确的投标报价条件。

十四、参考资料

地形和地貌、地质和水文地质勘探原始资料、水文和气象的原始资料、当地建材勘探原始资料等。

应注意的是,参考资料也是投标人投标报价的依据,应准确;否则也是承包人索赔的依据。另外,提供原始资料的数量要够,具备投标人正确判断的条件,不提供发包人的专业人员判断和推论的资料。

十五、编制招标文件应注意的问题

编制招标文件应注意以下几个问题:

(1)编制招标文件应严密、明确、周到和细致。

(2)工程设计深度要达到初步设计以上的深度。

(3)列明提供的施工条件。

(4)要合理分摊招标人和投标人的风险,其原则是有经验的承包人不可预见的和无合理手段防范的风险,由发包人承担。

(5)工程量清单中的工程项目应尽量分细,消除不均衡报价的条件。

(6)招标文件应具有可操作性,反映在有清楚、准确的投标报价条件和合同支付条件。

第五节　工程项目投标

一、工程施工投标概念

工程施工投标是指承包人在激烈的竞争中,凭借本企业的实力、优势、经验和信誉,以及投标水平和技巧获得工程项目承包任务的过程。

二、投标程序

投标程序如下:

(1)通过社会调查了解招标信息和前期投标决策。

(2)参与资格预审。

(3)编制投标文件和参与投标。

(4)参加开标会议。

(5)参加发包人邀请的澄清会议。

(6)获得中标通知,并参加合同谈判。

(7)签订合同协议书,并开始履约。

三、发售招标文件

在公开招标中经资格预审合格的,并有投标意向的投标人,或者在邀请招标中经社会调查资格合格的投标人,在接到投标邀请书后,按指定地点和时间购买招标文件。

四、投标准备

投标准备工作包括：

（1）投标人熟悉和研究招标文件。

（2）组织标前会和现场考察。

（3）对招标文件的修改和补遗。

（4）对投标人质疑的答复。

五、投标前的准备工作

投标前的准备工作包括：

（1）熟悉招标文件。

（2）选择咨询单位和雇用代理人。

（3）编制投标文件前的市场调查和工地考察。

（4）核定工程量。

（5）投标人针对招标文件、调查和考察等存在的问题提出质疑。

（6）编制施工说明。

（7）编制工程投标报价。

（8）制定编制投标文件前的投标决策。

六、投标文件的编制

编制招标文件包括如下内容：

（1）投标邀请书。

（2）投标人须知。

（3）合同条款。

（4）技术规范。

（5）投标书（或称投标函）格式。

（6）合同格式。

（7）工程量清单。

（8）施工进度计划和施工方法的说明。

（9）施工设备和建筑材料清单及使用计划。

（10）劳务使用计划和营地规划。

（11）使用分包人的计划和分包项目。

（12）估算的合同价款支付流程（现金流）。

（13）投标人是联合体时，应报联合体章程。

（14）物价波动调整。

（15）涉外工程时应列明外汇需求和比例，以及兑换率。

（16）资格审查资料。

（17）其他。

七、编制投标文件应注意的事项

编制投标文件应注意以下事项：

(1)投标文件填写要清晰、字迹端正,设计图纸与文件装订要美观。

(2)应反复核对各数字,保证分项和汇总计算值无错。

(3)投标文件均应由法人代表授权负责人在每页上签字。

(4)在向招标人递交投标文件之前应准备投标备忘录。

第一类对投标人不利的问题,应随时向招标人提出质疑,要求澄清或更正。

第二类对投标人有利的问题,在投标过程中一般是不提的。

第三类按国内或国际惯例或标准合同条件中某些条款,原本是公平的或对投标人有利的,但招标时招标人把上述条款均改成对招标人有利的条款。这类问题不宜在投标时提出,应在招标人对此投标人有授标意向,在进行合同谈判时提出。

(5)关于投标总价折扣的问题,为保护标底是需要的。

八、工程施工投标实务

(1)按招标人指定的时间和地点,报送投标文件。

(2)按招标人指定的时间和地点参加开标。

(3)投标人澄清招标人的质疑。

(4)获得中标通知书。

(5)合同谈判。①中标人提出需要解决的合同问题;②招标人提出的某些合同条款进一步具体化,但不得改变原招标文件和投标文件规定的基本原则;③小签招标人事先准备好的合同文件。

(6)签订合同协议书。签订协议书之前递交履约担保,之后由监理工程师下达开工通知。承包人可以进场进行工程施工。

九、投标价格的构成

投标价格的构成如图 3-2 所示。

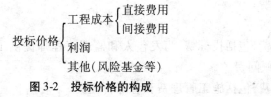

图 3-2　投标价格的构成

十、直接费用

(一)施工机械费

施工机械费包括以下费用：

(1)施工机械折旧费。

(2)施工机械海洋运保费。

(3)施工机械陆地运保费。

(4 施工机械进口税。

(5)施工机械安装拆卸费。

(6)施工机械修理费。

(7)施工机械燃料费。

(8)施工机械操作人工费。

(二)永久设备费

永久设备费包括以下费用:

(1)设备离岸价。

(2)海洋运保费。

(3)陆地运保费。

(4)进口税。

(5)安装费。

(6)试运转费。

(三)材料费

材料费包括以下费用:

(1)材料采购价。

(2)材料海洋运保费。

(3)材料陆地运保费。

(4)材料进口税。

(四)人工费

人工费包括当地工人费和出国增加费。

十一、间接费用

间接费用包括以下费用:

(1)临时设施工程费。

(2)保函手续费。

(3)保险费。

(4)税金。

(5)业务费,包括投标费、为发包人和监理工程师提供工作和生活条件的费用、代理人佣金、法律顾问费。

(6)管理费,包括施工管理费和总部管理费。

(7)财务费,指银行贷款支付的利息。

十二、利润和风险费

利润和风险费包括以下费用:

(1)施工单位承包工程利润。

(2)备用金,指发包人指明的备用金额。

（3）风险基金。

十三、计算综合单价

某项综合单价的计算公式如下：

$$某项综合单价 = (1 + \frac{间接费 + 利润 + 风险基金}{直接费用总额}) \times 某项基础单价$$

十四、投标报价

投标人应按《工程量清单》中的说明，填报各项单价和总价，以及投标报价汇总表。除合同变更、物价波动和法规变更外，工程量清单中的单价或总价将不予调整；投标报价应包括中标后完成合同规定的全部工作需支付的一切费用和拟获得的利润，并考虑应承担的风险，以及发包人规定的并在工程量清单中列明的暂定金额。暂定金额是指合同变更或不可预料事件等与其相关的工作、供货或服务的应付款项，该费用只有经监理工程师事先批准，才能全部或部分地动用支付。

十五、投标文件的完整性

投标文件的完整性包括：
（1）投标文件的内容是否满足招标文件的基本要求。
（2）重要表格是否按招标文件的要求都已填报。
（3）是否在授权书、投标函上有合法的签字。
（4）投标保证金是否满足招标文件的要求。

十六、投标文件的响应性

实质上响应招标文件要求的投标文件是指遵从招标文件的所有项目、条款和技术规范的要求，而无实质性偏离或保留。实质性的偏离或保留是指：
（1）以任何方式对工程的范围、质量标准或实施造成影响。
（2）与招标文件相悖，包括工程或设备在使用性能上产生不利影响。
（3）对合同中规定的招标人的权利或投标人的义务实施产生限制。
（4）纠正这种偏离或保留又会不公平地影响提出响应性投标文件的投标人的竞争地位。

十七、投标

（1）编制投标文件和投标报价。
（2）按投标人须知的规定密封投标文件。
（3）在投标截止日期之前，将投标文件寄达或由专人送达指定地点。

第六节　工程项目招标与评标

一、招标工作应注意的问题

工程项目招标工作应注意以下几个问题：

（1）招标投标活动应当遵循公开、公平、公正和诚实信用的原则。

（2）加强项目法人在工程建设期的中心地位。

（3）关于用实物法计算标底和工程师概算的问题。

（4）关于依《招标投标法》确定授标条件的问题。

（5）签订合同之前的谈判不得改变投标方案和投标价格的问题。

（6）关于招标工作和合同管理是监理工程师的主要任务问题。

二、开标

（1）开标应在招标通告（资格预审通告）或者投标邀请书规定的时间和地点公开进行。《招标投标法》规定，投标截止时间即为开标时间。

（2）所有投标人均应参加。

（3）招标人或招标代理机构主持，监理工程师、贷款单位，以及主管部门均派代表参加。

（4）投标人或公证机构检查投标文件密封情况。

（5）按投标的先后顺序，公开启封正本投标文件。公布投标人的名称、投标总价、投标折扣（如果有的话）或修改函、投标保函、投标替代方案等。不解答任何问题。

（6）编写开标纪要，报送有关部门和贷款单位备案。

（7）开标前应注意：投标人不足 3 家不应开标；投标人超过 3 家，但开标后合格的投标人不足 3 家，则不能重新招标，应在两家或一家中选择中标人。

三、评标机构

（1）评标工作小组：由招标人或招标代理机构、监理工程师等单位抽人组成，为评标委员会准备评标资料。

（2）组建评标委员会：依据《招标投标法》和七部委 12 号令《评标委员会和评标方法暂行规定》，评标委员会由发包人负责组建，其成员可随机抽取或由招标人直接确定；由招标人、招标代理机构，以及有关技术、经济等方面的专家组成，专家人数不得少于成员总数的 2/3；评标专家要具有从事相关专业领域工作满 8 年并具有高级职称或者同等专业水平；评标委员会成员不得与任何投标人有利害关系。

四、评标原则

（1）评标全过程应依《招标投标法》进行，其招标人和投标人也应主动接受行政监督部门依法监督。

（2）评标机构和组织应依法组建，为保证评标的公正性和权威性，评标委员会成员选择要规范。

（3）必须在招标文件中列明评标方法、内容、标准和授标条件，其目的就是让各潜在投标人知道这些方法、内容、标准和授标条件，以便考虑如何有针对性地投标。

（4）上述评标方法、内容、标准和授标条件的采用是衡量评标是否公正和公平的标尺。所以，为了保证评标的这种公正性和公平性，评标必须按照招标文件规定的评标方法、内容、标准和授标条件进行,不得随意改变招标文件中列明的评标方法、内容、标准和授标条件,更不能制定新的方法、内容、标准和授标条件。这是世界各国通常的做法。

(5)依《招标投标法》和惯例,要制定明确的可操作性的评标方法、内容、标准和授标条件。

五、评标的方法

评标的方法有:

(1)综合评标法。

(2)经评审的最低投标价格法。

六、评标内容

评标内容包括:

(1)评投标文件的完整性。

(2)评投标文件的响应性。

七、工程项目评标标准

工程项目评标标准包括:

(1)施工方法在技术上的可行性和施工布置的合理性。

(2)配备施工设备的数量和质量能否保证顺利施工。

(3)配备的主要管理人员和技术工人的经验和素质。

(4)保证进度、质量和安全等措施的可靠性。

(5)投标人的资质、信誉和财务能力。

八、合同授予的标准和条件

《招标投标法》第四十一条规定,中标人的投标应当符合下列条件之一:

(1)能够最大限度地满足招标文件中规定的各项综合评价标准。

(2)能够满足招标文件的实质性要求,并且经评审的投标价格最低,但是投标价格低于成本的除外。

九、计算经评审的投标价格(评标价)

利用世界金融组织或外国政府的贷款、援助资金的项目,一般情况下按下列内容计算评标价(《招标投标法》称为经评审的投标价格):

(1)改正算术错误。

(2)扣除工程量清单中的暂定金额。

(3)将投标报价的各种货币转换成单一货币。

(4)招标人认为可接受的且可用货币数量表示的非重大偏离或保留。

(5)上述各种变化被招标人接受,在进入合同时,估算对招标的费用影响,以及随时间可定量变化的货币费用应以月为单位计入纯现金流,并按指定日(如开标日前 28 天或

42 天)开始及按规定的年贴现率(按当时商业银行贷款的年贴现率,如小浪底水利枢纽工程的招标采用 10%)折成现值,然后加到投标报价之中以资比较。

十、货物采购评标标准

货物采购评标标准包括:

(1)运输费、保险费、付款计划和运营成本等评估。

(2)保证货物交货期和质量措施的可靠性。

(3)货物的有效性、配套性、安全性和环境保护等。

(4)(如有采购设备)安装手段和采用的技术措施。

(5)零配件和服务提供能力(包括相关培训)。

(6)投标人的资质、信誉和财务能力。

十一、服务项目评标标准

服务项目评标标准包括:

(1)保证进度、造价控制和质量措施的可靠性。

(2)服务人员的业绩和经验。

(3)服务人员的专业和管理能力。

(4)投标人的资质、信誉和财务能力。

十二、工程项目评标程序和内容

(一)初评

依据招标文件中列明的评标方法、内容、标准和授标条件,对所有投标人的投标文件做出总体综合评价。

(1)评价投标文件的完整性和响应性。

(2)评价法律手续和企业信誉是否满足要求。

(3)评价财务能力。

(4)评价施工方法的可行性和施工布置的合理性。

(5)对施工能力和经验的比较。

(6)评价保证工程进度、质量和安全等措施的可靠性。

(7)评价投标报价的合理性。

结果:淘汰不能满足招标文件实质性要求的投标之后,再按投标报价的高低排队。这些投标人都能够完成本合同任务。

(二)终评

对初评有竞争优势的投标人(依评标能力,按投标报价低的选 3~5 家投标人),进一步全面评审,选中标候选人。

(1)对进入终评的投标人进行书面的和面对面的澄清。

(2)进行投标人的资格后审。

(3)按招标文件列明的方法、内容、标准和授标条件,进一步评价是否能够满足招标文件实质性要求。

(4)计算经评审的投标价格(或称评标价)。

(三)结果

通过上述评审和计算经评审的投标价格,对能够满足招标文件实质性要求的投标人,以经评审的投标价格高低排队,最低价格的投标人为推荐的中标候选人。

依据上述结果,评标委员会编写评标报告。

十三、货物评标程序和内容

(一)初步评审

(1)进行资格后审。

(2)评价投标文件完整性和响应性。

(3)评价投标人的能力和实力。

(4)按投标价格高低顺序排队。

选择3~5名进入详细评标。

(二)详细评标

(1)商务部分(20分),包括投标人的基本情况(资质、人员素质)、注册资金、制造和交货期等。

(2)技术和质量服务(30分),包括技术质量标准、品牌、售后服务和承诺。

(3)安装、运输和采用措施(10分)。

(4)价格(40分)。

十四、书面评标报告内容

书面评标报告应包括以下内容:

(1)开标时间和地点,开标会议召开情况的总结。

(2)投标人投标价格的情况,以及修正后按投标价格的排序。

(3)评标的方法、内容和标准,以及授标条件的具体规定。

(4)评标机构和组织的组建情况。

(5)具体评标过程和情况总结。

(6)经评审的投标价格计算成果。

(7)对满足评标标准的投标人排序。

(8)推荐中标候选人与选定的原因。

(9)在合同签订前需要谈判解决和澄清的问题。

十五、定标

(1)招标人根据评标委员会提出的书面评标报告和推荐的中标候选人确定中标人。

(2)招标人也可授权评标委员会直接确定中标人。

(3)招标人自确定中标人之日起15天内,向有关行政监督部门提交招标投标情况的书面报告。

第七节　工程项目合同签订

一、对经评审的投标价格的说明

（1）经评审的投标价格在国际上称为评标价。

（2）经评审的投标价格是评标时使用的，不是给承包人的实际支付价。实际支付价仍为承包人的投标报价。

（3）经评审的投标价格最低作为授标条件，但前提是能够满足招标文件的实质性要求，即投标人能顺利完成本合同任务。

（4）项目法人招标的目的，是在完成本合同任务的条件下，获得一个最经济的投标，经评审的投标价格最低才是最经济的投标，投标价格最低不一定是最经济的投标。所以国际上采用评标价最低授标是科学的。

二、使用标准合同条件的优点

使用标准合同条件的优点包括：

（1）简化招标程序，简化招标文件和投标文件的编制。

（2）标准合同条件经过广泛和反复的使用，不断修改和完善，已使合同双方的权利、义务、风险和责任达到了总体平衡。

（3）使用标准合同条件，便于监理工程师编制工程师概算，进行投资控制和合同管理。

（4）便于承包人事先对合同条件进行反复分析与运用，评估其风险及可能获得的利益，从而在投标时报出合理标价，可使发包人降低其造价的可能性。

（5）可吸引有实力和有能力的投标人参加竞争投标。这意味着发包人可能获得一个令人满意的节约投资的有经验的承包人。

（6）使用标准合同可约束合同双方和监理工程师的行为，为顺利实施工程建设奠定基础。

（7）合同条件，可逐步向国际惯例接轨。

（8）标准合同条件的广泛使用，为培训负责合同管理人员提供一个稳定的依据，并避免使他们不得不按照不断变化的合同条件去工作。

三、中标通知

在招标人规定的投标文件有效期满之前，以书面方式通知中标的投标人，说明其投标（包括投标报价）已被接受。

四、发出中标通知书

确定中标人后，招标人应向中标人发出中标通知书。从发出中标通知书之日起，中标通知书对招标人和投标人具有法律效力，承担法律责任。

五、签订合同

自中标通知书发出之日起 30 日内,按照招标文件和中标人的投标文件订立书面合同。签订前交纳履约担保,同时退清所有投标人的投标保证金。

六、签订合同协议书

在发出中标通知书的同时,招标人将邀请中标人在收到中标通知书的一定时间(如28 天)之内,到指定地点进行合同协议书议定和签署。

七、履约担保

中标人收到中标通知后,应在签订合同协议书之前向招标人提交经招标人同意的银行或其他金融机构出具的履约保函,或者经招标人同意的具有担保资格的企业出具的履约担保书。前者担保金额为合同价格的 10%,后者为 30% 。

八、签订安全生产责任书

根据工程实际情况,依据国家现行工程项目建设管理文件的规定,严格与承包人签订安全生产责任书,明确安全责任范围,提出安全损失指标要求。

九、签订质量责任书

根据工程实际情况,依据国家现行工程项目建设质量管理文件的规定,严格与承包人签订工程质量责任书,明确工程建设质量标准,规定奖惩办法。

十、发出开工通知

合同签订后一定时间内(如 14 天),由监理工程师发布开工通知,按指定日期开工,并按日历天数计工期。承包人开始进场做施工准备,开始履行工程承包合同,招标工作结束。

第四章　项目进度管理

　　项目进度管理是指通过制定项目进度计划,在既定工期内监控项目的进度情况,及时、定期地将实际进度情况与计划进度相比较,及早发现偏差,分析偏差产生的原因及其对工期的影响程度,然后采取相应的措施并更新进度计划。实施进度控制的总目标是确保工程的既定目标工期实现,或者在保证工程质量和不因此增加实际成本的条件下,适当缩短工期。在现代工程管理理念中,进度已具有更为宽泛的含义,它将工程任务、工期、成本有机地结合起来,形成一个综合指标以全面反映工程的实施状况。

第一节　项目进度计划

一、进度计划的编制依据

　　项目进度计划是项目进度控制的基准,是确保项目在规定的合同工期内完成的重要保证。项目进度计划的编制是指根据项目活动定义、项目活动排序、项目活动工期和所需资源所进行的分析及项目进度计划的编制工作。

　　根据所包含的内容不同,进度计划可分为总体进度计划、分项进度计划、年度进度计划等。不同的项目,其进度计划的划分方法也有所不同,如建筑工程进度计划可以分为工程总体进度计划、单项工程进度计划、单位工程进度计划、分部分项工程进度计划、年度进度计划等。

　　工程进度管理前期工作及其他计划管理所生成的各种文件都是工程进度计划编制所要参考的依据。具体包括:

　　(1)有关法律、法规和技术规范、标准及政府指令。

　　(2)工程的承包合同(承包合同中有关工程工期、工程产出物质量、资源需求量的要求、资金的来源和资金数量等内容都是制定工程进度计划的最基本的依据)。

　　(3)工程的设计方案与施工组织设计。

　　(4)工程对工期的要求。

　　(5)工程的特点。

　　(6)工程的技术经济条件。

　　(7)工程的内部、外部条件。

　　(8)工程各项工作、工序的时间估计。

　　(9)工程的资源供应状况。

　　(10)已建成的同类或相似工程的实际工期。

　　在工程管理中,科学、合理地安排进度计划,控制好施工进度是保证工程工期、质量和成本三大要素的第一重要因素。工程进度符合合同要求、施工进度既快又科学,将有利于承包商降低工程成本,保证工程质量,同时给承包商带来好的工程信誉;反之,工程进度拖延或匆忙赶工,都会使承包商的费用增大,资金利息增加,给承包商造成严重的亏损。另外,竣工期限拖延也会给业主带来工程管理费用的增加、投入工程资金利息的增加以及工程延期投产运营的经济损失。可见,工程进度计划与管理无论对承包商还是业主都是相当重要的。

二、进度计划的编制方法

工程进度计划的编制方法主要有关键日期表、甘特图、垂直图、网络计划技术等。表4-1简单对比了它们的特点及适用范围,之后将详细介绍甘特图与网络计划技术的相关知识。

表4-1　进度计划编制方法对比

类别	方法介绍	方法特点
关键日期表	将工程建设活动或施工过程在表中列出,注明其开始与结束时间以及是否是关键工作	是一种简介型的日程安排;但表现力差,优化调整较困难
甘特图	利用比例横线条表示各活动的延续时间,在图中列出活动或施工过程名称,标注时间坐标值	在工程实践中广泛使用,简单明了、直观易懂;但计划中各活动之间的逻辑关系不能明确表达,优化调整较困难
垂直图	利用横向坐标表示活动时间,纵向坐标表示工作进程(通常开始点定位于下方),活动进展情况由下至上的斜线表示,斜线的倾斜度大小表示施工速度的快慢	该方法直观明了,特别适用于线形工程如公路工程、管道工程等进度规划
网络计划技术	应用网络图来表示一项工程中各项关键工作和关键线路,通过不断改进网络计划来寻求最优方案,以求在计划执行过程中对计划进行有效的控制与监督,保证合理地使用人力、物力和财力,以最小的消耗取得最大的经济效果	能清楚地表达各工作之间的相互依存制约关系,通过计算还可以找出网络计划的关键线路和次关键线路,计算出非关键工作的机动时间;但进度状况不能一目了然,绘图的难度和修改的工作量都很大

(一)甘特图

甘特图又叫条形图、横道图,是一种古老的工程进度计划方法,早在20世纪初就开始应用和流行。

甘特图把项目计划与项目进度安排两种职能组合在一起,是一个二维平面图(见图4-1),横维表示进度或活动时间,纵维表示工作包内容,横道显示出每项工作开始时间和结束时间,其长度表示了该项工作的持续时间。甘特图的时间维度决定了工程进度计划的详细程度,根据不同的需要可以以小时、天、周、月、年等作为度量工程进度的时间单位,

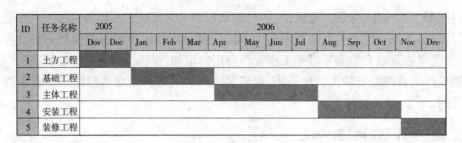

ID	任务名称	2005		2006											
		Dov	Dec	Jan	Feb	Mar	Apr	May	Jun	Jul	Aug	Sep	Oct	Nov	Dec
1	土方工程														
2	基础工程														
3	主体工程														
4	安装工程														
5	装修工程														

图 4-1　甘特图示例

图 4-1 中的基本度量单位是月。

从图 4-1 中可以总结出,甘特图的优点有:①表达方式比较直观;②绘图简单、方便、计算工作量小。缺点有:①工序之间的逻辑关系不易表达清楚;②由于不能进行严谨的时间参数计算,所以不能确定计划的关键工作、关键线路与时差;③计划难以适应大进度计划系统的需要。这些弱点严重制约了甘特图的进一步应用,所以,传统甘特图一般只适用于比较简单的小型工程。

随着网络计划原理与甘特图的相互融合,甘特图已得到了不断的改进和完善,如带有时差的甘特图、具有逻辑关系的甘特图等就同时具备了甘特图的直观性和网络图各工作的关联性。

总的来说,甘特图的作用主要有三:第一,用于工程进度计划,即通过代表各工作包的横道在时间维上的点位和跨度来直观地反映工作包有关的时间参数;通过甘特图的不同图形特征(如实线、波浪线等)来反映工作包的不同状态(如反映时差、计划或实际进度等);通过箭线反映工作之间的逻辑关系。第二,用于工程进度控制,即将实际进度状况也以横道的形式,绘制到该工程的进度计划甘特图中,从而直观地对比实际进度与计划进度之间的偏差,作为调整进度计划的依据。第三,用于资源优化、编制资源及费用计划。

(二)网络计划技术

网络计划技术是随着现代科学技术和工业生产的发展而产生的。20 世纪 50 年代后期出现于美国,标志性事件为 1956 年美国杜邦公司研究创立的关键路径法(CPM)、1958年美国海军武器部在研制"北极星"导弹计划时应用的计划评审技术(PERT)。

在著名数学家华罗庚教授的倡导下,我国从 20 世纪 60 年代中期开始在生产管理中推广和应用网络计划技术。1992 年国家技术监督局和建设部先后颁发了《网络计划技术常用术语》(GB/T 13400.1—92)、《网络计划技术　网络图画法的一般规定》(GB/T 13400.2—92)、《网络计划技术　在项目计划管理应用中的一般程序》(GB/T 13400.3—92)三个国家标准,以及行业标准《工程网络计划技术规程》(JGJ/T 121—99),标志着我国网络计划技术应用走上规范化、科学化的轨道。同国外发达国家相比,目前我国在网络计划技术的理论水平与应用方面相差无几,但在应用管理上特别是计划执行中的监督与控制以及跟踪调整方面相对落后,基本是只停留在计划的编制阶段。

网络计划技术的主要类型如图 4-2 所示。

肯定型网络计划是指子项目(工作)、工作之间的逻辑关系及各工作的持续时间都肯定的网络计划。非肯定型网络计划是指计划子项目(工作)、工作之间的逻辑关系及各工

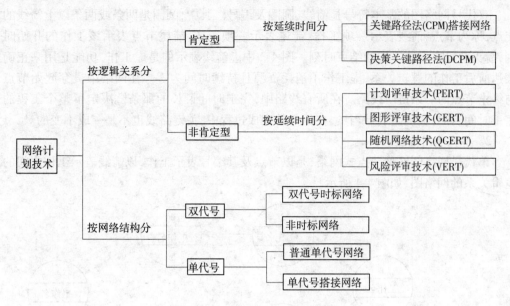

图 4-2 网络计划技术的类型

作的持续时间三者之中有一项或一项以上不肯定的网络计划。

双代号网络计划即用双代号网络图表示的网络计划,以箭线及其两端节点的编号表示一项工作。单代号网络计划是以单代号网络图表示的网络计划,以节点及其编号表示工作,以箭线表示工作之间的逻辑关系。

时标网络计划是指以时间坐标为尺度编制的网络计划,其应用多为双代号网络计划,特点是箭线长度表示一项工作的延续时间。搭接网络计划是指前后工作之间有多种搭接逻辑关系的网络计划。

图 4-2 中最基本的四种网络图分别是双代号网络图、单代号网络图、双代号时标网络图和单代号搭接网络图。

1. 双代号网络图

双代号网络图又称箭线式网络,是以箭线及其两端节点的编号表示一项工作的网络图,如图 4-3 所示。

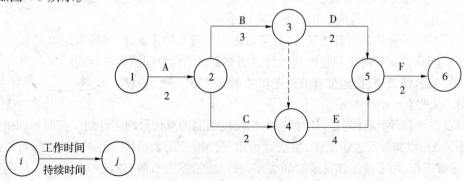

图 4-3 双代号网络图结构示意

双代号网络图的基本符号是箭线、圆圈及编号。其中,圆圈是两条或两条以上箭线的交点,称为节点;箭线表示一项工作,箭尾表示一项工作,箭尾节点表示该工作的开始时刻,箭头节点表示该工作的结束时刻。图4-3中虚箭线表示的是虚工作,功能是用来正确表达前后工作的逻辑关系,虚工作不消耗资源且持续时间为零。在网络中贯穿起始节点与终止节点的一条链叫线路。在所有线路中,完工时间最长的那条链决定了整个工程的完工时间,称为关键路线。当然,在任务的完成过程中,关键路线也不是一成不变的。

2. 单代号网络图

单代号网络图又称节点式网络,是以节点及其编号表示工作,以箭线表示工作之间的逻辑关系的网络图,如图4-4所示。

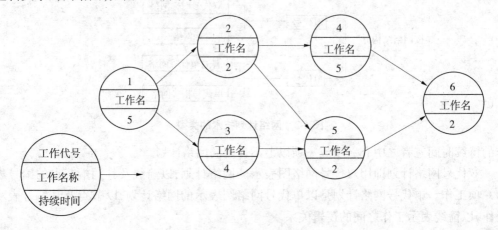

图4-4　单代号网络图结构示意

单代号网络图的基本元素有节点、箭线和线路。其中,每个节点表示一项工作,用圆圈或方框表示,并标志工作名称、持续时间和工作代号。单代号网络图中的节点必须编号,编号标注在节点内,其号码可间断,但严禁重复。单代号网络图中的箭线表示紧邻工作之间的逻辑关系。箭线应画成水平直线、折线或斜线。箭线水平投影的方向应自左向右,表示工作的进行方向。

在实际工作中,不同的人对双代号网络与单代号网络有不同的偏好。

双代号网络出现相对较早,因而它的应用也很广泛。但是,现在越来越多的人倾向于单代号网络,因为单代号网络相对而言有以下优势:

(1)单代号网络的设计更灵活些,可以先画出所有的作业,然后插入逻辑关系。

(2)目前大多数的工程管理软件的编制都是以单代号网络为基础的。

(3)在甘特图中,构建带有节点逻辑关系的甘特图更为方便。

3. 双代号时标网络图

双代号时标网络计划是以时间坐标为尺度编制的双代号网络计划。在时标网络图中(见图4-5),以实箭线表示工作,实箭线的水平投影长度表示该工作的持续时间;以虚箭线表示虚工作,由于虚工作持续时间为零,所以虚箭线垂直画;以波形线表示工作与其紧后工作的自由时差。

双代号时标网络图主要有以下几个特点:

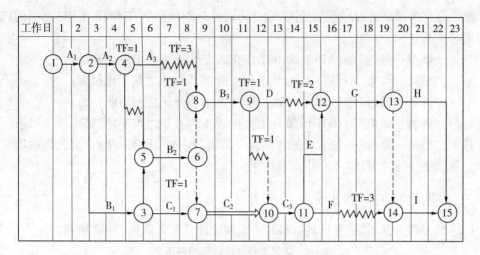

图4-5　双代号时标网络图结构示意

（1）兼有网络计划与横道计划的优点，能够清楚地表明计划的时间进程。

（2）能在图上直接显示各项工作的开始与完成时间、工作自由时差及关键线路。

（3）在绘制中受到时间坐标的限制，因此不易产生循环回路之类的逻辑错误。

（4）可以利用时标网络计划图直接统计资源的需要量，以便进行资源优化和调整。

双代号时标网络图适用于以下情况：①工作项目少、工艺比较简单的工程；②局部网络计划；③作业性网络计划；④使用实际进度前锋线进行进度控制的网络计划。

4. 单代号搭接网络图

传统的双代号和单代号网络计划中，只能表示两项工作首尾相接的关系，仅仅是一种衔接关系，即只有当其紧前工作（紧排在本工作之前的工作）全部完成之后，本工作才能开始。但是在工程建设实践中，有许多工作的开始并不是以其紧前工作的完成作为条件的，它们之间存在着一定的搭接关系。这种情况需要以搭接网络图来描绘。搭接网络计划一般都采用单代号网络图的表示方法，即以节点表示工作，以节点之间的箭线表示工作之间的逻辑顺序和搭接关系。图4-6为某单代号搭接网络的结构示意。

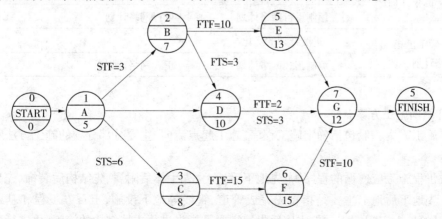

图4-6　单代号搭接网络图结构示意

单代号搭接网络可以描绘前后两项工作(此处分别代称 A 工作、B 工作)之间的四种逻辑依存关系:

第一,"结束—开始"型(FTS),即 B 工作在 A 工作结束之前不能开始。

第二,"结束—结束"型(FTF),即 B 工作在 A 工作结束之前不能结束。

第三,"开始—开始"型(STS),即 B 工作在 A 工作开始之前不能开始。

第四,"开始—结束"型(STF),即 B 工作在 A 工作开始之前不能结束。

其中,"结束—开始"型最为常见,"结束—结束"型和"开始—开始"型允许两项工作有一定程度的并行,"开始—结束"型较少见。

三、进度计划的编制步骤

以建筑工程为例,其进度计划编制的步骤和阶段成果大致如表 4-2 所列。

表 4-2　建筑工程进度计划编制步骤

编制阶段	编制步骤	阶段成果
准备阶段	工程描述	工程描述表
	信息收集和分析	
	明确施工方案	
绘制网络图	工程分解与工作描述	项目分解结构(WBS)图表、工作描述表、工作列表、工作责任分配表
	工作排序与网络图绘制	各工作详细关系列表、网络图结构
时间参数计算确定关键线路	工序作业时间估计	各工序作业时间
	时间参数计算	最早开始(结束)时间、最晚开始(结束)时间、自由时差、总时差
	确定关键线路	
编制可行网络计划	工期、资源的检查与调整	
	编制可行网络计划	可行网络计划
优化并确定正式网络计划	进度计划的优化	
	编制正式网络计划	正式网络计划

(一)明确施工方案

明确施工方案一般包括确定施工程序、施工起点流向、主要分部分项的施工方法和施工机械等。

单位工程施工应遵循的程序为:先地下后地上、先主体后附属、先结构后装饰、先土建后设备。先地下后地上主要是指首先完成管道、管线等地下设施、土石方工程和基础工程,然后开始地上工程施工。先主体后附属主要是指先进行主体结构的施工,再进行附属结构的施工。先结构后装饰是指先进行主体结构施工,后进行装修工程的施工。先土建后设备主要是指一般的土建工程与水暖电气等工程的总体施工程序。

确定施工起点流向就是确定单位工程在平面或竖向上施工开始的部位和开展的方向。施工流向牵涉到一系列施工活动的开展和进程，是组织施工活动的重要环节。

确定施工顺序要遵循施工程序，符合施工工艺，与施工方法一致，符合施工组织的要求，满足施工质量和安全的要求，还应考虑当地气候的影响。

(二)工程分解与工作描述

施工方案确定后就可在此基础上对工程进行划分，即采用 WBS(项目分解结构)把建设工程分解成若干组成元素，以便按照客观的施工顺序依次或平行地逐一完成这些元素，从而最终完成建设任务。工程分解有时又称划分工序。"工序"在网络计划技术中是一个含义十分广的名词。它在双代号网络图中表现为一条箭线，这条箭线所代表的工作内容可多可少、可粗可细，要根据计划对象的情况和计划的任务来定。一般来说，计划的对象规模大或者控制性计划，其划分的每一个工序所包含的内容就会较多，划分得也就很粗，工序也就会很大。如果计划的对象规模不大，或者是用于指导施工的实施性计划，则要把工序划分得很具体。

在工程分解的基础上，为了更明确地描述工程所包含的各项工作的具体内容和要求，需要对工作进行描述，编制工作描述表并对所有工作进行汇总编制工作列表。同时，为了明确各部门或个人在过程中的责任，应根据项目分解结构图表和组织结构图，对工程的每一项工作或任务分配责任者和落实责任。工作责任分配的结果是形成工作责任分配表。

(三)工作排序与网络图绘制

一个工程有若干项工作或活动，它们在时间上的先后顺序称为逻辑关系，既包括客观存在的、不变的强制性逻辑关系，还包括随实施方案、人为约束条件、资源供应条件变化而变化的逻辑关系。一般来说，工作排序应首先考虑强制性逻辑关系，在此基础上通过分析进一步确定工作之间可变的逻辑关系。工作排序的结果是形成描述工程各工作相互关系的项目网络图以及工作的详细关系列表。

在此基础上便可绘制网络图。网络图是整个工程在时间工程和工序关系上的模拟，能清楚地反映整个工程的工作过程，所以它是网络计划的基础，是网络计划技术的出发点。网络图的绘制原则主要有：

(1)在网络图中不允许出现循环线路(或闭合回路)，即箭头从某一事项出发，只能自左向右前进，不能反向又重新回到该事项上去。

(2)箭线的首尾都必须有事项，即不允许从一条箭线的中间引出另一条箭线来。

(3)不允许在两个相邻事项之间有多余箭线。

(4)网络图中不允许出现中断的线路。

(5)对单目标网络，不允许出现多个起始事项和终止事项的情况。

(6)网络中各事项的编号是由左向右、由小向大，工作的起始事项号要小于工作的终止事项号，并且事项编号不能重复。

以上规定又称网络逻辑，一张网络图只有符合网络逻辑的要求才能正确反映计划任务的内容，并为大多数人所接受。

（四）工序作业时间估计

确定进度计划中各工序的作业时间是计算网络计划时间参数的基础，是计划工作的关键，必须十分谨慎。利用网络计划技术编制进度计划时有一个特点，那就是工序作业时间的确定并非完全根据当时的情况（施工条件和工期要求），而是按照正常条件来确定一个合理的、经济的作业时间，待计算完以后再结合工期要求和资源供应等具体要求，对计划进行调整。这种做法的意义表现在以下方面：

（1）按照正常的条件而不是赶工、抢工条件确定的作业时间，一般总是比较合理的，其费用也是较低的。按照这种作业时间编制出来的计划总成本一般较低。

（2）有了这样的初步计划，结合实际进行调整和优化便有了一个合理的基础，也便于进行比较。

（3）以这种作业时间为基础计算出网络时间并找到关键路线之后，在必须压缩工期时，就可以知道应该压缩哪些工艺，哪些地方有时差可以利用、有潜力可以挖掘。这样就不至于因考虑工期要求而盲目抢工，把那些还有时差的工序也加快，徒然增加工程费用，造成成本增高、资金浪费。所以，采用网络计划技术编制进度计划从一开始就避免了浪费。

工序作业时间的确定可以采用各种不同的方法，比如根据工程量、人工（或机械台班）产量定额和合理的人员（或机械）数量计算求得。但对于产量定额必须有所分析，要根据实际情况做适当的调整才能使计划更切合实际，这是对各项具体的工序（分项工程）而言的。对于那些大"工序"（单位工程等），则可以根据国家的工期定额或类似工程的资料加以必要修正后套用。必要时，比如对一些缺乏经验而又比较重要的分项工程或工程，也可以采用三时估计法，即估计一个最乐观时间 t_0（在最顺利条件下所需时间）、一个最可能时间 t_m 和一个最悲观时间 t_p（在最不利条件下所需时间），然后利用式（4-1）进行加权计算，求得一个期望工时 $\bar{t}_c$。

$$\bar{t}_c = \frac{t_0 + 4t_m + t_p}{6} \tag{4-1}$$

为了预测该工作在期望工时内完成的可能性，还可以通过计算方差 σ 和均方差 $\bar{\sigma}$ 来反映工作时间概率分布的离散程度。σ 的数值越大，说明工作时间概率分布的离散程度越大，期望工时 $\bar{t}_c$ 可靠性就越小；反之，σ 的数值越小，期望工时 $\bar{t}_c$ 的可靠性越大。

$$\sigma^2 = \left(\frac{t_p - t_0}{6}\right)^2 \tag{4-2}$$

$$\sigma = \frac{t_p - t_0}{6} \tag{4-3}$$

最后，将估计出的各工序的作业时间添加到网络图上，就形成了初步的工程进度计划网络图。

（五）时间参数计算

网络图中的活动是要消耗一定的资源、经过一定的时间才能完成的。对初始方案进行时间参数的计算在于确定计划工期并为工期调整和资源调整准备条件。为此，要计算出各工序的最早开始时间 ES_{i-j}、最早完成时间 EF_{i-j}、最迟开始时间 LS_{i-j}、最迟完成时间

LF_{i-j}、总时差 TF_{i-j}、自由时差 FF_{i-j}，并据此判断关键线路。

下面以双代号网络图为例，介绍其时间参数的计算方法。在双代号网络图中，工作 $i-j$ 的时间参数常以图 4-7 所示形式标注在该工作箭线上。

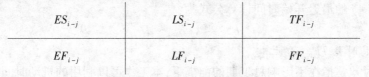

图 4-7　双代号网络时间参数标识

1. 最早开始时间 ES_{i-j} 的计算

工作最早开始时间指各紧前工作（紧排在本工作之前的工作）全部完成后，本工作有可能开始的最早时刻。工作 $i-j$ 的最早开始时间 ES_{i-j} 计算应符合下列规定：

（1）工作 $i-j$ 的最早开始时间 ES_{i-j} 应从网络计划的起始点开始，顺着箭线方向依次逐项计算。

（2）以起始节点为箭尾节点的工作，当未规定其最早开始时间时，其值应等于零。

（3）当工作 $i-j$ 只有一项紧前工作 $h-i$ 时，其最早开始时间 ES_{i-j} 为：

$$ES_{i-j} = EF_{h-i} = ES_{h-i} + D_{h-i} \tag{4-4}$$

式中　ES_{h-i}——工作 $h-i$ 的最早开始时间；

D_{h-i}——工作 $h-i$ 的持续时间。

（4）当工作 $i-j$ 有多项紧前工作时，其最早开始时间 ES_{h-i} 应取各紧前工作最早结束时间的最大值，公式为：

$$ES_{i-j} = \max\{ES_{h-i} + D_{h-i}\} \tag{4-5}$$

2. 最早完成时间 EF_{i-j} 的计算

工作最早完成时间指各紧前工作完成后，本工作有可能完成的最早时刻。工作 $i-j$ 的最早完成时间 EF_{i-j} 的计算公式为：

$$EF_{i-j} = ES_{i-j} + D_{i-j} \tag{4-6}$$

3. 最迟完成时间 LF_{i-j} 的计算

工作最迟完成时间指在不影响整个任务按期完成的前提下，工作必须完成的最迟时刻，工作 $i-j$ 最迟完成时间 LF_{i-j} 的计算应符合下列规定：

（1）工作 $i-j$ 的最迟完成时间 LF_{i-j} 应从网络计划的终节点开始，逆着箭线方向依次逐项计算。

（2）以终节点为箭头节点的工作的最迟完成时间，可以取网络计划的计划工期 T_p。所谓计划工期，是指按要求工期 T_r 和计算工期 T_c 确定的作为实施目标的实际工期，其中计算工期 T_c 是指根据时间参数计算得到的工期。如果事先规定了要求工期 T_r，则应满足 $T_c \leqslant T_p \leqslant T_r$；如果没有事先规定要求工期 T_r，则应满足 $T_c \leqslant T_p$，一般就取 $T_p = T_c$。

（3）其他工作 $i-j$ 的最迟完成时间 LF_{i-j} 应取其各紧后工作最迟开始时间的最小值，即

$$LF_{i-j} = \min\{LF_{j-k} - D_{j-k}\} \tag{4-7}$$

式中　LF_{j-k}——工作 $i-j$ 的各紧后工作 $j-k$ 的最迟完成时间；

D_{j-k}——各紧后工作的持续时间。

4. 最迟开始时间 LS_{i-j} 的计算

工作最迟开始时间是指在不影响整个任务按期完成的前提下,工作必须开始的最迟时刻。工作 $i-j$ 的最迟开始时间计算公式为:

$$LS_{i-j} = LF_{i-j} - D_{i-j} \tag{4-8}$$

5. 工作总时差 TF_{i-j} 的计算

工作总时差是指在不影响总工期的前提下,本工作可以利用的机动时间。

TF_{i-j} 的计算公式为:

$$TF_{i-j} = LS_{i-j} - ES_{i-j} = LF_{i-j} - EF_{i-j} \tag{4-9}$$

6. 工作自由时差 FF_{i-j} 的计算

工作自由时差是指在不影响其紧后工作最早开始时间的前提下,本工作可以利用的机动时间。工作 $i-j$ 的自由时差 FF_{i-j} 的计算应符合时差为:

$$FF_{i-j} = ES_{j-k} - ES_{i-j} - D_{i-j} = ES_{j-k} - EF_{i-j} \tag{4-10}$$

式中 ES_{j-k}——工作 $i-j$ 的紧后工作 $j-k$ 的最早开始时间。

以终点节点($j = n$)为箭头节点的工作,其自由时差 FF_{i-n} 应按网络计划的计划工作 T_p 确定,即

$$FF_{i-n} = T_p - ES_{i-n} - D_{i-n} = T_p - EF_{i-n} \tag{4-11}$$

(六)确定关键路线

在一个网络图中,总时差为零的活动称为关键活动,时差为零的节点称为关键节点。一个从始点到终点,沿箭头方向由时差为零的关键活动所组成的路线,就叫关键路线。关键路线通常是从起始节点到终点节点最长的路线。要想缩短整个工程的工期必须在关键路线上想办法,即缩短关键路线上的作业时间;反之,若关键路线工期延长,则整个工程工期就越长。

(七)工期、资源的审查与调整

时间参数计算完毕以后,首先要审查计划总工期,看它是否符合业主的要求,即是否在规定的工期范围之内。如果计划工期不超过规定的工期,那么这个计划在工期这一点上是可行的。如果计划工期超过了规定工期,那就要调整计划工期,将它压缩到规定的工期范围之内;如果做不到这一点,那就要提出充分的理由和根据,以便就工期问题与业主进行进一步商谈。

同时,还要进一步估算主要资源的需要量,审查资源需要量和供应的可能性,看二者能否协调。如果供应能够满足施工高峰对资源的需求,则这个计划也就被认为是可行的。如果某一段时间内供应不能满足资源消耗高峰的需要,那就要对这段时间施工的工序加以调整,使它们错开,减少集中的资源消费,把它降到可能供应的水平之下。

(八)编制可行网络计划

经过工期和资源的初步调整之后,网络计划已基本适应现有的施工条件要求,因此可以绘制可行网络计划图。同时,还可以进一步计算该进度方案的技术经济指标,如与定额工期的比较、单方用工、劳动生产率、节约率(与预算比较)、机械台班利用率等。通过与过去或先进计划指标的比较,可以逐步积累经验,对提高管理水平非常有意义。

(九)进度计划的优化

可行计划还不是最后的计划,所以只要有改进的可能,对于可行计划还应逐步加以改进、优化,使之更趋完善,以便取得更好的经济效益。在工程实践中,寻求最优计划在实际上是不可能的,只能寻求在目标条件下更令人满意的计划。

工程进度计划的优化一般有以下几种途径。

1. 在不增加资源的前提下压缩工期

在进行工期优化时,首先应在保持系统原有资源的基础上对工期进行压缩。如果还不能满足要求,再考虑向系统增加资源。在不增加系统资源的前提下压缩工期有两条途径:

一是不改变网络计划中各项工作的持续时间,通过改变某些活动间的逻辑关系达到压缩总工期的目的。主要是将某些原来前后衔接的活动改为互相搭接,这种方法主要适用于可以形成流水作业的工程。按照前后衔接的关系,要等到紧前活动全部完成以后,紧后活动才开始。改为互相搭接的关系后,紧前活动只要完成一部分,其紧后活动就可以开始了。

二是改变系统内部的资源配置,削减某些非关键活动的资源,将削减下来的资源调集到关键工作中去以缩短关键工作的持续时间,从而达到缩短总工期的目的。

2. 压缩关键活动

压缩关键活动的步骤如下:

(1)确定初始网络计划的计算工期。

(2)将计算工期与指令工期进行比较,求得需要缩短的时间。

(3)压缩关键线路重新计算,得到新的计算工期。

如果这个新的计算工期符合指令工期的要求,则工期优化即已完成。否则,按上述步骤再次压缩关键线路,直到符合指令工期的要求为止。当网络图中有多条关键路径时,应首先对多条关键线路的公共部分进行压缩,这样可节省费用。如果网络图中有多条关键路线,若其中有一条不能够再压缩,则整个网络计划的总工期也就不能再压缩了。在实际工作中要压缩任何活动的持续时间都会引起费用的增加。

3. 工期—费用优化

任何一个工程都是由若干项活动组成的。每项活动的完成时间并非常量,随着投在其中的费用的变化而变化。因此,有必要对网络计划进行工期—费用分析。根据工期活动的费用率以及极限工程,可以知道每项活动可以压缩的时间和相应要增加的成本,压缩工程工期必须压缩关键活动的时间,而且必须按费用率由小到大进行压缩。在压缩关键活动工期时还要受到以下限制:①活动本身的最短工期的限制。②总时差的限制。关键路线上各活动压缩时间之和不能大于非关键路线上的总时差。③平行关键路线的限制。当一个网络计划图中存在两条(或多条)关键路线时,如果要缩短计划工期,必须同时在两条(或多条)关键路线上压缩相同的天数。④紧缩关键路线的限制。如果关键路线上各项活动的工期都为最短工期,这条路线就称为紧缩关键路线。当网络计划中存在这种路线时,工期就不能再缩短了。在这种情况下压缩任何别的活动的持续时间,都不会缩短工期而只会增加工程的费用。

网络计划工期—费用优化可以按下列步骤进行：

（1）首先计算出网络计划中各活动的时间参数，确定关键活动和关键路线。

（2）估算活动的正常工期和正常费用、极限工期和极限费用，并计算活动的费用率。

（3）若只有一条关键路线，则找出费用率最小的关键活动作为压缩对象；若有两条关键路线，则要找出路线上费用率总和最小的活动组合为压缩对象（这种费用率总和为最小的活动组合称为最小切割）。

（4）分析压缩工期时的约束条件，确定压缩对象的可能压缩时间，压缩后计算出总的直接费用的增加值。

（5）计算压缩后的工期能否满足合同工期的要求，如果能满足，停止压缩；如果不能满足，再按（1）～（5）的顺序继续压缩；如果出现了紧缩的关键路线，而工期仍不能满足合同要求，则要重新组织和安排各工序的施工方法，调整各工序活动的逻辑关系，然后再按（1）～（5）的顺序进行优化调整。这种方法是用逐渐增加费用来减少工期的，所以称为最低费用加快法。

第二节　项目进度控制

进度控制是工程三大目标控制之一，是工程管理中的一项重要工作。有效进度控制的关键是监督、协调、预测与控制，即不断监控工程的进度，以保证各项工作能符合里程碑进度要求，按预定的进度计划进行；同时要了解、掌握工程进度计划的实施情况，并与实际进度相比较，若发现偏离，要及时分析和研究并采取对策，实行有效控制，避免发生实质性的延误。整个进度控制工作及流程如图4-8所示。工程进度控制的主要措施见表4-3。

表4-3　工程进度控制措施

措施类别	详细措施
组织措施	设立进度控制部门、配置人员；落实进度控制各环节及人员的责任；编制进度控制流程；制定进度控制制度；进度控制的分析与预测
管理措施	加强信息管理，收集实际进度资料，及时整理统计，定期提出工程进度报告
经济措施	编制资源需求计划，为进度计划调整决策提供信息；落实资源供应条件
技术措施	设计方案评选时应考虑设计技术与工程进度的关系；工程实施过程中应考虑技术的先进性与经济合理性

一、工程进度的对比、分析

将工程的实际进度与计划进度进行比较，分析其对工程工期的影响，确定实际进度与计划进度不符的原因，进而找出对策，这是进度控制的重要环节之一。常用的进度对比方

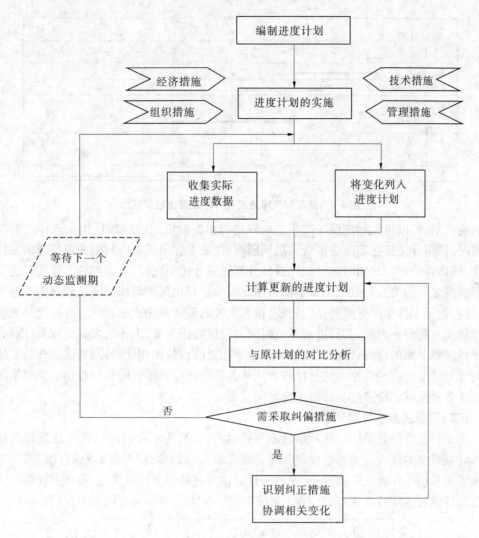

图4-8 进度控制过程

法有横道图比较法、实际进度前锋比较法、S形曲线比较法、香蕉形曲线比较法等。

（一）横道图比较法

图4-9是某工程在第6天末进行检查时，绘制的实际进度与计划进度比较示意图。图中的粗线代表实际进度、细线代表计划进度。由此可见，横道图比较法是将在工程进展中通过观测、检查、搜集到的信息，经整理后直接用不同标志的横道线并列标于原计划横道线处，从而进行直观比较的方法。横道图比较法是进度控制中最简单的方法，仅适用于工程中各项工作都是按均匀速度进行，即每项工作在单位时间所完成的任务量各自相等的情况。

根据工程中各项工作速度的不同，以及进度控制要求和提供的速度信息的不同，这种方法还可以进一步划分为匀速施工横道图比较法、双比例单侧横道图比较法和双侧横道图比较法。其中，匀速施工横道图比较法只适用工作进展速度不变的情况，作图方

编号	工作名称	工程进度(天)											
		1	2	3	4	5	6	7	8	9	10	11	12
1	挖土	■■■■■■											
2	立模			■■■■■■									
3	钢筋绑扎				■■■■								
4	混凝土浇注												
5	回填土												

图 4-9 某工程实际进度与计划进度比较横道图

法如前所示,可以将实际进度线加粗。而双比例单侧横道图比较法适用于工作进度变速的情况,作图方法是在实际进度线涂黑的同时,在表上标出某对应时刻完成任务的累计百分比,将该百分比与其同时刻计划完成任务累计百分比相比较,从而判断工作实际进度与计划进度之间的关系。双比例双侧横道图比较法是双比例单侧横道图比较法的改进和发展,是将表示工作实际进度的涂黑粗线,按着检查的期间和完成的累计百分比交替地绘制在计划横道线上下两面,其长度表示该时间内完成的任务量,工作的实际完成累计百分比标于横道线下面的检查日期处,通过两个上下相对的百分比相比较,判断该工作的实际进度与计划进度之间的关系。这种比较方法从各阶段的涂黑粗线的长度看出本期间实际完成的任务量及其实际进度与计划进度之间关系。

(二)实际进度前锋线比较法

当工程进度计划采用时标网络计划形式时,可以利用实际进度前锋线法进行实际进度与计划进度的比较。实际进度前锋线比较法是从计划检查时间的坐标点出发,用虚线依次连接各项工作的实际进度点,最后到计划检查时间的坐标点为止,形成前锋线。可以根据前锋线与工作箭线交点的位置判断工程实际进度与计划进度的偏差(见图 4-10)。

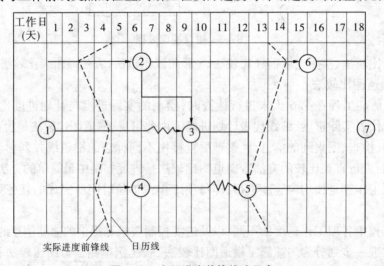

图 4-10 实际进度前锋线法示意

从图 4-10 中可以直接判断出相关工作的进度状况。例如,在第 4 天末进行检查时,工作 1~2 实际进度比计划进度滞后 2 天,工作 1~3 实际进度与计划进度一致,工作 1~4 实际进度比计划进度滞后 1 天。再如,在第 13 天末进行检查时,工作 2~6 实际进度比计划进度超前 1 天,工作 5~7 实际进度比计划进度滞后 1 天。由此可见,实际进度前锋线法也非常直观,反映的工程进度信息要比横道图比较法多。

(三)S 形曲线比较法

S 形曲线比较法是以横坐标表示进度时间,纵坐标表示累计完成任务量,从而绘制出按计划时间累计完成任务量的 S 形曲线,将工程各检查时间对应的实际完成任务量与 S 形曲线进行实际进度与计划进度相比较的一种方法。

以建筑工程为例,一般是工程的开始和结尾阶段,单位时间投入的资源量较少,中间阶段单位时间投入的资源量较多。与其相关,单位时间完成的任务量也呈同样的变化趋势,即随时间进展累计完成的任务量也呈 S 形变化。

通过比较图 4-11 中的两条 S 形曲线,可以得到如下信息:

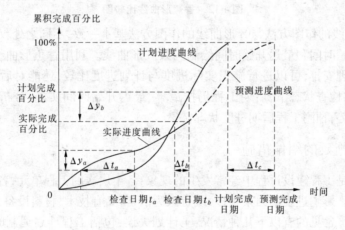

图 4-11　S 形曲线比较图

其一,可以得到项目实际进度与计划进度比较的信息。当实际工程进度点落在计划 S 形曲线左侧则表示此时实际进度比计划进度超前;若落在其右侧,则表示拖后;若刚好落在其上,则表示二者一致。

其二,可以得到项目实际进度比计划进度超前或拖后的时间。图 4-11 中,Δt_b 表示 t_b 检查时刻实际进度拖后的时间。

其三,可以得到项目实际进度比计划进度超额或拖欠的任务量。图 4-11 中 Δy_a 表示 t_a 时刻超额完成的任务量;Δy_b 表示 t_b 时刻拖欠的任务量。

其四,可以预测工程进度。图 4-11 中 t_b 检查时刻之后,若工程按原计划速度进行,则预测到工期拖延预测值为 Δt_c。

(四)香蕉形曲线比较法

从 S 形曲线比较法中得知,工程进度计划实施过程中的进行时间与累计完成任务量的关系都可以用一条 S 形曲线表示。而且,一般情况下,任何一个工程的网络计划图都可以绘制出两条 S 形曲线:以各项工作的最早开始时间安排进度而绘制的 S 形曲线(ES 曲线)和以各项工作的最迟开始时间安排进度而绘制的 S 形曲线(LS 曲线)。两条 S 形曲线都是从计划的开始时刻开始,在计划的完成时刻结束,因此两条曲线是闭合的。因形如香蕉,故称为香蕉形曲线(见图 4-12)。工程实施中进度控制的理想状况是:任一时刻按实际进度描绘的点应落在该香蕉形曲线的区域内。

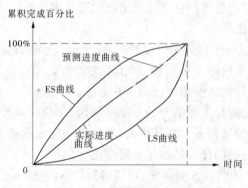

图 4-12　香蕉形曲线比较图

香蕉形曲线的作图方法与 S 形曲线的作图方法基本一致,不同之处仅在于要分别以工作的最早开始时间和最迟开始时间绘制两条 S 形曲线。利用香蕉形曲线比较法,可以进行进度的合理安排,可以进行施工实际进度与计划进度比较,还能对后期工程进行预测,即在确定的检查状态下,后期工程仍按最早、最迟开始时间实施,分析 ES 曲线和 LS曲线的发展趋势,预测工程后期进度状况。

二、进度拖延的纠偏措施

进度拖延是工程建设过程中经常发生的现象,各个层次的工程单元,各个工程阶段都可能出现延误。影响进度的因素很多,既有人为因素,又有技术、材料设备、资金、气候、环境等客观因素。常见的有以下几种情况:①计划失误,包括工程计划编制时过于乐观,计划时遗漏了部分工作,没有考虑资源的稀缺性等。②合同变更,业主可能要求变更一部分设计,增加工程的功能和范围等。③组织管理不力,工程队伍内部和工程干系人沟通不畅,协调不力;设计工作不能及时完成;物资供应不能及时到位等。④技术难题未能攻克。⑤不可抗力事件发生,如工人罢工、恶劣的气候、政治事件以及战争等的发生。

(一)进度拖延的事前预防

在工程开始以后,首先要采取各种日常的进度控制措施,防止可以避免的、人为的进度拖延。日常进度控制途径包括以下几个方面:

(1)突出关键路线。坚持抓关键路线,以此作为最基本的工作方法及组织管理的基本点,并以此作为牵制各项工作的重心。

(2)加强生产要素配置管理。配置生产要素是指对劳动力、资金、材料、设备等进行存量、流量、流向分布的调查、汇总、分析、预测和控制。合理配置生产要素是提高施工效率、增加管理效能的有效途径,也是网络节点动态控制的核心和关键。在动态控制中,必须高度重视整个工程建设系统内、外部条件的变化,及时跟踪现场主、客观条件的发展变化,坚持每天用大量时间来熟悉和研究人、材、机械、工程的进展状况,不断分析预测各工序资源需要量与资源总量以及实际投入量之间的矛盾。应规范投入方向,采取调整措施,确保工期目标的实现。

（3）严格控制工序,掌握现场施工实际情况。记录各工序的开始日期、工作进程和技术日期,其作用是为计划实施的检查、分析、调整、总结提供原始资料。因此,严格控制工序有三个基本要求:一是要跟踪记录;二是要如实记录;三是要借助图表形成记录文件。

（二）进度拖延的事后措施

进度拖延的事后措施,最关键的是要分析引起拖延的原因。通常有以下方面的措施:

（1）对引起进度拖延的原因采取措施。目的是消除或降低它的影响,防止它继续造成拖延或造成更大的拖延,特别是对于计划不周(错误)、管理失误等原因造成的拖延。

（2）投入更多的资源加速活动,或者要求增加每天的工作时间;也可以安排更多的设备或材料来加快速度。但是,增加资源的方法往往会使成本增加。

（3）采取措施保证后期的活动按计划执行。要特别关注关键路线上的速度拖延。缩短后期工程的工期,常常会引起一些附加作用,最典型的是增加成本开支或引起质量问题。

（4）分析进度网络,找出有工期延迟的路径。应针对该路径上工期长的活动采取积极的缩短工期的措施。工期长的活动往往存在更大的压缩空间,这对缩短整个路径的总工期是最明显的。

（5）缩小工程的范围。包括减少工作量或删去一些工作包(或分项工程),但是这必须征得业主的同意,并且不会影响整个工程的功能,也不会大幅度地降低工程的质量。

（6）改进方法和技术,提高劳动生产率。可以采用信息管理系统提高信息的沟通效率,采用并行工程,增加对员工的技能培训及激励措施等。

（7）采用外包策略。让更专业的公司用更快的速度、更低的成本完成一些分项工程。

第五章　项目质量管理

第一节　建设工程项目质量控制的概念和原理

一、建设工程项目质量控制的含义

(一)质量控制

质量控制是指为达到质量要求所采取的作业技术和活动。在社会化大生产的条件下,还必须通过科学的管理来组织和协调作业技术活动的过程,以充分发挥其质量形成能力,实现预期的质量目标。

(二)质量控制与质量管理

(1)质量控制是 GB/T 19000(等同采用 ISO9000—2000)质量管理体系标准的一个质量术语。质量控制是质量管理的一部分,是致力于满足质量要求的一系列相关活动。

(2)按照 GB/T 19000 定义,质量管理是指确定质量方针和实施质量方针的全部职能及工作内容,并对其工作效果进行评价和改进的一系列工作。

(三)建设工程项目的质量控制

建设工程项目是由业主提出明确的需求,然后再通过一次性承发包生产,即在特定的地点建造特定的项目。因此,工程项目的质量总目标,是业主建设意图通过项目策划,包括项目的定义及建设规模、系统构成、使用功能和价值、规格档次标准等的定位策划和目标决策来提出的。工程项目质量控制,包括勘察设计、招标投标、施工安装、竣工验收各阶段,均应围绕着致力于满足业主的质量总目标而展开。

(四)建设工程项目质量形成的影响因素

1. 人的质量意识和质量能力

人是质量活动的主体,对建设工程项目而言,人是泛指与工程有关的单位、组织及个人。人是生产经营活动的主体,也是工程项目建设的决策者、管理者、操作者。工程建设的全过程,如项目的规划、决策、勘察、设计和施工,都是通过人来完成的。人员的素质,即人的文化水平、技术水平、决策能力、管理能力、组织能力、作业能力、控制能力、身体素质及职业道德等,都将对工程质量产生不同程度的影响,所以人员素质是影响工程质量的一个重要因素。因此,建筑行业实行经营资质管理和各类专业从业人员持证上岗制度是保证人员素质的重要管理措施。

2. 工程材料

工程材料泛指构成工程实体的各类建筑材料、构配件、半成品等,它是工程建设的物质条件,是工程质量的基础。工程材料选用是否合理、产品是否合格、材料是否经过检验、保管使用是否得当等,都将直接影响建设工程的结构刚度和强度,影响工程外表及观感,影响工程的使用功能和使用安全。

3. 机械设备

机械设备可分为两类:一是指组成过程实体及配套的工艺设备和各类机具,如电梯、泵机、通风设备等,它们构成了建筑设备安装工程或工业设备安装工程,形成完整的使用功能;二是指施工过程中使用的各类机具设备,包括大型垂直与横向运输设备、各类操作工具、各种施工安全设施、各类测量仪器和计量器具等,简称施工机具设备,它们是施工生产的手段。机具设备对工程质量也有重要的影响。工程用机具设备其产品质量优劣,直接影响工程使用功能质量。施工机具设备的类型是否符合工程施工的特点,性能是否先进、稳定,操作是否方便、安全等,都将会影响工程项目的质量。

4. 方法

方法是指工艺方法、操作方法和施工方案。在工程施工中,施工方案是否合理,施工工艺是否先进,施工操作是否正确,都将对工程质量产生重大的影响。大力推进采用新技术、新工艺、新方法,不断提高施工工艺技术水平,是保证工程质量稳定提高的重要因素。

5. 环境条件

环境条件是指对工程质量特性起重要作用的环境因素,包括:工程技术环境,如工程地质、水文、气象等;工程作业环境,如施工环境作业面大小、防护设施、通风照明和通信条件等;工程管理环境,主要指工程实施的合同结构与管理关系的确定,组织体制及管理制度等;周边环境,如工程临近的地下管线、建(构)筑物等。环境条件往往对工程质量产生特定的影响。加强环境管理,改进作业条件,把握好技术环境,辅以必要的措施,是控制环境对质量影响的重要保证。

二、建设工程项目质量控制的基本原理

(一)PDCA 循环

PDCA 循环是指由计划(Plan)、实施(Do)、检查(Check)和处置(Action)四个阶段组成的循环,是目标控制的基本方法,如图 5-1 所示。

(1)计划 P(Plan)。即质量计划阶段,明确目标并制订实现目标的行动方案。在建设工程项目的实施中,"计划"是指各相关主体根据其任务目标和责任范围,确定质量控制的组织制度、工作步骤、技术方法、业务流程、资源配置、检验试验要求、质量记录方式、不合格处理、管理措施等具体内容和做法的文件,"计划"还须对其实现预期目标的可行性、有效性、经济合理性进行分析论证,按照规定的程序与权限审批执行。

(2)实施 D(Do)。组织对质量计划或措施的执行计划行动方案的交底和按计划规定的方法与要求展开工程作业技术活动。计划交底的目的在于使具体的作业者和管理者明确计划的意图和要求,掌握标准,从而规范行为,全面地执行计划的行动方案,步调一致地努力实现预期的目标。

(3)检查 C(Check)。检查采取措施的效果,包括作业者的自检、互检和专职管理者专检。各类检查都包含两大方面:一是检查是否严格执行了计划的行动方案,实际条件是否发生了变化,不执行计划的原因;二是检查计划执行的结果,即产出的质量是否达到标准的要求,对此进行确定和评价。

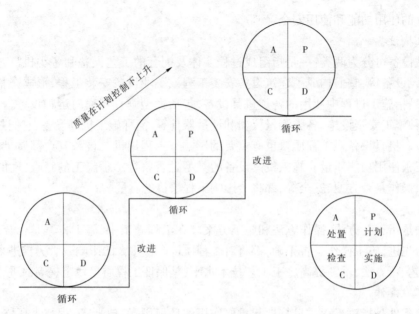

图 5-1　PDCA 循环

（4）处置 A（Action）。总结经验，巩固成绩，对于检查所发现的质量问题或质量不合格，及时进行原因分析，采取必要的措施，予以纠正，保持质量形成的受控状态。处置包括纠偏和预防两个步骤。前者是采取应急措施，解决当前的质量问题；后者是信息反馈管理部门，反思问题症结或计划时的不周，为今后类似问题的质量预防提供借鉴。对于发现的技术或管理问题，如一时难以解决，可纳入下一个 PDCA 循环的计划（P）中，予以解决。

PDCA 循环的关键不仅在于通过 A（Action）去发现问题，分析原因，予以纠正和预防，更重要的在于对于发现的问题在下一个 PDCA 循环中某个阶段，如计划阶段，予以解决。于是不断地发现问题，不断地进行 PDCA 循环，使质量不断改进，不断上升。因此，PDCA 循环体现了"持续改进"的思想，这一点是 TQC 管理的一个突出点，也是 ISOY9000 体系所着重吸取的突出点。

（二）三阶段控制原理

三阶段控制包括事前控制、事中控制和事后控制。这三阶段控制构成了质量控制的系统控制过程。

（1）事前控制，要求预先编制周密的质量计划。尤其是工程项目施工阶段，制定质量计划或编制施工组织设计或施工项目管理实施规划，都必须建立在切实可行、有效实现预期质量目标的基础上，作为一种行动方案进行施工部署。

事前控制，主要包括强调质量目标的计划预控和按质量计划进行质量活动前的准备工作状态的控制。

（2）事中控制，首先是对质量活动的行为约束，即对质量产生过程各项技术作业活动操作者在相关制度的管理下的自我行为约束的同时，充分发挥其技术能力，去完成预定质量目标的作业任务；其次是参建各方对质量活动过程和结果的监督控制，这里包括来自企业内部管理者的检查检验和来自企业外部的工程监理及政府质量监督部门等的监控。

事中控制虽然包含自控和监控两大环节,但其关键还是增强质量意识,发挥操作者自我约束、自我控制,即坚持质量标准是根本的,监控或他人控制是必要的补充,没有前者或用后者取代前者都是不正确的。因此,在企业组织的质量活动中,通过监督机制和激励机制相结合的管理方法,来发挥操作者更好的自我控制能力,以达到质量控制的效果,是非常必要的。这也只有通过建立和实施质量体系来达到。

(3)事后控制,包括对质量活动结果的评价认定和对质量偏差的纠正。从理论上分析,如果计划控制过程所制订的行动方案考虑得越周密,事中约束监控的能力越强、越严格,实现质量预期目标的可能性就越大,理想的状况就是希望做到各项作业活动"一次成功"、"一次交验合格率100%"。由于系统因素和偶然因素,当出现质量实际值与目标值之间超出允许偏差时,必须分析原因,采取措施纠正偏差,保持项目质量始终处于受控制状态。

上述三大环节构成有机的系统过程,实际上也就是 PDCA 循环具体化,并在每一次滚动循环中不断提高,达到质量管理或质量控制的持续改进。

(三)三全控制管理

三全管理是来自于全面质量管理 TQC 的思想,同时包融在质量体系标准(GB/T19000—ISO9000)中,它指生产企业的质量管理应该是全面、全过程和全员参与的。这一原理对建设工程项目的质量控制同样有理论和实践的指导意义。

(1)全面质量控制,是指对工程(产品)质量和工作质量以及人的质量的全面控制,工作质量是产品质量的保证,工作质量直接影响产品质量的形成,而人的质量直接影响工作质量的形成。因此,提高人的质量(素质)是关键。建设工程项目的全面质量控制还应该包括建设工程各参与主体的工程质量与工作质量的全面控制。如业主、监理、勘察、设计、承包商、分包商、材料设备供应商等,任何一方任何一环节的疏忽或质量责任不到位都会造成对建设工程质量的影响。

(2)全过程质量控制,是指根据工程质量的形成规律,从源头抓起,全过程推进。GB/T19000强调质量管理的"过程方法"管理原则。按照建设程序,建设工程从项目建议书或建设构想提出,历经项目鉴别、选择、策划、可研、决策、立项、勘察、设计、发包、施工、验收、使用等各个有机联系的环节,构成了建设项目的总过程。其中每个环节又由诸多相互关联的活动构成相应的具体过程,因此必须掌握识别过程和应用"过程方法"(将活动和相关的资源作为过程进行管理,可以更高效地得到期望的结果)进行全过程质量控制。主要的过程有项目策划与决策过程、勘察设计过程、施工采购过程、施工组织与准备过程、检测设备控制与计量过程、施工生产的检验试验过程、工程质量的评定过程、工程竣工验收与交付过程、工程回访维修服务过程。

(3)全员参与控制,从全面质量管理的观点看,无论组织内部的管理者还是作业者,每个岗位都承担着相应的质量职能,一旦确定了质量方针目标,就应组织和动员全体员工参与到实施质量方针的系统活动中去,发挥自己的角色作用。全员参与质量控制作为全面质量所不可或缺的重要手段就是目标管理。目标管理理论认为,总目标必须逐级分解,直到最基层岗位,从而形成自下到上,自岗位个体到部门团队的层层控制和保证关系,使质量总目标分解落实到每个部门和岗位。就企业而言,如果存在哪个岗位没有自己的工作目标和质量目标,说明这个岗位就是多余的,应予调整。

第二节　建设工程项目质量控制系统

一、工程项目质量控制系统的构成

质量体系要素是构成质量体系的基本单元,它是工程质量产生和形成的主要因素,质量体系由若干相关联、相互作用的基本要素组成,如图5-2所示。根据工程项目质量控制系统的构成、控制内容、实施的主体和控制的原理分类如下:

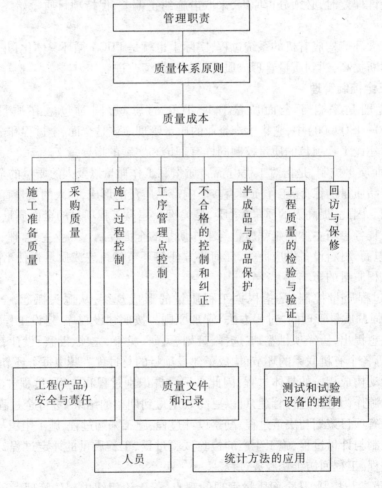

图 5-2　工程项目质量体系要素组成

（1）工程项目质量控制系统的构成,按控制内容分有:①工程项目勘察设计质量控制子系统;②工程项目材料设备质量控制子系统;③工程项目施工安装质量控制子系统;④工程项目竣工验收质量控制子系统。

（2）工程项目质量控制系统构成,按实施的主体分有:①建设单位建设项目质量控制子系统;②工程项目总承包企业质量控制子系统;③勘察设计单位勘察设计质量控制子系统(设计—施工分离式);④施工企业(分包商)施工安装质量控制子系统;⑤工程监理企业工程项目质量控制子系统。

(3)工程项目质量控制系统的构成,按控制原理分有:①质量控制计划系统,确定建设项目的建设标准、质量方针、总目标及其分解;②质量控制网络系统,明确工程项目质量责任主体构成、合同关系和管理关系、控制的层次和界面;③质量控制措施系统,描述主要技术措施、组织措施、经济措施和管理措施的安排;④质量控制信息系统,进行质量信息的收集、整理、加工和文档资料的管理。

(4)工程质量控制系统的不同构成,只是提供全面认识其功能的一种途径,实际上它们是交互作用的,而且和工程项目外部的行业及企业的质量管理体系有着密切的联系,如政府实施的建设工程质量监督管理体系、工程勘察设计企业及施工承包企业的质量管理体系、材料设备供应商的质量管理体系、工程监理咨询服务企业的质量管理体系、建设行业实施的工程质量监督与评价体系等。

二、建设工程项目质量控制系统的建立

建设工程项目质量控制系统的建立首先要确定质量环(从识别需要到评价这些需要是否得到满足的各阶段中,影响质量的相互作用活动概念模式和"质量螺旋"是一个相似的概念);完善质量体系结构并使之有效运行;质量体系必须文件化;要定期进行质量体系审核与质量体系评审和评价。

(一)建立工程项目质量控制体系的基本原则

(1)分层次规划的原则,第一层次是建设单位和工程总承包企业,分别对整个建设项目和总承包工程项目进行相关范围的质量控制系统设计;第二层次是设计单位、施工企业(分包)、监理企业,在建设单位和总承包工程项目质量控制系统的框架内,进行责任范围内的质量控制系统设计,使总体框架更清晰、具体、落到实处。

(2)总目标分解的原则,按照建设标准和工程质量总体目标,分解到各个责任主体,明示于合同条件,由各责任主体制定质量计划,确定控制措施和方法。

(3)质量责任制的原则,即贯彻谁实施谁负责,质量与经济利益挂钩的原则。

(4)系统有效性的原则,即做到整体系统和局部系统的组织、人员、资源和措施落实到位。

(二)工程项目质量控制系统的建立程序

在充分掌握和分析社会、市场信息以及项目的特点和要求的基础上,确定建设工程项目的质量方针和目标;分析环境,对照标准,确定质量体系要素及质量体系结构;编制质量手册、质量计划、程序文件和质量记录等质量体系文件,具体步骤如下:

(1)确定控制系统各层面组织的全程质量负责人及其管理职责,形成控制系统网络架构。

(2)确定控制系统组织的领导关系、报告审批及信息程序。

(3)制定质量控制工作制度,包括质量控制例会制度、协调制度、验收制度和质量责任制度等。

（4）部署各个质量主体编制相关质量计划，并按规定程序完成质量计划的审批，形成质量控制依据。

（5）研究并确定控制系统内部质量职能交叉衔接的界面划分和管理方式。

三、建设工程项目质量控制系统的运行

质量体系的运行是执行质量体系文件、实现质量目标、保持质量体系持续有效和不断优化的过程。质量体系的有效运行是依靠体系的组织结构进行组织协调、实施质量监督、开展信息反馈、进行质量体系审核和复审实现的。建设工程项目应建立符合合同规定的质量体系，形成质量体系文件，并按质量体系文件有效运行，具体要求如下。

（一）控制系统运行的动力机制

工程项目质量控制系统的活动在于它的运行机制，而运行机制的核心是动力机制，动力机制来源于健全的组织措施、团队精神及利益分配机制。建设工程项目的实施过程是由多主体参与的价值增值链。因此，只有保持合理的供方及分供方关系，才能形成质量控制系统的动力机制，这一点对业主和总承包方都是同样重要的。

（二）控制系统运行的约束机制

没有约束机制的控制系统是无法使工程质量处于受控状态的，约束机制取决于自我约束能力和外部监控效力，前者指质量责任主体和质量活动主体，即组织及个人的经营理念、质量意识、职业道德及技术能力的发挥；后者指来自于实施主体外部的推动和检查监督。因此，加强项目管理文化建设对于增强工程项目质量控制系统的运行机制是不可忽视的。

（三）控制系统运行的反馈机制

运行的状态和结果的信息反馈，是进行系统控制能力评价，并为及时做出处置的决策依据，只有良好的信息反馈系统的正常运行才能实现质量的持续改进。因此，必须保持质量信息的及时和准确，同时提倡质量管理者深入生产一线，掌握第一手资料。

（四）控制系统运行的基本方式

在建设工程项目实施的各个阶段、不同的层面、不同的范围和不同的主体间，应用PDCA循环原理，同时必须注意抓好控制点的设置，加强重点控制和例外控制。

第三节　建设工程项目施工质量控制

一、施工质量控制的目标

（1）施工质量控制的总体目标是贯彻执行建设工程质量法规和强制性标准，正确配置施工生产要素和采用科学管理的方法，实现工程项目预期的使用功能和质量标准。这是建设工程参与各方的共同责任。参与各方的质量控制目标是共同的，即达到投资决算所确定的质量标准，保证竣工项目的使用功能及质量水平与设计文件所规定的要求一致。

（2）建设单位通过施工全过程的全面质量监督管理、协调和决策，保证竣工项目达到投资决策所规定的质量标准。

（3）设计单位在施工阶段通过对施工质量的验收签证、设计变更控制及纠正施工中所发生的实际问题，采纳变更设计的合理化建议等，保证施工结果与设计文件（包括变更文件）的一致。

（4）施工单位施工全过程的全面质量自控，保证交付满足合同和设计规定的质量标准（含工程质量创优要求）的建设工程产品。

（5）监理单位在施工阶段通过审核施工质量文件、报告报表和现场旁站及巡视检查、平行检测、施工指令和结算支付控制等手段的应用，监控施工单位的质量活动，协调施工关系，正确履行工程质量的监督责任，以保证工程质量达到合同和设计所规定的质量标准。

二、施工质量控制过程

施工质量控制过程，包括施工准备质量控制、施工过程质量控制和施工验收质量控制。

施工准备质量控制是指工程项目开工前的全面施工准备和施工过程中各分部分项工程施工作业前的施工准备。此外，还包括季节性的特殊施工准备。施工准备质量属于工作质量范畴，然而它对建设工程产品质量的形成产生重要的影响。

施工过程的质量控制是指施工作业技术活动的投入与产出过程的质量控制，其内涵包括全过程施工生产及其中各分部分项工程的施工作业过程。

施工验收质量控制是指对已完成工程验收时的质量控制，即工程产品质量控制。包括隐蔽工程验收、检验批验收、分项工程验收、分部工程验收、单位工程验收和整个建设工程项目竣工验收过程的质量控制。

施工质量控制过程既有施工承包方的质量控制职能，也有业主方、设计方、监理方、供应方及政府的工程质量监督部门的控制职能，他们具有各自不同的地位、责任和作用。

施工方作为工程施工质量的自控主体，既要遵循本企业质量管理体系的要求，也要根据其在所承建工程质量控制系统中的地位和责任，通过具体项目质量计划的编制与实施，有效地实现自主控制的目标。一般情况下，对施工承包企业而言，无论工程项目的功能类型、结构形式及复杂程度存在着怎样的差异，其施工质量控制过程都可以归纳为六个相互作用的环节：

（1）工程调研和项目承接：全面了解工程情况和特点，掌握承包合同中工程质量控制的合同条件。

（2）施工准备：图纸会审，施工组织设计，施工力量设备的配置，材料采购等。

（3）影响因素控制。

（4）工程功能检测。

（5）竣工验收。

（6）质量回访及保修。

三、施工准备阶段质量控制

（一）建设单位（监理）对施工承包商施工前准备阶段的控制

1. 对施工队伍及人员质量的控制

（1）审查承包单位担负施工任务的管理人员、技术人员及施工队伍的资质与条件是否符合要求,是否按施工组织设计及投标文件的要求建立健全质量管理体系并配备相应的管理人员。

(2)对于特殊作业(电焊工、电工、脚手架工等)的操作及检验试验人员的上岗许可证进行检查,必要时还应进行必要的考核和技能评定。

(3)分包施工单位的审查。总包单位选择好分包施工单位后,向建设单位(监理)提出申请,经建设单位(监理)审查,确认其技术及管理水平能满足施工要求后,方可允许进场承担施工任务。应审查分包单位营业执照、企业资质证书、特殊行业施工许可证、业绩、管理人员及特种作业人员上岗证。

2.对工程所需的原材料、半成品、构配件和永久性设备器材的质量控制

(1)采购的控制。优选供货厂家是保证采购订货质量的前提,对于重要原材料半成品、构配件及设备器材的供货厂家应由建设单位(监理)会同总包单位进行调查研究后慎重确定,必要时应实行招标采购。凡由承包商负责采购的材料、构配件、设备器材在采购订货前应向建设单位(监理)申报,并提交样品、产品说明书、质量检验证明等。经建设单位(监理)审查认可并发出书面认可文件后,方可进行订货采购。各种原材料、半成品、构配件及设备器材的质量应满足设计文件及有关标准的要求,交货期应满足施工及安装进度安排的需要。供货厂方应向订货方提供质量证明文件,以表明其所提供的产品能满足需方在订货时提出的要求。此外,该文件也是承包商(当承包商负责采购时)在工程竣工时应提供的竣工文件的一个组成部分。

质量证明文件的内容主要包括供货总说明、产品合格证及技术说明书、质量检验证明、权威性认证资料、有关图纸及技术资料。

(2)材料设备进场的控制。凡运到施工现场的材料、构配件、设备应有产品、质量证明文件,并由承包商按规定要求进行检查验收后,向建设单位(监理)报送工程材料、构配件、设备报审表及其质量证明文件。建设单位(监理)按有关工程质量管理文件规定的比例采用平行检验或见证取样方式对该产品进行抽样检验。未经建设单位(监理)验收或验收不合格的材料、构配件、设备,建设单位(监理)应拒绝签认,并应签发通知单,书面通知承包商限期将不合格的产品撤出现场。进口材料、设备的检查验收应会同国家商检部门进行,如在检验中发现质量问题或数量与合同不符、配件不全的情况时,应取得供货方及商检人员签署的记录,以便在规定的索赔期内提出索赔。

(3)材料设备存放条件。依据材料设备特点、特性确定其对防潮、防冻、防锈、防腐蚀、防热等方面的不同要求,从而安排适宜的存放条件,如温度、湿度、通风、隔热等。例如水泥的存放应防潮;某些化学材料应避光、防晒;某些金属材料及器件应防锈等。建设单位(监理)有权要求承包商加以改善并达到要求。按要求存放的材料设备在存入后每隔一定时间(如一个月),建设单位(监理)应检查一次,随时掌握其存放情况。此外,建设单位(监理)在材料、器材使用前应再次检查确认后,方可允许使用。

(4)建设单位(监理)应预见材料使用中可能出现的问题并向承包商指出,以便事先采取措施以防止造成损失。例如:对某些材料和其他材料配合使用时,应通过试验确定配合比;充分考虑材料的实际性能和设计试验条件不同时可能导致的质量差异;充分考虑在一定的使用条件下及环境条件下材料化学成分的变化及其对材料性能的影响。

（5）对于新型材料、新型设备,应事先提交可靠的技术鉴定及试验应用情况的报告和资料,经建设单位(监理)审查确认后方可在工程中应用。

3. 对施工方案、方法和工艺的控制

（1）审查承包商提交的施工计划、施工组织设计、质量保证措施。承包商向建设单位(监理)提交上述文件后,经监理单位(监理)审查批准后遵照执行,承包商不得自行变更。对施工组织设计等文件的审查,其着重点如下:施工现场总体布置(场区道路、防洪排水、器材存放、给水供电、主要垂直运输机械设备布置等)是否合理;组织管理体系特别是质量管理体系是否健全,责任制是否明确;主要的技术组织措施在不利的气候、地质条件、其他环境条件下的针对性及有效性;分部、分项工程施工计划中的施工方法,机械设备及人力配置组织,质量保证措施及进度安排是否明确、合理、可行。

（2）审查施工方案。承包商拟订施工方案后,应经建设单位(监理)审查后,付诸实施。其审查重点如下:施工顺序及流向是否合理,对安全、质量、材料运输的影响;施工机械设备选择,其技术性能对工作效率、安全、环境保护、工作质量、可靠性及能源消耗的影响;机械设备数量可否保证施工进度按计划进行及保证工程质量。

4. 审查与控制承包商对施工环境和条件方面的准备工作

（1）施工作业辅助技术环境的控制:包括水电动力供应、施工场地空间条件、交通运输道路、安全防护设备等。

（2）劳动环境:劳动力组织及工作安排。

（3）对现场自然环境条件的控制:承包商对于在未来施工过程中自然环境条件可能出现的不利影响是否有充分认识并采取有效措施以消除其危害。

（4）施工现场的质量管理环境的控制:总承包商对于在未来施工过程中自然环境条件可能出现的不利影响是否有充分认识并采取有效措施以消除其危害。

5. 工程测量放线的质量控制

（1）工程测量控制是基础工作,影响更大。施工承包商对于给定的原始基准点、基准线和水准点等测量控制点进行复核,并上报监理审核批准后,施工承包商方能据以进行测量放线。

（2）监理工程师对于承包商所测量的施工测量控制网进行复测。

（3）监理工程师对于承包商报送的施工测量放线成果进行复核。

6. 监理工程师对承包商的试验室进行考核

（1）试验室的资质等级及其试验范围。

（2）法定计量部门对试验设备出具的计量鉴定证明。

（3）试验室管理制度。

（4）试验人员的资格证书。

（5）试验室能力能否满足本工程试验项目的要求。

(二)建设单位(监理)应做好的事前质量控制工作

1. 做好监控准备工作

(1)建立或完善建设单位(监理)的质量控制体系,例如:拟定重点分部分项工程的监控细则,配备控制人员并明确其分工及职责;配备监测仪器设备等。

(2)督促和协助承包商完善其质量管理体系。

2. 设计交底及图纸会审

由建设单位(监理)在工程施工前组织设计单位和施工单位进行此项工作。先由设计单位向施工单位有关人员进行设计交底,介绍设计意图、工程特点、施工及工艺要求、技术措施和有关注意事项以及关键问题,然后由施工承包商提出设计图纸中存在的问题和疑点以及需要解决的技术问题,通过建设单位(监理)、设计单位、施工承包商的共同研究商讨,拟定解决办法,并写出图纸会审纪要,作为对设计图纸补充修改的依据。图纸审查内容包括:①地质勘察资料是否齐全;②设计地震烈度是否符合当地要求;③设计是否满足防火要求及环境卫生要求;④施工安全是否有保证;⑤图纸及说明书是否齐全;⑥图纸中有无遗漏、差错或相互矛盾之处,图纸表示方法是否清楚;⑦所需材料的来源有无问题,能否替代;⑧新材料、新技术的应用有无问题;⑨所提出的施工工艺方法是否合理,是否切合实际,是否存在不便于施工之处。

3. 设计变更及其控制

建设单位、设计单位以及施工承包商均可能提出设计变更要求。对于设计单位提出的变更要求,应经过建设单位(监理)审查同意后,由设计单位进行变更。对于施工单位提出的设计变更要求,建设单位(监理)进行审查同意后,将变更要求书面通知设计单位。同样,建设单位若提出设计变更要求,也应书面通知设计单位。设计单位对于变更要求进行审查,确定其是否符合设计要求及实际情况,然后书面提出设计单位的意见或表示不同意变更或提出对该项变更的建议方案。建设单位(监理)对于设计单位提出的建议方案进行研究,必要时组织施工单位和设计单位共同研究,得出明确结论后,由设计单位进行具体变更。

4. 建设单位做好施工现场三通一平工作

建设单位应按照施工单位的施工需要,根据合同规定及时提供施工承包商所需的场地和施工通道以及水电供应条件,以保证及时开工,否则应承担赔偿工期及费用损失的责任。

5. 严把开工关

承包商在各项准备工作就绪后,向建设单位(监理)提交开工申请单。经建设单位(监理)审查确认各方面准备工作合乎要求后,发布书面的开工指令,施工承包商才能开始正式进行施工。

四、施工工序质量控制

(一)工序质量控制的概念和内容

工序质量是指施工中人、材料、机械、工艺方法和环境等对产品综合起作用的过程的质量,又称过程质量,它体现为产品质量,是施工过程中质量控制的重点。

工序质量控制就是对工序活动条件即工序活动投入的质量和工序活动效果的质量及分项工程质量的控制。控制必须做好以下几方面工作:

(1)确定工序质量控制工作计划。一方面要求对不同的工序活动制定专门的保证质量的技术措施,作出物料投入及活动顺序的专门规定;另一方面须规定质量控制工作流程、质量检验制度等。

(2)主动控制影响质量的五个因素:人、材料、机械设备、方法、环境。

(3)及时检验工序活动效果的质量。主要是实行班组自检、互检、上下道工序交接检,特别是对隐蔽工程和分项(部)工程的质量检验。

(4)设置工序质量控制点(工序管理点),实行重点控制。工序质量控制点是针对影响质量的关键部位和薄弱环节而确定的重点控制对象。正确设置控制点并严格实施是进行工序质量控制的重点。

(二)工序质量控制点的设置和管理

1. 工序质量控制点的设置原则

(1)施工质量目标的重要内容和关键性的施工环节及薄弱环节。

(2)质量不稳定、施工质量缺陷频数较多的施工工序和环节。

(3)施工技术难度大的、施工条件困难的部位或环节。

(4)质量标准或质量精度要求高的施工内容和项目。

(5)对后续工序质量或安全有重要影响的施工工序或部位。

(6)采用新技术、新材料施工的部位或环节。

2. 工序质量控制点的管理

(1)质量控制点的控制措施的设计。选择了控制点,就要针对每个控制点进行控制措施设计。主要步骤和内容如下:列出质量控制点明细表;设计控制点施工流程图;进行工序分析,找出主导因素;制定工序质量控制表,对各影响质量特性的主导因素规定出明确的控制范围和控制要求;编制保证质量的作业指导书;编制计量网络图,明确标出各控制因素采用什么计量仪器、编号、精度等,以便进行精确计量。质量控制点控制措施设计可由设计者的上一级领导进行审核。

(2)质量控制点的实施:①交底,将控制点的控制措施设计向操作班组进行认真交底,必须使工人真正了解操作要点;②应明确工人、质量控制人员的职责;③质量控制人员在现场进行重点指导、检查、验收;④工人按作业指导书认真进行操作,保证每个环节的操作质量;⑤按规定做好检查并认真做好记录,取得第一手数据;⑥运用数理统计方法,不断进行分析与改进,直至质量控制点验收合格。

(3)工序质量控制实例见图5-3~图5-5。

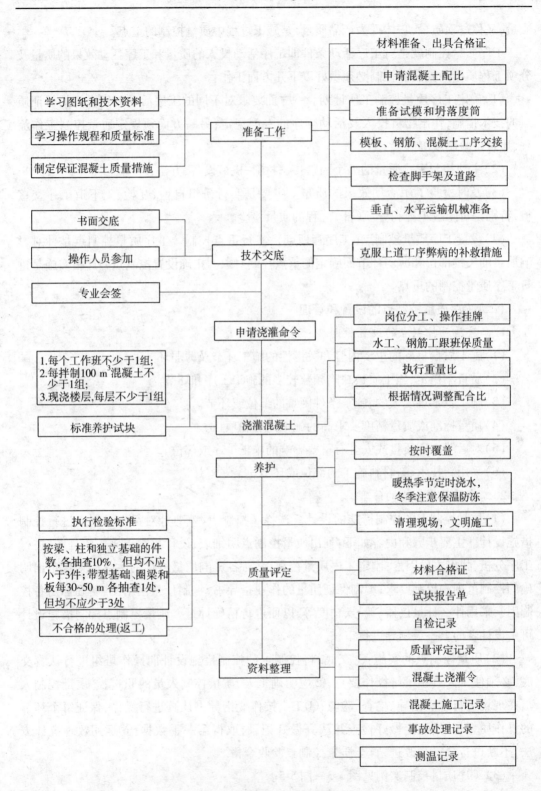

图 5-3　混凝土工程质量预控

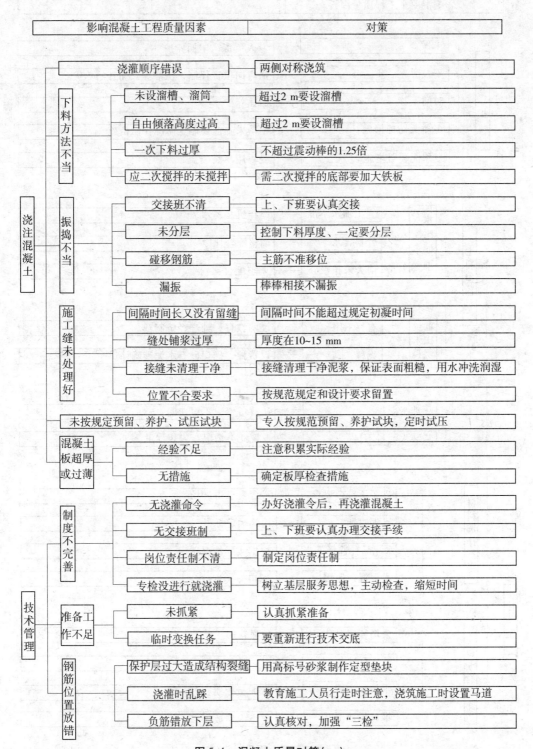

图 5-4 混凝土质量对策(一)

影响混凝土工程质量因素	对　策

养护
- 未做 → 专人负责，定期养护
- 不及时 → 执行岗位责任制，浇灌完12 h开始养护
- 时间不够 → 加强养护
- 冬季无防冻措施 → 冬季来临前要制定防冻保温措施
- 夏季无覆盖措施 → 夏季用草袋覆盖

拌制

　上料搅拌
- 水灰比控制不准
  - 人工加水不准 → 搅拌机必备水表
  - 骨料含水率大 → 调整配合比
  - 雨天未扣水分 → 调整配合比
- 重量比未坚持
  - 有秤不用 → 说明教育，辅之经济制裁
  - 无秤 → 设置秤，确保砂石水泥准确计量
- 忘加水泥 → 认真负责，不得遗漏
- 袋装水泥量不足 → 发现此类情况，袋袋称量

　材料选择不当
- 砂子不符合要求 → 符合要求再进场
- 水泥过期 → 检验确定标号
- 水泥品种选择不当 → 根据实际情况选用
- 水泥混杂使用 → 库房分类堆放

　砂子含泥多
- 采场管理混乱 → 加强管理
- 风化石过多 → 选好砂石采场
- 未按规定清洗 → 含泥量控制在3%~5%
- 堆放场地不准 → 要集中堆放

图 5-5　混凝土质量对策（二）

(三) 工程质量预控

工程质量预控就是针对所设置的质量控制点或分项分部工程,事先分析在施工中可能发生的质量问题和隐患,分析可能的原因,提出相应的预防措施和对策,实现对工程质量的主动控制。质量预控实例见表5-1。

表 5-1　　混凝土灌注桩质量预控

可能发生的问题	质量预控措施
1. 孔斜	在钻孔前及开始4 h内,认真整平地面,调整校正钻机
2. 混凝土强度达不到要求	控制原材料质量,试配混凝土配合比经监理审批,控制配料精确度,保证搅拌时间,防止混凝土离析
3. 断桩	保证连续浇筑柱体,控制拔管速度及拔管高度
4. 缩颈	控制混凝土坍落度及一次浇筑高度
5. 钢筋笼上浮	掌握泥浆相对密度(1.1～1.2)和浇筑高度

五、施工过程中的复核性检验

(一) 施工预检

施工预检是在工程项目或分部分项工程未施工前所进行的预先检查。它是防止可能发生差错及重大质量事故的重要措施。除施工单位进行预检外,建设单位(监理)要进行监督并予以审核认证。预检时要做出记录。建筑工程的预检内容主要包括:建筑物定位与标高;基础:轴线标高、预留空洞、预埋体位置;墙体工程:墙身轴线、楼层标高、预留空洞位置尺寸;钢筋混凝土工程:模板位置尺寸、支撑固件、预留孔洞、预埋件、钢筋规格、型号、数量、位置等。

(二) 工序交接检查验收

前道工序完工后,经建设单位(监理)检查认可其质量合格并签字确认后,才允许下道工序继续施工,这样逐道工序交接检查,整个施工过程的质量就得到保证。这一交接检查制度还适用于施工班组之间、有关施工队之间、有关专业之间以及不同承包商之间的交接检查。

(三) 隐蔽工程检查验收

某些将被其他后续工序施工所隐蔽或覆盖的分项工程必须在被隐蔽或覆盖前经过建设单位(监理)检查验收,确认其质量合格后,才允许加以覆盖。例如:对基础检查验收后才能进行基坑回填土;对结构构件的钢筋检查验收后才能浇筑混凝土。

第四节　　工程项目质量事故的分析和处理

一、工程质量问题的分类

工程质量事故一般分为工程质量不合格、工程质量缺陷、工程质量通病和工程质量事故四种。

（1）工程质量不合格：指工程质量未满足设计、规范、标准的要求。

（2）工程质量缺陷：是指工程质量未满足与预期或规定用途有关的要求。

（3）工程质量通病：是指各类影响工程结构、使用功能和外形观感的常见性质量损伤。

（4）工程质量事故：凡是工程质量不合格必须进行返修、加固或报废处理，由此造成直接经济损失低于5 000元的称为质量问题；直接经济损失在5 000元（含5 000元）以上的称工程质量事故。

二、工程质量事故的分类及处理职责

各门类、各专业工程，各地区、不同时期界定建设工程质量事故的标准尺度不一，通常按损失严重程度可分为一般质量事故、严重质量事故、重大质量事故。

（1）一般质量事故：是指由于质量低劣或达不到合格标准，需加固补强，且直接经济损失在5 000元以上（含5 000元）、50 000元以下的事故。一般质量事故由相当于县级以上建设行政主管部门负责牵头进行处理。

（2）严重质量事故：是指建筑物明显倾斜、偏移；结构主要部位发生超过规范规定的裂缝，强度不足，超过设计规定的不均匀沉降，严重影响结构安全或使用功能以及存在重大质量隐患；工程建筑物外观尺寸已造成永久性缺陷，且直接经济损失在50 000元以上、100 000元以下；事故性质恶劣或造成2人以下重伤的质量事故。严重质量事故由县级以上建设行政主管部门负责牵头组织处理。

（3）重大质量事故。具备下列条件之一时，即为重大质量事故：①工程倒塌或报废；②由于质量事故，造成人员死亡或重伤3人以上；③直接经济损失100 000元以上。

按建设部规定，重大质量事故根据造成损失大小、死伤人员多少又分为四个等级。如死亡30人以上，直接经济损失300万元以上为一级重大事故。如出现建设工程质量事故，有关单位应在24小时内向当地建设行政主管部门和其他有关部门报告。

重大责任质量事故的处理职责为：三、四级重大事故由发生地的市县级建设行政主管部门牵头，提出处理意见，报当地人民政府批准；一、二级重大事故由省、自治区、直辖市建设行政主管部门牵头，提出处理意见，报当地人民政府批准。凡事故发生单位属于国务院部委的，由国务院有关部门或其授权部门会同当地建设行政主管部门提出处理意见，报当地人民政府批准。

任何单位和个人对建设工程的质量事故、质量缺陷都有权检举、控告、投诉。

三、工程质量问题原因分析

工程质量问题表现形式千差万别，类型多种多样。但究其原因，归纳起来主要有以下几个方面：

（1）违背建设程序和法规。①违反建设程序。建设程序是工程项目建设过程及其客观规律的反映，但有些工程不按建设程序办事，例如：不经可行性论证，未做调查分析就拍板定案；没有搞清工程地质情况就仓促开工；无证设计、无图施工；任意修改设计，不按图施工;不经竣工验收就交付使用等,它常是导致重大工程质量事故的重要原因。②违反有关法规和工程合同的规定。例如:无证设计、无证施工,越级设计、越级施工,工程招投标中的不公平竞争、超常的低价中标,擅自转包或分包、多次转包,擅自修改设计等。

(2)工程地质勘察失误或地基处理失误。

(3)设计计算问题。

(4)建筑材料及制品不合格。

(5)施工与管理失控。施工与管理失控是造成大量质量问题的常见原因,其主要表现为:①图纸未经审查或不熟悉图纸,盲目施工;②未经设计部门同意擅自修改设计或不按图施工;③不按有关的施工质量验收规范和操作过程施工;④缺乏基本结构知识,蛮干施工;⑤施工管理紊乱,施工方案考虑不周,施工顺序错误,技术交底不清,违章作业,疏于检查、验收等,均可能导致质量问题。

(6)自然条件影响。施工项目周期长,露天作业,受自然条件影响大,空气湿度、温度、暴雨、风、浪、洪水、雷电、日晒等均可能成为质量事故的诱因,施工中应特别注意并采取有效的措施预防。

(7)建筑结构或设施的使用不当。

四、工程质量问题处理程序

工程质量问题出现后,一般可以按以下程序进行处理,如图5-6所示。

(1)出现质量问题或事故后,停止有关部位施工,需要时,还应采取恰当的保护措施,同时及时上报主管部门。

(2)进行质量问题调研,主要目的是明确问题的范围、程度、性质、影响和原因,为问题的分析处理提供依据。调查力求全面、准确、客观。

(3)在问题调查的基础上进行分析,正确判断问题原因。

(4)研究制定处理方案。处理方案的制定以原因分析为基础。制定的处理方案,应体现:安全可靠,不留隐患,满足建筑物的功能和使用要求,技术可行,经济合理等原则。

(5)按确定方案的处理方案进行处理。

(6)在质量问题处理完毕后,应组织有关人员对处理结果进行严格的检查、鉴定和验收,由监理工程师写出"质量问题处理报告",提交业主,并上报有关主管部门。

五、质量事故处理方案的确定

(一)事故处理依据

处理工程质量事故,必须分析原因,作出正确的处理决策,这就要以充分的、准确的有关资料作为决策基础和依据,一般的质量事故处理,必须具备以下资料:

(1)与工程质量事故有关的施工图。

(2)与工程事故有关的资料、记录。例如,建筑材料的试验报告,各种中间产品的检验记录和试验报告,以及施工记录等。

(3)事故调查分析报告,一般包括以下内容:

①质量事故的情况。包括发生质量事故的时间、地点、事故情况,有关的观测记录,事

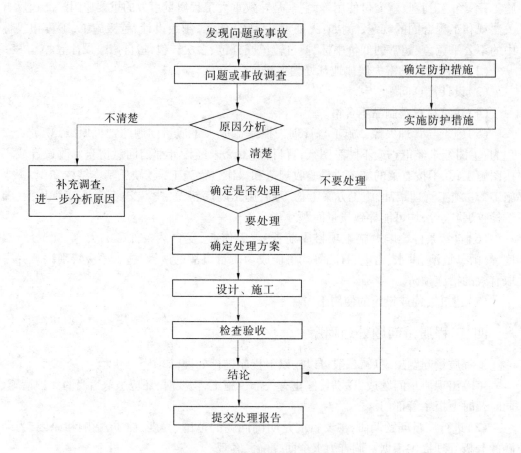

图 5-6　质量问题分析处理程序

故的发展趋势、是否趋于稳定等。

②事故性质。应区分是结构性问题,还是一般性问题;是内在的实质性问题,还是表面性的问题;是否需要及时处理,是否需要采取保护性措施。

③事故原因。应阐明造成质量事故的主要原因,例如对于混凝土结构裂缝是由于地基的不均匀沉降导致的,还是由于温度应力所致,或是由于施工拆模前受到冲击、振动的结果,还是由于结构本身承载力不足等。对此,应附有说服力的资料、数据说明。

④事故评估。应阐明该质量事故对于建筑物功能、使用要求、结构承受力性能及施工安全有何影响,并应附有实测、验算数据和试验资料。

⑤设计、施工以及使用单位对事故的意见和要求。

⑥事故涉及人员与主要责任者的情况等。

(二)事故处理方案

质量事故处理方案,应当在正确分析和判断事故产生原因的基础上确定。通常可以根据质量问题的情况,确定以下三类不同性质的处理方案。

1.修补处理

当工程的某些部分的质量虽未达到规定的规范、标准或设计要求,存在一定的缺陷,但经过修补后还可达到要求的标准,又不影响使用功能或外观要求时,可以作出修补处理的决定。

2.返工处理

当工程质量未达到规定的标准或要求,有明显的严重质量问题,对结构的使用和安全有重大影响,而又无法通过修补的办法纠正所出现的缺陷时,可以作出返工处理的决定。

3.限制使用

当工程质量问题按修补方案处理无法达到规定的使用要求和安全标准,而又无法返工处理时,不得已时可以作出诸如结构卸荷或减荷以及限制使用的决定。

第五节　工程项目质量检查

一、工程质量检查的依据

(1)合同文件。

(2)经监理工程师核定的工程设计、文件和图纸,以及设计修改通知。

(3)工程技术规范和标准。

(4)监理工程师的有关指示。

二、工程质量检查的范围和内容

(1)监理工程师要求并督促承包人在组织和制度上落实质量管理工作,建立和健全质量保证体系,推行全面质量管理,建立完善的质量检查制度。

(2)监理工程师负责审查承包人在工程施工期间提交的各单位工程和部分工程的施工方法与施工质量保证措施。

(3)承包人负责采购的材料和工程设备,应会同监理工程师进行检验和交货验收;发包人负责采购的工程设备,应由发包人或委托监理工程师和承包人在合同规定的交货地点共同进行交货验收,由发包人正式移交给承包人。但承包人不承担工程设备的制造责任,以及移交地点以外的运输责任。

(4)承包人应按合同规定和监理工程师的指示进行现场工艺试验,其成果应提交监理工程师核准,否则不得在施工中使用。

(5)监理工程师检查承包人对各种观测设备采购、运输、保存、率定、安装、埋设、观测和维护等。

(6)监理工程师监督检查承包人在工地建立试验室,核定其试验方法和程序,按合同规定和监理工程师的指令进行各项材料试验,并提供必要的试验资料和成果。

(7)工程施工质量的检验。包括对施工测量、工艺、材料和工程设备、施工工序和工程部位进行检查与检验。对于重要工程或关键部位,承包人自检成果核准后才能进行下一道工序施工。如果监理工程师认为必要时可随时随地进行抽样检验,承包人必须提供抽查条件和协助。

(8)隐蔽工程和工程隐蔽部位的检验。承包人在隐蔽工程覆盖前应自行检查是否具备覆盖条件。监理工程师应按事先通知的时间到场检查,当确认符合合同规定的技术质量标准时,监理工程师应在检查记录上签字后,承包人才能进行覆盖。

(9)如果承包人使用了不合格的材料、工程设备和工艺造成了工程损害,监理工程师可以随时要求承包人立即改正,并采取措施补救。若承包人无故拖延或拒绝执行上述指令,则发包人可按承包人违约处理,或发包人有权委托其他承包人执行该项指示,其违约责任应由承包人承担。

三、质量检查和检验费用的分担

(1)在合同中已明确指明或规定的,或已作了足够说明的,使承包人能在投标时报价的任何检查和检验,以及全部样品的提供等费用由承包人承担。并为监理工程师对材料、工程设备和工艺的检查检验提供方便,其费用也由承包人承担。

(2)监理工程师指示承包人对合同中未作规定的部分作额外检验时,发包人承担费用和工期延误的责任。

(3)监理工程师对以往的检验结果有疑问时,有权进行抽样检验、重新检验、覆盖后复查。若结果证明不符合合同规定时,则应由承包人承担检验费用和工期延误责任;若结果证明符合合同规定时,则应由发包人承担检验费用和工期延误责任。如果监理工程师未按约定的时间到场对隐蔽工程项目进行检验,承包人有权要求延长工期和赔偿经济损失。

(4)承包人采购并使用不合格材料和工程设备,以及运用不合格的工艺,对工程造成的损失,由承包人承担责任;如果发包人提供的材料和工程设备不合格,应由发包人负责更换,并承担由此增加的费用和延误工期的责任。

(5)若承包人无故拖延或拒绝执行监理工程师的有关补救和处理工程质量事故指令,发包人有权委托其他承包人完成该项指令,由此增加的费用(包括利润的支付),以及工期延误的责任,按事故的责任分别由承包人和发包人承担。

第六节　工程项目验收

一、工程项目验收的分类

工程项目验收分为以下几类:
(1)单元工程验收。
(2)分部工程验收。
(3)阶段工程验收。
(4)单位工程验收。
(5)竣工验收。

二、单元工程验收

单元工程验收是指在工程施工过程中,对工程完成最小单位的验收,它的验收基础是施工工序,即施工工艺、施工方法和工程完成水平的验收。

三、分部工程验收

分部工程验收是指在工程尚未完工前,发包人在完全自主决定的情况下,根据合同进度计划规定的或需要提前使用尚未全部完工的某项工程时,发包人接受此部分工程前的交工验收。其验收应具备的条件和准备的工程资料,以及验收的内容和程序,与工程竣工验收相同。验收后监理工程师可颁发该分部工程的接收证书。

除合同规定或承包人同意使用的以外,如果由于发包人接收和使用部分工程,导致承包人的费用增加,发包人应给予补偿(包括此项费用和利润)。其额度由监理工程师与发包人和承包人进行商定或确定。

四、阶段工程验收

阶段工程是指工程施工完成到了里程碑标志的工程和进度,工程施工或工程属性发生关键性的变化,工程使命上有新的要求,这时进行的验收叫阶段工程验收。

五、单位工程验收

单位工程验收是指在全部工程完工前,承包人完成合同中所列单项工程后,且可发挥工程效益时,发包人接收此单位工程前的竣工验收。其验收应具备的条件和准备的工程资料,以及验收的内容和程序,与工程竣工验收的规定相同。验收后应由监理工程师签发该单位工程的接收证书。从此发包人接收了该分项工程,并承担起照管的责任,可开始使用此工程。

六、工程竣工验收的条件

工程竣工验收应具备以下条件:

(1)已完成了合同范围内的全部单位工程以及有关的工作项目。

(2)备齐了符合合同要求的竣工资料,包括:①工程实施概况和大事记;②已完工程移交清单(包括工程设备);③永久工程竣工图;④列入保修期的尾工工程项目清单;⑤未完成的缺陷修复清单;⑥施工期的观测资料;⑦竣工报告、施工文件、施工原始记录,以及其他资料。

(3)已按监理工程师的要求编制了在缺陷通知期限内实施的尾工项目和修补缺陷项目清单以及相应的施工措施计划。

七、工程竣工验收的内容和程序

工程竣工验收的内容和程序如下:

(1)监理工程师做工程验收准备。当合同中规定的工程项目基本完工时,监理工程师应在承包人提出竣工验收申请报告之前,组织设计、运行、地质和测量等有关人员进行全面的工程项目检查与检验,并核对准备提交的竣工资料等,做好验收准备工作。

(2)承包人应提前21天提交竣工验收申请报告,并附竣工资料。

（3）监理工程师收到报告后审核其报告，并在 14 天内进行竣工验收。如发现工程有重大缺陷，可拒绝或推迟进行验收。处理完成后，达到监理工程师满意时，重新提交申请，进行审核，并进行竣工验收。

（4）监理工程师验收完毕，应在收到申请报告后 28 天内签署工程接收证书。从此发包人接收了工程，并承担起工程照管的责任。

八、缺陷通知期限期满前的检验

缺陷通知期限期满前的检验是指在缺陷通知期限期满全部工程最终移交给发包人之前，监理工程师对承包人完成的未移交工程尾工和修补工程缺陷进行的交工检验。该期间的工程尾工施工、机电设备安装、维护和修补项目应逐一让监理工程师检验直至合格。承包人在缺陷通知期限期间全部项目任务已完成，其工程质量符合合同规定时，整个工程缺陷通知期限期满后 28 天内，由监理工程师签署和颁发履约证书。此时才应认为承包人的义务已经完成。

第六章　项目投资管理

第一节　建设项目投资概念

项目投资是社会经济活动中最基本的范畴之一。投资与经济增长和经济结构之间存在着相互促进、互相联系、相互制约的关系，表现为经济增长的水平和速度决定了投资总量水平，即经济增长是投资赖以扩大的基础；而投资对经济增长具有有力的促进作用。投资强有力地影响和决定着国家的经济结构，包括所有制结构、产业结构、地区经济结构；而经济结构又制约着投资总量的增长和投资比例关系。国家国民经济的发展表现为经济的增长，国家经济增长一方面指经济总量的增长，即国民财富和国家经济实力的增长；另一方面指经济结构的协调。国民经济建设主要体现在国家基本建设上，国家基本建设反映在各类工程建设项目的规模上，即投资上。

建设项目也称建设工程，建设项目投资是指某一经济主体为获取项目将来的收益而垫付资金或其他资源用于项目建设的经济活动过程。所垫付资金或资源的价值量表示就是建设项目投资额，通常也称为建设项目投资。所以，建设项目投资一般是指进行某项工程项目建设花费的全部费用。生产性建设项目投资包括项目建设阶段所需要的全部建设投资和铺底流动资金两部分；非生产性建设项目投资则指建设投资。

项目建设阶段所需要的全部建设投资，包括建筑安装工程费用、设备工器具购置费和工程建设其他费用、建设期融资利息等。

建筑安装工程投资，是指建设单位用于建筑和安装工程方面的投资，包括用于建筑物的建造及有关准备、清理等工程的投资，用于需要安装设备的安置、装配工程的投资。建筑安装工程投资包括直接工程费、间接费、利润、税金，是以货币表现的建筑安装工程的价值，其特点是必须通过兴工动料、追加活劳动才能实现。

设备工器具购置投资，是指按照建设项目设计文件要求，建设单位（或其委托单位）购置或自制的达到固定资产标准的设备和新建、扩建项目配置的首套工器具及生产家具所需要的投资。它由设备工器具的原价和采购保管费在内的运杂费组成。在生产性的建设项目中，设备工器具的投资可称为"积极投资"，其占项目投资费用比重的提高，标志着技术的进步和生产部门有机构成的提高。

工程建设其他投资，是指未纳入以上两项的，由项目投资支付的为保证工程建设顺利完成且交付使用后能够正常发挥效用而发生的各项费用总和。

总之，建设项目投资是一个以资金形成资产，通过管理资产，提高资产效益，最后资产转为资金的动态增值循环过程，是一个从资金流到物质流再到资金流的动态过程。

第二节　水利工程建设项目投资构成

水利工程项目投资是指水利工程达到设计效益时所需的全部建设资金,是反映工程规模的综合性指标。其构成除主体工程外,应根据工程的具体情况,包括必要的附属工程、配套工程、设备购置以及征地移民、水土保持和环境保护等费用。我国现行水利工程建设项目投资构成如图6-1所示。

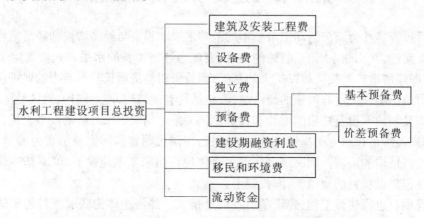

图 6-1　我国现行水利工程建设项目投资构成

建设项目投资可分为静态投资和动态投资两部分。水利工程建设项目的静态投资部分由建筑及安装工程费、设备费、独立费和基本预备费组成;动态投资部分由价差预备费和建设期融资利息组成。

一、建筑及安装工程费构成

建筑及安装工程费由直接工程费、间接费、企业利润和税金组成。

(一) 直接工程费

直接工程费指建筑安装工程施工过程中直接消耗在工程项目上的各项费用,由直接费、其他直接费、现场经费组成。

(二) 间接费

间接费指施工企业为建筑安装工程施工而进行组织与经营管理所发生的各项费用。它构成产品成本,由企业管理费、财务费用和其他费用组成。

二、设备费

设备费包括设备原价、运杂费、运输保险费和采购及保管费。

三、独立费用

独立费用由建设管理费、生产准备费、科研勘测设计费、建设及施工场地征用费和其他费用5项组成。

（一）建设管理费

建设管理费指建设单位在工程项目筹建和建设期间进行管理工作所需的费用。

（二）生产准备费

生产准备费指水利建设项目的生产、管理单位为准备正常的生产运行或管理发生的费用。包括生产及管理单位提前进厂费、生产职工培训费、管理用具购置费、备品备件购置费和工器具及生产家具购置费。

（三）科研勘测设计费

科研勘测设计费指工程建设所需的科研、勘测和设计等费用。包括工程科学研究试验费和工程勘测设计费。

（四）建设及施工场地征用费

建设及施工场地征用费指根据设计确定的永久、临时工程征地和管理单位用地所发生的征地补偿费用及应缴纳的耕地占用税等。主要包括征用场地上的林木、作物的赔偿，建筑物迁建及居民迁移费等。

四、预备费及建设期融资利息

（一）预备费

预备费包括基本预备费和价差预备费。

（二）建设期融资利息

建设期融资利息是根据国家财政金融规定，应计入工程总投资的融资利息。

第三节　水利工程项目造价

水利工程造价也称工程净投资，是指在工程项目总投资中扣除回收金额、应核销投资和与本工程无直接关系的转出投资后的余额。

（1）回收金额。共包括两部分，一是指保证工程建设而修建的临时工程，施工后已完成其使命，需进行拆除处理，并回收其余值；二是指施工机械设备购置费的回收，因此项费用已构成了施工单位的固定资产，在工程建设使用过程中，设备折旧费以台班费的形式进入了工程投资，故施工机械设备购置费应全部回收。

（2）应核销的投资支出。指不应计入交付使用财产价值内而应该核销其投资的各项支出，一般包括：生产职工培训费，施工机构转移费，职工子弟学校经费，劳保支出，不增加工程量的停、缓建维护费，拨付给其他单位的基建投资，移交给其他单位的未完工程，报废工程的损失等。

（3）与本工程无直接关系的工程投资。指在工程建设阶段列入本工程投资项目下，而在完工后又移交给其他国民经济部门或地方使用的固定资产价值，例如铁路专用线、永久桥梁码头等。

第四节　建设项目投资控制

一、建设项目投资控制的含义

建设项目投资控制是工程建设项目管理的重要组成部分,是指在建设项目的投资决策阶段、设计阶段、施工招标阶段、施工阶段,采取有效措施,把建设项目实际投资控制在原计划目标内,并随时纠正发生的偏差,以保证投资管理目标的实现,以求在项目建设中能合理使用人力、物力、财力,实现投资的最佳经济效益。

二、进行建设项目投资控制常用的手段

(一)计划与决策

1. 计划

计划作为投资控制的手段,是指在充分掌握信息资料的基础上,把握未来的投资前景,正确决定投资活动目标,提出实施目标的最佳方案,合理安排投资资金,以争取最大的投资效益。

2. 决策

决策是为了达到更有效地进行资源(包括物资资源、人力资源、货币资源)的配置和利用的目的而在可供选择的方案中做出有利的抉择。决策必须在多方案基础上进行,仅一个方案供选择,也就无所谓决策。同时,决策不是一个瞬间的动作,它是一个过程,一个合理的决策过程包含的基本步骤,如图6-2所示。

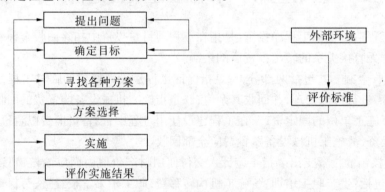

图 6-2　决策步骤图

1)决策的分类

决策的分类方法有多种,这里介绍几种在工程项目决策中常用的分类方法。

(1)按决策是否重新出现分类,可分为程序化决策和非程序化决策。

程序化决策是指那些经常重复出现,往往有现有情报资料可用的决策问题,对它们可按比较确定的决策程序来作出决策。如存货决策,每经过一段时间的货物周转后,管理者本身就有一套存货程序,应当存多少货,每批进货多少,这套程序已经固定下来,于是就不必寻求新的方案。施工合同中的计量支付,也属于程序化的决策。

非程序化决策是指目标和判断目标实现程度的标准还不十分明确的决策,它通常是指一次性、偶然性的决策,新遇到的情况下的决策,没有固定的程序可以遵照的决策。如当施工情况或市场情况突然变动之后的存货数量和进货方式,就属于非程序化决策;工程变更的实施,在很大程度上就属于非程序化决策。

程序化决策与非程序化决策是两个极端。许多决策是介于两者之间,兼有两者的因素,或侧重于后者。从组织中的基层到最高层来看,越是上层,它所面临的决策越具有非程序化的性质;越是基层它所面临的决策越是具有程序化的性质。对于非程序化决策,由于没有明确规定的程序可以依循,因此往往要靠决策人员的判断能力,要依靠他们的直觉和创造力。

(2)按决策的条件分类,可分为确定型决策、风险型决策和非确定型决策。

确定型决策是指选中的方案在执行后有一个确定的结果的决策。

风险型决策是指选中的方案在执行后会出现几种可能的结果,这些结果出现的概率是明确的决策。

非确定型决策是指选中的方案在执行后会出现几种可能的结果,这些结果出现的概率是不明确的决策。

(3)按决策是否可用数量表现分类,可分为定量决策和定性决策。

定量决策是指可用数学方法使目标数量化的决策。

定性决策是指难于用数学方法使目标数量化,主要靠决策者的分析判断而作出的决策。

(4)按决策问题的性质分类,可分为战略决策和策略决策。

战略决策是指与组织发展方向和远景有关的、重大问题的全局性决策。

策略决策亦称战术决策,是指为实现战略目标所采取的手段的决策。

(5)按决策单位在组织中的地位分类,可分为高层决策、中层决策和基层决策。

高层决策是指解决组织全局性以及组织与外部环境有密切联系的重大问题的决策。

中层决策是指安排一定时期的任务或实际工作中存在的某些问题而进行的决策。

基层决策是指经常性的作业安排或实际工作中出现偶然小事件的临时处理。

2)现代决策的原则

(1)令人满意的标准。"令人满意",就是"过得去"。令人满意的标准有一个上限和下限,只要选择和确定了上限和下限,那么在上限和下限范围内,就都是可以被接受的。决策标准是令人满意的标准,而不是最优标准。

(2)令人满意的近似解。近似解是指要设法找到一个适合、令人满意的解,而不一定是最优解。近似解是现实世界中的令人满意的解。在现实世界中,只有少数的情况是比较简单的,涉及的变量是比较少的,只有在这种场合,才能用微积分的方法求极大值和极小值。而在大多数情况下,现实世界中所适用的不是这种最优解。

决策这一管理手段与计划密不可分。决策是在调查研究基础上,对某方案的可否作出判断,或在多方案中作出某项选择。

(二)组织与指挥

组织手段包括控制制度的确立、控制机构的设置、控制人员的选配、控制环节的确定、责权利的合理划分及管理活动的组织等。充分发挥投资控制的组织手段,能够使整个投资活动形成一个具有内在联系的有机整体。

指挥与组织紧密相连,有组织就必须有相应的指挥。指挥就是上级组织或对下属的活动所进行的布置安排、检查调度、指示引导,以使下属的活动沿着一定的轨道通向预定的目标。指挥是保证投资活动取得成效的重要条件。

(三)调节与控制

调节是指投资控制机构和控制人员对投资过程中出现的新情况作出的适应性反应。控制是指控制机构和控制人员为了实现预期的目标,对投资过程进行的疏导和约束。调节是控制过程的重要手段。

(四)监督与考核

监督是指投资控制人员对投资过程进行的监察和督促。考核是指投资控制人员对投资过程和投资结果的分析比较。通过投资过程的监督与考核,可以进一步提高投资的经济效益。

(五)激励与惩戒

激励是指用物质利益和精神鼓励去调动人的积极性与主动性的手段。惩戒则是对失职者或有不良行为的人进行的惩罚教育,其目的在于加强人们的责任心,从另一个侧面来确保计划目标的实现。激励和惩戒两者结合起来用于投资控制,对投资效益的提高有极大的促进作用。

上述各种控制手段是相互联系、互相制约的。在建设项目投资控制活动中,只有各种手段协调一致发挥作用,才能有效地管理投资活动。

三、建设项目投资控制应注意的几个问题

(一)要重视项目投资决策和设计阶段的投资控制

投资控制贯穿于项目建设的全过程,这一点是毫无疑义的,但是必须重点突出。统计资料表明,影响项目投资最大的阶段,是约占工程项目建设周期 1/4 的技术设计结束前的阶段。在初步设计阶段,影响项目投资的可能性为75% ~ 95%;在技术设计阶段,影响项目投资的可能性为 35% ~ 75%;在施工图设计阶段,影响项目投资的可能性则为 5% ~ 35%。很显然,项目投资控制的重点在于施工以前的投资决策和设计阶段,而在项目作出投资决策后,控制项目投资的关键就在于设计。

(二)要正确地处理好建设投资、工期及质量三者的关系

建设项目的投资、工期与质量三者是辩证统一的关系,它们是相互依存和影响的。投资的节约应是在满足建设项目的质量(功能)和工期的前提下的节约。

(三)要正确地处理好工程建设投资与整个寿命周期费用的关系

建设项目投资控制考虑的是项目整个寿命周期的费用,既包括工程建设投资,也包括营运费用、报废拆除费用。建设项目投资控制工作应正确地处理好它们之间的关系,工程造价的降低不能以导致营运费用的大量增加为前提。建设项目投资控制工作的目标应是在满足功能要求的前提下,使整个寿命周期投资总额最小。

四、项目实施的各个阶段投资控制的主要工作内容

项目实施过程中,在各个阶段投资控制的主要工作内容概述如下。

(一)建设项目决策阶段的投资控制

在建设项目决策阶段投资控制的主要内容是:通过对建设项目在技术、经济和施工上是否可行,进行全面分析、论证和方案比较,确定项目的投资估算数,将投资估算的误差率控制在允许的范围内。可行性研究报告投资估算一经批准,就是工程项目决策和开展工程设计的依据。同时,可行性研究报告投资估算即作为控制该建设项目初步设计概算静态总投资的最高限额,不得任意突破。

(二)设计阶段的投资控制

在项目设计阶段投资控制的主要内容是:应用价值工程理论,实行限额设计管理,以可行性研究报告中批准的投资估算控制初步设计概算,不应突破。

(三)项目施工招标阶段的投资控制

项目施工招标阶段投资控制的主要工作内容是:以工程设计文件(包括概算)为依据,结合工程的具体情况,编制招标标底,确定工程承包合同价格。

(四)项目施工阶段的投资控制

在项目施工阶段投资控制的主要工作内容有:根据施工合同有关条款、施工图纸,对工程项目投资目标进行风险分析,并制定防范对策;控制工程计量与支付,防止和减少索赔,控制工程变更,预防和减少风险干扰,按照合同规定付款,使实际投资额不超过项目的计划投资额。

五、投资控制的措施

要有效地控制项目投资,应从组织、技术、经济等多方面采取措施。

(1)从组织上采取措施。包括明确项目组织结构,明确项目投资控制者及其任务,以使项目投资控制有专人负责,明确管理职能分工。

(2)从技术上采取措施。包括重视设计多方案选择,严格审查初步设计、技术设计、施工图设计、施工组织设计,深入技术领域研究节约投资的可能性。

(3)从经济上采取措施。包括动态地分析比较项目投资的实际值和计划值,严格审核各项费用支出,采取节约投资的奖励措施等。

应该看到,技术与经济相结合是控制项目投资最有效的手段。在工程建设过程中要技术与经济有机结合,通过技术比较、经济分析和效果评价,正确处理技术先进与经济合理两者之间的对立统一关系,力求在技术先进条件下的经济合理,在经济合理基础上的技术先进,把控制建设项目投资观念渗透到项目建设各阶段之中。

第七章　项目合同管理

第一节　工程项目计划

一、工程开工

合同协议书签订后的一定时间内,监理工程师应发出开工命令,合同总工期依此按日历天数计算。承包人可以进场做施工准备工作;施工准备工作完成后,并具备主体工程开工条件时,监理工程师发布单位工程开工通知。

二、工程工期的制定

大中型土木建筑工程控制性工期和总工期,是通过监理工程师编制的施工规划,经反复论证,并经项目法人批准的合理工期。该工期列入招标文件中,作为投标人遵从的投标条件。在合同实施过程中,监理工程师代表发包人,依据上述工期对承包人的实际进度进行控制。

三、合同工程进度计划的制定

在合同规定的时间内(一般情况下为 56 天),承包人应当以监理工程师规定的适当格式和详细程度,提交工程进度计划,以取得监理工程师的审核和同意。并依此控制承包人的实际工程进度。

四、合同工程进度计划的控制

在合同实施过程中,监理工程师依据总工期和批准的合同工程进度计划,随时随地对工程实际进度进行控制。一旦发现进度拖后,应查清原因,及时通告承包人,并要求采取赶工措施。

五、审核修订工程进度计划

(1)既不是发包人和监理工程师责任,也不是承包人的责任引起的,而工程进度已不符合实际情况,一般情况下每隔 3 个月修订一次。但必须在合同规定的控制性工期和总工期的控制之下,并由监理工程师与发包人和承包人适当协商,并经发包人批准后,监理工程师依批准的原则,核准承包人修订的工程进度计划,依此监督和实施。

(2)由于发包人或监理工程师的责任,并同意给予承包人适当的工期延长。承包人提交新的进度计划经监理工程师审核同意后,按新的计划实施和考核。

(3)无论何时监理工程师认为承包人未能保持令人满意的施工进度时,承包人应根据监理工程师的要求,为保证工程按期完工而提出修订进度计划。如果承包人不能保持足够施工速度,或者严重偏离工程进度计划,已给工程按期完工带来很大的风险,而承包人又无视监理工程师事先的书面指示和警告,在规定的时间内未提交修订工程进度计划和采取补救措施,将视为承包人违约,发包人可视其情况,有可能终止对承包人的雇用。

六、制定工程合同投资控制规划

在发包人主持和领导之下,监理工程师依据施工进度计划、工程设计概算、工程师概算(或称合同概算)和合同价格,以及经监理工程师核定的承包人现金流量,制定工程合同投资控制规划和资金使用计划。还要考虑工程变更、索赔和物价波动的预测,以及对发包人风险的评估等。针对上述风险,监理工程师还要研究各种防范措施,控制工程投资,避免失控,并在合同执行过程中,不断完善和修正工程投资规划和目标。

七、工程停工

(1)不属于发包人或监理工程师的责任,属于承包人可以预见到的原因引起的停工(如合同规定、违反合同规定、现场气候条件、工程合理施工和工程安全等),这类情况监理工程师有权下达停工指示。停工期间承包人应对工程进行必要维护和安全保障。待承包人妥善处理停工原因后,并接到监理工程师下达的复工指示,方可复工。由此造成的工期延长,承包人应采取补救措施,引起费用的增加,由承包人自行承担。

(2)不属于承包人的责任,属于发包人或监理工程师的责任,以及有经验的承包人无法预见的并进行合理防范的风险原因,引起的停工和误期(如恶劣气候、自然力、外部障碍、任何延误和干扰、工程设计、合同变更等),无论监理工程师发布停工指示与否,均应给予承包人适当工期延长或适当补偿费用。

第二节　合同管理

一、合同管理的依据

(1)国家和主管部门颁发的有关政策、法令、法规和规定。

(2)项目法人向监理工程师授权范围文件。

(3)合同文件和合同规定的施工规范、规程与技术标准。

(4)经监理工程师审定发出的设计文件、施工图纸与有关的工程资料,以及监理工程师发出的书面通知和项目法人批准的重大合同变更(包括设计变更)文件。

(5)项目法人、监理工程师和承包人之间的信函,项目法人和监理工程师的各种指令、会议纪要等。

二、合同管理的主要内容

(1)提供承包人进场条件。

(2)提供施工图纸及有关原始资料,并指定规范与标准。

（3）核查承包人进场人员、施工设备、材料和工程设备等。

（4）控制工程总进度。

（5）掌握承包人施工技术措施，监督和检查现场作业和施工方法。

（6）工程质量控制和工程竣工验收。

（7）检查施工安全和环境保护。

（8）控制工程投资和工程费用支付。

（9）研究和处理工程合同的变更。

（10）处理合同索赔。

（11）处理合同风险。

（12）处理合同违约。

（13）研究和处理合同争议。

（14）协调各合同承包人的关系。

（15）做好各种记录和信息管理工作，以及工程资料和合同档案的管理工作。

（16）编制工程验收报告和工程总结。

（17）编制工程建设大事记。

三、工程误期

（1）发生停工和误期事件时，如果监理工程师没有下达停工指示，除承包人有责任使损失减少到最小外，应尽快采取措施，及早恢复生产。

（2）发生停工和误期事件时，如果监理工程师已下达停工指示，除承包人有责任对工程进行必要的维护和安全保障外，自停工之日起一定的时间内（一般为 84 天），监理工程师仍未发布复工通知，承包人有权向监理工程师递交通知要求复工。监理工程师在规定的时间内（一般为 28 天），应发出复工通知。如果由于某种原因仍未发出复工通知，则承包人认为被停工的这部分工程已被发包人取消，或者当此项停工影响整个合同工程时，承包人可视为发包人违约，有终止被发包人雇用的权利。

四、投资控制的主要风险因素

（1）工程地质和水文地质的影响。

（2）工程重大设计变更和合同变更。

（3）超标准洪水、恶劣气候和不利的自然条件。

（4）国家改变工程建设计划，工程资金无法落实。

五、合同项目的单价调整

在 1987 年版 FIDIC 条款中专用合同条款建议：在工程量清单中，项目价格大于合同价格的 2% 时，该项目实施的实际工程量超出或减少工程量清单中列明工程量的 25% 以上，调整此项目单价或费率。

在 1999 年第一版 FIDIC 条款中规定：

（1）此项工作实际测量的工程量比工程量表或其他报表中规定的工程量的变动大于

10%。

（2）工程量的变化与对该项目工作规定的费率的乘积超过了接受的合同款额的0.01%。

（3）由此工程量的变化直接造成该项工作每单位工程费用的变动超过1%。

（4）这项工作不是合同中规定的"固定费率项目"。

同时具备上述四个条件，调整此项目单价和费率。

（1）根据变更和调整的规定指示的工作。

（2）合同中没有规定该项工作的费率和价格。

（3）由于工作性质不同，或在与合同中任何工作不同的条件下实施，未规定适宜的费率或价格。

同时具备上述三个条件，调整此项目的单价和费率。

六、调整合同价格

（1）1987 年第四版 FIDIC 的通用条款规定：颁发整个工程接收证书或竣工结算时进行全部变更工作引起合同价格增减的金额，以及实际工程量与本合同工程量清单中估算工程量的差值，引起合同价格增减的金额（不包括备用金、计日工、物价波动和法规更改引起的价格调整）的总和超过合同价格（不包括备用金）的 15% 时，调整超过部分的合同价格（只考虑合同中承包人的现场费用和总管理费）。应注意的是，1999 年第一版 FIDIC 通用条款已取消了这类合同价格的调整。

（2）因法律改变的价格调整。投标截止日期前 28 天（称为基准日期）后工程所在国的法律有改变，使承包人履行合同规定的义务受到影响，导致合同价格进行调整，以及工期受到延误时将给予延长期。

（3）因成本（或物价）改变的价格调整。投标截止日期前 28 天的物价水平作为投标报价的基础，其后物价涨落对成本改变而进行合同价格调整。

七、成本（物价）改变的合同价格调整

（1）文件凭据法调价，是在市场不成熟的条件下采用的物价波动的调价方式。按招标文件中规定的价格与实施中有效的价格证明材料，补给净差。

（2）公式法调价，其公式为：

$$\Delta P = P_o \left[A + \sum B_n (F_{tn}/F_{on}) - 1 \right] \tag{7-1}$$

式中　ΔP——需要调整的价格差额；

　　　P_o——每期进度付款凭证中应调整价格的金额；

　　　A——定值权重；

　　　B_n——各可调项目变值权重；

　　　F_{on}——各可调项目的基本价格指数（基准日期）；

　　　F_{tn}——各可调项目的现行价格指数。

八、合同变更的范围和内容

（1）合同中包括的任何工作内容的数量的改变（但此类改变不一定构成变更）。

（2）任何工作内容的质量或其他特性的改变。

（3）任何部分工程的标高、位置和（或）尺寸的改变。

（4）任何工作的删减，但要交他人实施的工作除外。

（5）永久工程所需的任何附加工程、生产设备、材料或服务，包括任何有关的竣工检验、钻孔和其他试验，以及勘探工作。

（6）实施工程的顺序或时间安排的改变。

监理工程师认为必要时，承包人应遵守并执行上述变更，除非承包人难以取得变更所需的货物。此外，承包人不得对永久工程作任何改变和（或）修改。

九、发包人原因引起的合同变更

非承包人原因引起的合同变更使关键项目的施工进度拖后，由监理工程师与发包人和承包人协商，发包人应延长合同规定工期；若合同变更使工程量减少，监理工程师与发包人和承包人协商，发包人可以把变更项目的工期提前。

确定合同变更价格的原则如下：

（1）在合同《工程量清单》中有适用于变更工作的项目时，应采用该项目的单价。

（2）在合同《工程量清单》中无适用的项目时，则可在合理的范围内参考类似项目的单价或合价作为变更项目估价的基础，由监理工程师与发包人和承包人协商确定变更后的单价和合价。

（3）在合同《工程量清单》中无类似项目的价格可供参考，则由监理工程师与发包人和承包人协商确定新的单价和合价。

（4）当双方意见不一致时，监理工程师应确定他认为合适的此类单价和合价。

（5）由于合同变更和工程量的改变引起的实际支付合同价格较原合同价格超过或减少15%时的合同价格的调整，以及重要项目的工程量变化的单价调整等。

十、承包人引起的合同变更

（1）承包人根据工程施工需要，要求进行合同变更时，则应随时向监理工程师提交详细的书面建议书，监理工程师依据技术可行和经济合理的原则审批，建议采纳后将达到以下目的：①加快竣工；②降低发包人的工程施工、维护或运行的费用；③提高发包人的竣工工程的效率或价值；④给发包人带来其他利益。

这样的合同变更属合理化建议的性质，经与发包人协商，并被采纳，由监理工程师发出变更决定后方可实施。发包人将酌情给予奖励（1999年第一版FIDIC条款第13.2条规定：为发包人节省费用的50%）。未经批准，承包人不得擅自变更。

（2）承包人违约或其他由于承包人的原因引起的变更，其增加的费用由承包人自行承担。延误的工期必须采取适当赶工措施，确保工程按期完成。

十一、合同变更的程序

(1)监理工程师应在发包人授权范围内,只要认为此类合同变更是必要的,在发出变更指示之前要求承包人提出一份建议书。

(2)承包人应尽快做出书面回应,如果有异议,应提出不能照办的理由;或者提出以下书面材料:①对建议要完成的工作说明,以及实施的进度计划;②根据由承包人提出并经监理工程师批准的进度计划和竣工时间的要求,承包人对进度计划做出必要修改的建议书;③承包人对变更估价的建议书。

(3)监理工程师在收到上述建议书(包括合理化建议书)后,应尽快给予批准或不批准或提出意见的回复。在等待答复期间,承包人不应延误任何工作。

(4)由监理工程师向承包人发出执行每项变更及要求做的各项费用记录的指示。

(5)除非监理工程师另有指示或批准,每项变更应按照合同规定进行估价,确定价格。

(6)发包人和承包人未能就监理工程师的变更决定取得一致意见时,监理工程师的决定为临时决定,承包人也应遵照执行。此时发包人或承包人有权在收到变更决定后的28天内,将变更的问题提请争端裁决委员会或仲裁解决。

(7)若发生紧急事件,在不解除合同规定的承包人的任何义务和责任的情况下,监理工程师可直接向承包人发出变更指示,承包人应立即执行。然后按正常程序进行合同变更,经协商后补发变更决定的通知。

十二、合同变更工作应注意的问题

(1)合同变更的原则是有利于合同的完成,也要有充分和正当的理由。

(2)监理工程师既要与合同当事人协商,也要经发包人同意,并取得发包人的授权。

(3)为防止工程设计变更与合同管理脱节,工程设计变更应通过监理工程师论证,论证在技术上的可行性和经济上的合理性,并经审核后交承包人实施,否则将会出现进度和投资失控的被动局面。因为工程设计人员不直接参与合同管理,是无法进行上述论证的。所以工程设计变更必须纳入合同管理范围。

(4)结合我国的具体情况,属于初步设计范围内的设计变更,应由发包人会同设计单位提出申请,经原审批部门批准,然后在发包人的主持之下,由设计单位进行设计变更,并通过监理工程师执行。但是,对初步设计范围内的工程设计变更,应给予特别关注,因为这类变更严重地改变了原投标报价条件,以及改变了已签订的合同基础。这将会造成在工期和经济方面的较大变更,甚至出现无法控制的局面。

(5)无论何种合同变更都不能使原已进场的和计划进场的主要施工设备不能使用,这将意味着改变了原投标报价的条件,从而会导致承包人要求发包人重新签订合同,造成投资增加和工期延误。

(6)在合同变更的工作程序中始终是通过监理工程师进行的,只要合同双方中任何一方未提出仲裁意向,监理工程师或争端裁决委员会有决定合同变更内容、工期和费用的权力。所以应慎重对待,行为公正。

（7）在执行合同过程中应严格区分合同变更和索赔，并应及时处理合同变更，否则会演变成承包人的索赔。

第三节　工程项目结算

一、工程预付款的支付和扣还

工程预付款的含义是：发包人和承包人签订合同协议书之后，发包人按合同价的 10%～20% 款额预先支付给承包人，作为组织人员进场的差旅费、购置部分材料和机具费、采购施工设备费等。

支付条件和方式是：当合同已签订，承包人已按合同规定的额度提供预付款银行保函以后，由监理工程师开具证明，发包人按合同规定额度进行一次或二次支付。

扣还的方式是：

（1）当承包人完成合同价格的 20%～30% 时，开始从月进度支付中逐月等值扣还，扣至竣工前 3 个月。

（2）公式法扣还，其公式如下：

$$R = \frac{A}{(F_2 - F_1)S}(C - F_1S) \tag{7-2}$$

式中　R——每期进度付款中累计扣还的金额；

　　　A——工程预付款总金额；

　　　S——合同价格；

　　　C——合同累计完成金额；

　　　F_1——开始扣款时合同累计完成金额达到合同价格的百分比，一般选为 20%；

　　　F_2——全部扣清款时合同累计完成金额达到合同价格的百分比，一般选为 90%。

二、材料预付款的支付和扣还

（1）预付款额度。按国际惯例，材料预付款的额度是有效证明材料（包括工程设备）价值的 75%～90%。我国的涉外工程合同采用 75%，我国土建工程施工合同一般采用 90%。

（2）支付条件和方式是：当材料或工程设备已进场，其质量和储存条件符合合同规定的标准，经过监理工程师审核承包人提交的订货单、收据、数量或价格证明文件后，期末汇总，在每期进度付款中支付。

（3）材料预付款扣还方式有二：①按国际惯例是本月预付的材料预付款，下个月开始等值扣还，扣至竣工前 3 个月；②我国常用的办法是本月预付的材料预付款，下个月开始等值扣还，扣至一年或一季或数月。《水利水电土建工程施工合同条件》规定为 6 个月等值扣完。

三、保留金的扣留和退还

（1）按国际惯例是发包人在每期进度支付额中扣留 10% 作为保留金。扣留最高限额为合同价格的 5%。我国水利水电工程建议,在月进度付款中扣留 5%～10%,直至扣款总金额达到合同价格的 2.5%～5%为止。

(2)在一般情况下,当颁发整个工程接收证书时应把一半保留金总额退还承包人。当本合同全部工程保修期(或称缺陷责任期)满时,将剩余的保留金退还给承包人。

(3)分项工程或部分工程颁发了接收证书,保留金应按上述工程估算的合同价值,除以估算的最终合同价格所得比例的 40%支付。

四、月进度支付程序

(1)对当月完成工程量进行收方、计量和列项。

(2)承包人编制月进度付款申请单。

(3)监理工程师审核月进度付款申请。

(4)监理工程师编制和签发月进度付款凭证。

(5)发包人在监理工程师收到承包人的月进度付款申请单后 56 天内,办理支付手续,并进行账目的划拨。

五、月进度付款证书的申请

承包商应在每个月末,按监理工程师批准的格式向监理工程师提交报表。该报表应包括下列项目,并以下列顺序排列:

(1)截止月末已实施的工程和已提出的承包商文件的估算合同价值(包括投标价格的折减和各项变更)。

(2)由于法律改变和物价波动(成本的改变)应增减的任何金额。

(3)至发包人提取的保留金额达到投标函附录中规定的保留金限额以前,用投标函附录中规定的保留金百分比计算的,对上述款项总额应减少的保留金总额。

(4)工程预付款的支付和付还应增加和减少款额。

(5)材料和工程设备预付款应增加和减少的款额。

(6)根据合同规定解决索赔、争端和仲裁等应付的任何其他增加与减少额。

(7)所有以前付款证书中确认的减少额。

六、竣工结算

(1)合同工程接收证书颁发后的 28 天内,承包人应向监理工程师提交竣工付款申请单(也称竣工报表),应分项列清支付给他的全部工程价款。

(2)监理工程师在收到竣工付款申请单后的 28 天内完成复核,并应与承包人和发包人协商修改,完成复核后出具竣工付款证书。

(3)发包人收到竣工付款证书后的 28 天内审批后支付给承包人。

七、最终结算

(1)承包人在收到履约证书后的 56 天内向监理工程师提交最终付款申请单(也称最终报表),列清应支付给他的全部金额。

（2）监理工程师仔细核查和修改，并与发包人和承包人协商，然后由承包人提出经同意修改后的最终付款申请单。同时向发包人提交结清单，进一步证实全部款项的最终结算金额。

（3）监理工程师收到最终付款申请单和结清单副本后的 28 天之内，出具最终付款凭证报送发包人审批。

（4）发包人审查最终付款凭证后，则应在收到凭证后的 56 天内支付给承包人，支付后结清单生效，合同自然终止。

第四节　工程项目索赔

一、不可抗力

（一）不可抗力的定义

1999 年第一版 FIDIC 条款规定：当发生具备下列特殊事件和情况时，称不可抗力（相当于 1987 年第四版 FIDIC 条款的业主风险）：

（1）一方无法控制的。

（2）在签订合同前该方无法合理防范的。

（3）情况发生时，该方无法合理回避和克服的。

（4）主要不是由于另一方造成的。

（二）不可抗力的具体事件

（1）合同双方均不能预见、不能避免并不能克服的自然灾害，如地震、飓风、台风或火山活动。

（2）战争、动乱等社会因素。

上述不可抗力事件还没有达到无法履行合同义务而终止合同，而只是妨碍其履行合同的义务，处理方式与发包人风险处理方式相同，即监理工程师应按承包人的要求，并与发包人协商确定竣工工期的延长期或费用的补偿。

（三）不可抗力解除合同时的付款

当发生不可抗力的特殊事件或情况，使双方或任何一方无法继续履行合同时，应在事件发生后 14 天内，向对方发出通知。如工程实施受到阻碍已连续 84 天，或断续阻碍时间累计超过 140 天，任何一方提出，经双方协商后可解除合同。解除合同后的付款由双方协商处理。一般情况下，承包人应享有获得以下付款的权利：

（1）已完成的、合同中有价格规定的任何工作的应付金额。

（2）为工程订购的、已交付给承包人或承包人有责任接受交付的生产设备和材料的费用。当发包人支付上述费用后，此项生产设备和材料应成为发包人的财产（风险也由其承担），承包人应将其交由业主处置。

（3）在承包人原预期要完成工程的情况下，合理导致的任何其他费用或债务。

（4）将临时工程和承包人设备撤离现场，并运回承包人基地（承包人本国工作地点）的费用（或运往任何其他目的地，但其费用不得超过前者）。

（5）将终止日期时的完全为工程雇用的承包人的员工遣返（遣返回国）的费用。

二、工程风险

（一）工程项目风险的定义

建设工程项目风险是指在工程合同实施过程中，由于合同中的不确定性可能产生的损失和损害的因素。

（二）考虑分担风险的因素

谁能最有效地防止和控制工程风险，则由谁承担该风险责任；由谁承担风险责任是经济的、方便的、合理的；风险责任和控制风险收益机会均等。

（三）风险的合理分担原则

一个有经验的承包人不可预见且无法合理防范的风险，也就是说合同双方均无法控制的自然和社会条件引起的风险，由发包人承担责任；若工程风险是双方责任引起的，则双方各自承担自己责任范围内的风险。

（四）按上述合理分担原则的好处

发包人可以获得一个投标价格合理的投标。明确合同双方的风险责任，可最大限度发挥控制风险和履行合同义务的积极性，并可使承包人避免那些不一定发生的工程风险的担心，可集中精力完成工程施工任务。对合同双方当事人都有利。如果发生由发包人承担的风险，给予承包人补偿造成的损失和损害；如果未发生上述风险，发包人也无需作任何补偿。

（五）发包人的风险

战争、敌对行动（不论宣战与否）、入侵、外地行动；工程所在国内的叛乱、恐怖主义、革命、暴动、军事政变或篡夺政权，或内战；承包人员及承包人和分包人的其他雇员以外的人员在工程所在国内的暴乱、骚动或混乱；工程所在国内的战争军火、爆炸物资、电离辐射或放射性物质引起的污染，但可能由承包商使用此类军火、炸药、辐射或放射性物质引起的除外；由音速或超音速飞行的飞机或飞行的装置所产生的压力波；除合同规定以外业主使用或占有的永久工程的任何部分；由业主人员或业主对其负责的其他人员所做的工程任何部分的设计；不可预见的或不能合理预期一个有经验的承包商已采取预防措施的任何自然力的作用。

（六）发包人风险的费用处理原则

由于发包人风险对工程、货物或承包人造成损失或损坏，并按监理工程师的要求修补这些损失或损坏，为此使承包人遭受延误和（或）导致费用增加，监理工程师经与发包人和承包人协商后，确定给予竣工工期的延长期和（或）补偿费用。如果属于以下情况时还应包括费用的合理利润：

（1）除合同规定以外业主使用或占有的永久工程的任何部分。

（2）由业主人员或业主对其负责的其他人员所做的工程任何部分的设计。

（七）承包人的风险

FIDIC标准合同条款中只列明业主（发包人）的风险，未列明的其他风险全部由承包商（承包人）承担。例如：

（1）工程所在国和所在地的政治与经济状况，可能带来的风险。

（2）对工程地质、水文地质、工程设计、合同条款等的判断和评估不足造成的风险。

（3）对监理工程师或争端裁决委员会协调和处理合同问题的能力，以及责任和风险的公平分配的程度进行分析、评估可能带来的风险。

（4）由于承包人对工程（包括材料和工程设备）照管不周造成的损失和损坏。

（5）对建设工程项目的施工现场调查不细、施工组织设计和工程工期研究不足，以及自身的技术力量、施工装备水平、工程现场作业和管理水平等原因带来的风险。

（八）施工保险

施工保险包括以下几种：

（1）工程保险。

（2）第三者责任险（包括发包人的财产）。

（3）施工设备险。

（4）人员工伤事故险。

说明：前两种险，由发包人自行投保，或由承包人以发包人和承包人共同的名义投保；后两种险，由承包人自行投保。

（九）工程风险损失的补偿原则

（1）按各自的风险责任承担。自工程开工至竣工移交期间，任何未保险或从保险公司得到的补偿费尚不能弥补工程损失和修复损坏所用费用时，应由发包人或承包人按各自的风险责任承担所需的费用。

（2）共同承担工程风险。如果发生的工程风险是承包人和发包人的共同责任，则由监理工程师与发包人和承包人协商，按各自的风险责任分担工程的损失和修复损坏所需的由保险公司得到的补偿费用不足的全部费用。

（3）缺陷通知期限内，风险责任的承担。缺陷通知期限内发包人承担工程监管责任，所以发包人承担任何风险造成工程（包括工程设备）的损失和修复损坏所需的全部费用。但在缺陷通知期限内发现的是由于缺陷通知期限前承包人的责任造成的损失和损坏除外。

（十）施工设备风险损失的补偿原则

若发生承包人施工设备的损失和损坏，其所得到的保险补偿费尚不能弥补其全部费用时：

（1）如果是由承包人的风险责任造成的，则由承包人自行承担其所需的全部费用。

（2）如果是由发包人的风险责任造成的，则由发包人补偿不足的损失和修复损坏或重置的全部费用。

（十一）人身和财产风险损失的补偿原则

（1）属发包人的责任：工程对土地占用，或在其管辖区内，以及承包人按合同要求进行工作所不可避免的等原因，造成发包人、承包人和第三者的人身伤害和财产损失，由发包人赔偿弥补第三者责任险赔偿费用不足部分的费用，包括损失赔偿费、诉讼费和其他有关费用。

（2）属承包人的责任：在其管辖区内造成发包人、承包人和第三者的人身伤害与财产损失,由承包人赔偿弥补第三者责任险赔偿费用不足部分的费用,包括损失赔偿费、诉讼费和其他有关费用。

(3)属于共同的责任:造成承包人辖区内的发包人、承包人和第三者的人身伤害与财产损失,应由监理工程师与发包人和承包人协商,合理分担其赔偿,以弥补第三者责任险赔偿费用不足部分的费用。

(十二)人员工伤事故损失的补偿原则

(1)属承包人责任:应为其执行合同所雇用的全部人员(包括分包人的人员)工伤,以及由于承包人的过失造成发包人的人员伤亡,承担其事故责任,弥补人身意外伤害保险补偿费不足部分,包括赔偿费、诉讼费和其他有关费用。

(2)属发包人责任:应为其现场机构雇用的全部人员(包括监理工程师)承担工伤事故责任,并进行赔偿,弥补人员工伤事故保险补偿费不足部分,包括赔偿费、诉讼费和其他有关费用。

三、工程违约

(一)违约和违反合同规定的含义

违约是指在项目合同执行过程中,合同当事人任何一方未履行合同规定的任何义务,从而给对方带来风险或经济损失。《中华人民共和国合同法》规定:当事人一方不履行合同义务或者履行合同义务不符合约定的,应承担继续履行合同义务、采取补救措施或者赔偿损失等违约责任。

(二)承包人违约的行为

如果承包人有下列违约行为,业主有权终止合同:

(1)未能提供合同规定的履约担保,又无视监理工程师发出改正通知的要求。

(2)放弃工程,或明确表现不继续按照合同履行其义务的意向。

(3)无合理解释:①未能按合同规定接到开工通知后及时开工,不能保持足够的施工速度,严重偏离进度计划,给工程竣工带来极大风险;②如果任何生产设备、材料或工艺有缺陷,或不符合合同规定,监理工程师发出拒收通知后28天内,未能采取更换或重新实施等修补措施。

(4)未经必要的许可,将整个工程分包出去,或将合同转让他人。

(5)破产或无力偿债,停业整顿,已有对其财产的接管令,与债权人达成和解,或为其债权人的利益在财产接管人、受托人或管理人的监督下营业,或采取了任何行动或发生任何事件(根据有关适用法律)具有与前述行动或事件相似的效果。

(6)(直接或间接)向任何人付给或企图付给任何贿赂、礼品、偿金、回扣或其他贵重物品,以引诱或报偿他人:①采取或不采取有关合同的任何行动;②对于合同有关的任何人做出或不做有利或不利的表示。

(三)处理承包人违约程序

(1)如果承包人未能根据合同履行义务,监理工程师可通知承包人,要求其在规定的合理时间内,纠正并弥补承包人的违约行为。

(2)如果承包人无视监理工程师的通知要求,业主可提前14天向承包人发出通知,终止合同,并要求其离开现场。如属于法律、财务或有贿赂等行为,业主可发出通知立即终止合同。这样的选择不应损害其根据合同或其他规定所享有的其他任何业主权利。

(3)承包人应撤离现场,并将任何需要的货物、所有承包人的文件,以及由(或为)他做的其他设计文件交给监理工程师。如果监理工程师发出指示而且法律允许,承包人应将其为该合同目的可能签订的有关任何供货和分包合同,以及为保护生命或财产或工程安全保险等协议的权益转让给业主。

(4)终止后,业主可继续完成工程,和(或)安排其他承包人完成。此时业主和这些承包人可以使用任何承包人设备、货物、承包人文件和他做的设计文件。

(5)最后业主发出通知,在扣除欠款的前提下,承包人应自行承担风险和费用,并迅速将承包人的设备、货物和临时工程运走。

(四)承包人违约解除合同后的估价和结算

1. 解除合同后的估价

监理工程师通过调查取证并与发包人和承包人协商后确定并证明下列事项:

(1)在解除合同时,承包人根据实际完成的工作已经得到或应得到的金额。

(2)未用或已经部分使用的材料、承包人的设备和临时工程等的估算金额。

(3)通过上述估算确定合同在终止时双方的财政地位,并为解除合同的付款结算确定条件。

2. 解除合同后的付款

监理工程师在合理的时间内查清以下各种费用,并出具付款证书,报送发包人审批后支付,未审批之前发包人应暂停对承包人的一切付款:

(1)承包人按合同规定已完成的各项工作应得的金额和其他应得的金额,包括延迟付款违约金、赔偿费和其他费用。

(2)承包人已获得发包人的各项付款金额。

(3)承包人按合同规定应支付的逾期完工违约金和其他应付费用,包括扣还工程和材料预付款,以及赔偿费等。

(4)由于解除合同,承包人应合理赔偿发包人损失的金额,包括使发包人蒙受的损失,以及继续完成合同工程的施工、竣工及修补任何缺陷的费用,也包括继续完成合同项目和工作而需要增加的金额。

(5)如果承包人应支付和合理赔偿给发包人的费用超过发包人应支付而未支付的款额时,则承包人应将此超出部分的款额支付给发包人,并应视为承包人欠发包人而应付的债务。如有余额,则应支付给承包人。

(五)发包人违约行为

(1)如果监理工程师在收到承包人有关报表和证明文件后 28 天内,未向业主发出期中付款证书,或业主未能按承包人的要求在 28 天内提出资金安排的合理证明,由此承包人发出此项通知后 42 天内,仍未收到合理证明。

(2)监理工程师未能在收到报表和证明文件后 56 天内发出有关的付款证书。

(3)按合同规定的付款时间到期后 42 天内,承包人仍未收到根据期中付款证书的应付款额。

（4）业主实质上未能根据合同规定履行其义务。

（5）业主未能按合同规定的时间签署合同协议书，或未经承包人的事先同意将合同的全部或任何部分利益或权益转让他人。

（6）如果由于发包人或监理工程师的责任，监理工程师下达停工指示后，暂停已持续84天以上，又未对承包人提出的要求复工通知在28天内答复，而该停工项目影响到整个工程的实施。

（7）业主破产或无力偿债，停业清理，已有对其财产的接管令或管理令，与债权人达成和解，或为其债权人的利益在财产接管人、受托人或管理人的监督下营业，或采取了任何行动或发生任何事件（根据有关适用法律）具有与前述行动或事件相似的效果。

（六）解决发包人违约的原则

（1）如监理工程师未能按合同规定的时间颁发期中付款证书，或业主未能按合同规定提供资金安排的合理证明或付款，承包人可在不少于21天前通知业主，除非满足上述要求，否则承包人可暂停工作（或放慢工作速度）。如果满足上述要求，承包人应在合理的情况下，尽快恢复正常工作。

（2）若发包人未按合同规定时间支付款项，导致付款延误违约时，则发包人按商业银行规定的同期贷款利率，按月复利计算延误期的融资费用。延误期应按支付日期起算。

（3）由于发包人违约造成暂停工作（或放慢工作速度）使承包人遭受工期延误和（或）导致费用增加，则承包人有权发出补偿要求的通知。监理工程师收到通知后应按合同规定确定对其工期给予延长期和（或）费用（包括合理利润）的补偿。

（4）如果发生发包人违约行为时，承包人有权终止合同。在上述任何事件或情况下，承包人可通知业主，14天后终止合同。但监理工程师下达暂时停工后，迟迟不下达复工通知，从而影响整个工程；或者发包人因法律、财务等原因，丧失了履约和支付能力的情况下，承包人可发出通知立即终止合同。

（5）承包人做出终止合同的选择，不应影响其根据合同或其他规定所享有的其他任何权利。

（6）按合同规定发出的终止合同生效后，承包人应迅速停止所有进一步的工作，但监理工程师为保护生命或财产或工程安全可能指示的工作除外；移交承包人已得到付款的承包人文件、生产设备、材料和其他工作；从现场运走除了安全需要以外的所有其他货物。

（七）发包人违约解除合同后的付款

若因发包人违约，而承包人采取行动解除合同时，按合同规定发出的终止通知生效后，业主应将履约担保退还承包人，并应按不可抗力解除合同的相同付款支付给承包人，以及再给予承包人因发包人违约解除合同应合理补偿承包人损失的费用和利润。但发包人应扣除承包人未偿还的全部预付款，以及按合同规定应由发包人向承包人收回的其他金额。

四、争端的解决

（一）索赔的定义

索赔是指在合同执行过程中，由合同当事人某一方负责的某种原因，给另一方造成的经济损失或工期延误,该方通过一定的合法程序向对方要求补偿或赔偿。

(二)索赔的含义

(1)赔偿损失是指承包人或发包人要求对方赔偿由于违反合同规定或违约而造成的损失。

(2)补偿损失是指承包人要求补偿由于无法预见和合理防范的风险或自然障碍或外部条件造成的损失。

(3)索要是指承包人本应获得的正当利益,由于未能及时得到监理工程师或发包人确认,承包人要求兑现合同文件有关的规定。

(三)对索赔事件的认识和理解

(1)发包人正确认识和理解索赔是十分重要的,索赔是合同执行过程中工程风险的再分配。通用的和标准的合同条件均有索赔条款,是合同双方各自享有的索赔权利,是保护各自合法利益的经济和法律手段,所以索赔是经常发生的正常现象,是无可非议的。只要是合同规定范围内的,应采取合理措施,通过监理工程师尽快解决索赔因素,给工程顺利实施创造条件,避免事态扩大,使损失减少。

(2)监理工程师要客观、公正地评价索赔事件,以合同为准则,及时疏导,做好调查,核查同期记录。处理索赔事件,能充分体现监理工程师的协调能力。

(3)承包人提出的索赔要求,应符合合同规定,即在正确履行合同的基础上争取得到合理的赔偿。一个有责任心、成熟、有经验的承包人,应按合同规定的程序办理,及时向监理工程师提出索赔意向书,整理好同期记录,以便监理工程师备查,编报完整的详细的索赔报告。索赔要求要有充分证据,实事求是,要做到有理有利有节,不能漫天要价,这既影响各方关系,也不利于及时获得索赔款额和工期延长。

(四)索赔的原因

(1)发包人提供的原始资料不足或不准确引起的索赔。

(2)合同变更未能及时处理引起的索赔。

(3)后续法律、法规和规章的变更引起的索赔。

(4)发包人指定分包人造成的与其分包工作有关而又属承包人的安排和监督责任无法控制的索赔。

(5)发包人或监理工程师对承包人的工作和生产进行不合理的干预引起的索赔。

(6)发包人风险引起的索赔,包括发包人负责的工程设计不当;发包人提供不合格的材料和工程设备;承包人不能预见、不能避免并不能克服的自然灾害;战争、动乱等社会因素引起的索赔。

(7)发包人违约引起的索赔。

(五)索赔的类型

(1)延长工期索赔。

(2)经济索赔。

(六)索赔的程序

(1)承包人依据法律和合同规定要求索赔时应在引起索赔的事件第一次发生之后的28天内,将索赔意向书提交监理工程师,并抄报发包人。

（2）索赔事件发生时，承包人应做好同期记录，接受监理工程师的审查，并提供副本。

（3）监理工程师应对索赔项目进行跟班监督，核定索赔因素对工程实施的影响，以便核查。

（4）承包人在索赔事件结束后的28天内，向监理工程师提交充分详细的索赔申请报告，并抄报发包人。如果索赔事件继续发展或继续产生影响，应按监理工程师要求的合理时间间隔列出索赔累计金额和提出中期索赔报告，在索赔事件结束后的28天内，承包人提交最终索赔报告。

（5）监理工程师收到索赔申请报告后，应立即进行审核。

（6）监理工程师向发包人汇报审核索赔申请报告的情况，以及初步确定的索赔款额或延长工期的建议，从而获得发包人的授权。

（7）监理工程师在划清责任和澄清事实的基础上，与承包人和发包人谈判或反复协商。如果取得一致意见，监理工程师草拟索赔处理报告，经发包人批准后，通知承包人实施；如果监理工程师经反复协商仍无法取得一致意见，监理工程师作索赔处理决定。1999年第一版FIDIC条款规定：工程师在收到索赔申请报告或对过去索赔的任何进一步证明材料后42天内，或工程师可能建议并经承包人认可的此类其他期限内，做出回应，表示批准或不批准，并附具体意见。

（8）若合同双方或其中任一方不接受监理工程师的索赔处理决定，则双方均可按合同规定提请争端裁决委员会解决。如果双方对争端裁决委员会评审意见无异议，监理工程师将按此评审意见办理索赔；否则，以仲裁裁决或诉讼作为最终决定。

（七）索赔申请报告的内容

（1）索赔的基本事实和依据（附有同期记录和相关资料）。

（2）索赔款额和工期的计算依据、计算方式和计算成果。

（3）附件。

（八）核查索赔报告的内容

（1）依据监理工程师档案中的有关资料、调查资料（包括经核查的承包人同期记录），核对承包人所提出的基本事实索赔依据，并公平地分清各方责任。

（2）审核计算方式和计算结果。

（3）初步确定索赔款额或延长工期。

（九）发包人向承包人索赔

（1）索赔的原因：工程误期、违反合同规定、违约或毁约，或承包人负有责任引起的合同变更等，造成的经济损失。

（2）发包人在处理向承包人索赔时，应恪守合同准则，通过监理工程师按合同规定的合法程序要求承包人补偿、赔偿和赶工，以及索要承包人获得的不应得到的额外款额。

（3）在监理工程师或争端裁决委员会或仲裁的最终决定后，发包人可以从应支付或将要支付的任何款项中扣回，或者从保留金和履约担保中得到补偿，或者以债务方式利用承包人的现场材料和设备作为抵押等。

（十）处理索赔应注意的问题

（1）通过监理工程师处理索赔。

(2)在发生索赔事件时,监理工程师应积极进行疏导、协调和处理,使索赔因素消灭在萌芽状态,这样也才能使发包人在经济上损失最小,也为承包人创造良好的施工条件。

(3)一个高水平的监理工程师应凭借自己的协调能力、专业技能和经验,以合同为准则,行为公正和反复协商地处理索赔事件。监理工程师也有义务提醒承包人及时提出索赔意向书、同期记录和索赔申请报告。

(4)1987年第四版FIDIC条款规定:如果承包人未按合同规定的程序、时间和时限提出索赔要求时,其索赔的权利要受到限制,即受到合同规定和监理工程师确认的同期记录与证明文件的限制。而1999年第一版FIDIC条款规定:如果承包商未能在察觉或应已察觉该事件或情况后28天内发出索赔通知,则竣工时间不得延长,承包商无权获得追加付款,而业主应免除有关该索赔的全部责任。

(5)严格区分索赔和合同变更,这是两个不同的范畴。在合同实施的过程中,合同变更是不可避免的,也是容易处理的。但不及时处理,合同变更会演变成索赔。

(十一)紧急补救工作

紧急补救工作,指在工程实施期间或缺陷通知期限内发生危及工程安全事件,当监理工程师通知承包人进行抢救时,承包人声明无能力执行或不愿立即执行,则发包人有权雇用其他人员进行该项工作。其费用的处理是由监理工程师按发生紧急事件的责任大小,并经与发包人和承包人协商后确定。

(十二)解决争议的三个步骤

第一步,合同当事人把争议提交给监理工程师,由监理工程师按合同规定的原则,通过协商,处理和决定双方的争议,如双方对此决定无异议,则监理工程师的决定是最终决定,对双方均有约束力。

第二步,如果监理工程师的上述决定不被合同当事人接受,则提交争端裁决委员会解决。该委员会的决定,如双方无异议,则此决定为最终决定。

第三步,如果对争端裁决委员会的决定,合同双方仍无法取得一致,则合同双方可直接进行友好磋商解决争议,无论是否做过友好解决的努力,在仲裁意向通知发出后的第56天或其后,进行仲裁或诉讼解决争议。

(十三)监理工程师的决定

如果在发包人和承包人之间由于合同或工程施工而产生任何争议,包括对监理工程师的任何证书的签发、决定、指示、意见或估价的任何争议,应以书面形式通知监理工程师,将副本提交另一方。监理工程师应按照合同规定在适当考虑到所有有关情况后作出公正的决定,并通知合同双方。如果合同双方或一方收到通知后28天内,均未提出异议,则此决定为最终决定,对双方均有约束力。如果合同双方或一方对监理工程师的决定持有异议,任一方均可以书面形式提请争端裁决委员会解决。这时,承包人仍应认真施工,发包人亦应按合同规定履行义务。

(十四)争端裁决委员会的组建

1999年第一版FIDIC施工合同条件列明,合同双方应在投标函附录中规定的日期前,按合同规定共同协商组建争端裁决委员会(Dispute Adjudication Board,简称DAB)。该委员会由一名或三名有合同管理和工程实践经验的专家组成。一般情况下由三名组成,各方均应推荐一人,报他方认可。双方应同这些成员协商,并商定第三位成员,此人应任命为主席。

委员会成员中每个人的报酬,包括 DAB 咨询过的任何专家的报酬在内,应在双方协商任命条件时共同商定。每方应负担上述报酬的一半。

如果双方同意,他们可以在任何时候联合将某事项交由 DAB 提出意见。一方未经另一方同意,不应与 DAB 商谈任何事项。

对任何成员的任命,可经过双方相互协议终止或重新任命,但业主或承包人都不能单独采取行动。

一般情况下承包人提交的结清单生效后,DAB 的任期应即期满。

对争端裁决委员会的任命未能取得一致意见,即出现以下情况:

(1)到合同规定的日期,双方未能就 DAB 唯一成员的任命达成一致意见。

(2)到该日期,任一方未能提名 DAB 三人成员中的一人(供另一方认可)。

(3)到该日期,双方未能就 DAB 第三位成员(将担任主席)的任命达成一致意见。

(4)在唯一成员或三人成员中的一人拒绝履行职责,或因死亡、无行为能力、辞职或任命期满而不能履行职责后 42 天内,双方未能就任命一位替代人员达成一致意见。

在上述情况下,在专用条件中指明的任命实体或职员(是指政府主管部门或行业协会或行业合同争议调解机构),应在任一方或双方的请求下,并经与双方协商后,任命 DAB 该成员。此项任命应是最终的、决定性的。每方将负责支付给该指定实体或职员报酬的一半。

(十五)争端的评审程序

(1)如果双方间发生了有关或起因于合同或工程实施的争端(不论任何种类),包括对监理工程师的任何证书、确定、指示、意见或估价的任何争端,任一方可以将该争端以书面形式提交 DAB,并将副本送另一方和监理工程师,委托 DAB 做出决定。

(2)DAB 主席收到委托书的日期,被视为委托。双方应按照 DAB 为对该争端作出决定可能提出的要求,立即给 DAB 提供需要的所有资料、现场进入权及相应设施。提供的资料包括合同文件、进度报告、变更指示、证书和其他与履行合同有关的文件,以及 DAB 与业主或承包人之间的所有信函(包括委托书和申辩书)。

(3)进入现场进行考察,并召开听证会,向双方调查和质询争议细节。

(4)听证会结束后,委员会在不受任何干扰的情况下,进行独立和公正的评审。DAB 应在收到此项委托后 84 天内,或在由 DAB 建议并经双方认可的其他期限内,提出他的决定,决定应是有理由的。决定应对双方具有约束力,都应立即执行。

(5)如果任一方对 DAB 的决定不满意,可以在收到该决定通知后 28 天内,将其不满向另一方发出通知。或者 DAB 未能在收到此项委托后 84 天(或经认可的其他期限)内,提出其决定,则任何一方在该期限期满后 28 天内,向另一方发出不满通知,应讲明争端事项和不满理由,则可着手争端的仲裁。

(6)如果 DAB 已就争端事项向双方提交了他的决定,而任一方在收到 DAB 决定后 28 天内,均未发出表示不满的通知,则该决定应成为最终的决定,对双方均具有约束力。

(十六)争端评审的补充说明

(1)争端裁决委员会应定期和在必要时去施工现场了解情况,这有利于进行独立和公正的评审,一般情况下视察现场的时间间隔应不大于140天,也不小于70天。每次现场视察的时间和日程,应得到争端裁决委员会、业主和承包人的一致同意,或在没有一致同意的情况下,由争端裁决委员会做出决定。

(2)听证会一般应在施工现场举行,以便充分听取合同双方和监理工程师的意见,并可及时进行现场核查。

(3)争端裁决委员会应对评审过程和内容进行严格保密。

(4)在业主或承包人要求争端裁决委员会某成员就有关合同事宜提出意见和建议时,必须得到其他成员的同意。

(5)争议调解组成员应努力做到全体一致通过评审意见。如果不可能时,则按多数成员的意见做出合适评审意见。少数成员的意见,另外起草一份书面报告,提交业主和承包人,并抄送监理工程师。

(6)业主和承包人应给予争端裁决委员会以下权力:①确定在决定争端中应用的程序;②决定DAB自身的权限,以及委托其处理的任何争端涉及的范围;③召开其认为适宜的任何意见听证会,除合同规定外不受任何规则或程序的约束;④主动确定做出决定所需的事实和情况;⑤利用自身的专家知识;⑥决定任何暂时补救办法,如暂时的或保护的措施;⑦公开、审查和修正监理工程师发出的与争端有关的任何证明、决定、确定、指示、意见和估价。

(十七)友好解决

如果合同双方中任一方在规定的时间内,对争端裁决委员会的评审意见有异议,或者争端裁决委员会未能提出评审意见,而发出了表示不满的通知,双方应在着手仲裁前,共同做出努力,直接用友好方式解决争端。

(十八)仲裁

(1)合同双方应在签订协议的同时,共同协商确定本合同的仲裁范围和仲裁机构,并签订仲裁协议。

(2)合同双方中的任一方在规定的时间内发出表示不满的通知后的第56天或其后着手进行仲裁,即使未曾做过友好解决的努力。

(3)在仲裁期间,合同双方均应暂按监理工程师就争议做出的决定履行各自的职责。任何一方均不得以仲裁未果为借口拒绝或拖延按合同规定应进行的工作。合同双方、监理工程师和争端裁决委员会的义务,不得因在工程进行过程中正在进行任何仲裁而改变。

(4)仲裁机构的仲裁委员会应有权公开、审查和修改监理工程师的任何证书的签发、决定、指示、意见或估价,以及争端裁决委员会的任何决定。无论如何,监理工程师都不失去被作为证人,以及提供任何与争议有关的证据的资格。

(5)在仲裁委员会仲裁过程中,合同双方的任一方均不受以前为取得争端裁决委员会做出对自己有利的评审意见的限制,以及提供的证据或论据或其不满意通知中提出的不满理由的限制。但争端裁决委员会的任何决定都可以作为仲裁中的证据。

（十九）诉讼

依据《中华人民共和国合同法》，合同双方未达成书面仲裁协议或所订仲裁协议无效的，在合同执行过程中发生争议时，合同双方中任一方均有权向人民法院起诉。合同当事人应当履行发生法律效力的仲裁裁决、判决和调解书。拒不履行的，对方可以请求人民法院执行。

第八章　工程项目质量监督

第一节　概　述

一、水利工程质量监督的依据

工程质量监督的主要依据是有关工程建设质量的法律、法规、部门规章、技术标准（强制性和非强制性）、规程、质量标准、设计文件、合同等，质量监督机构应以上述依据对建设工程参建各方主体的质量行为和工程的实体质量进行监督管理。

二、大型水利工程建设质量监督的工作方式

水利工程质量监督机构对工程建设行使政府质量监督职权，其工作方式有巡回监督和驻地设站监督两种形式。大型水利工程建设质量监督机构需在工地设立质量监督项目站。

监督工作以抽查为主，对重要隐蔽工程、工程的关键部位、对工程质量表示怀疑的施工部位，以及对各参建单位工程质量管理活动进行重点监督检查。

对发现的一般工程质量问题，及时通知建设、监理单位尽快进行整改；对发现违反技术规程、规范、质量标准或设计文件的行为，应及时通知建设、监理单位采取纠正措施。

对发现的重大质量问题或严重质量隐患，应及时备案，除通知建设、监理等有关单位外，并向水行政主管部门报告，必要时向水行政主管部门提出整改的建议。

三、大型水利工程建设质量监督工作的内容

根据《水利工程质量管理规定》和《水利工程质量监督管理规定》，大型水利工程质量监督项目站质量监督工作的主要内容可分为两大部分：一部分为应及时完成的工作，另一部分为以抽查为主的质量监督检查工作。

应及时完成的工作，可概括为"一项主持、二项确认、三项核定、四项复核、五项编写、六项参加"。

"一项主持"：在单位工程完工后，主持由建设、监理、设计、施工及运行管理等单位参加的工程外观质量评定会议，对单位工程外观质量进行现场检验，并评定打分，统计外观质量得分率。

"二项确认"：①对工程项目划分的确认，并对重要隐蔽工程、工程关键部位、主要分部工程和主要单位工程予以确定，该工作在工程开工初期进行；②对工程外观质量评定标准的确认，该工作在主体工程开工后进行。

"三项核定"：①在大型水利枢纽工程主体建筑物分部工程完建后，核定其分部工程

质量等级;②在单位工程完工后,核定其单位工程质量等级;③在工程项目竣工后,核定其工程项目质量等级。

"四项复核":①对监理单位的资质进行复核;②对设计单位的资质进行复核;③对施工单位的资质进行复核;④对有关产品制作单位的资质进行复核。上述复核应在该单位中标后及时进行。

"五项编写":①编写质量监督实施细则,此项工作在项目站(组)成立初期进行;②编写质量监督总计划和年度计划,此项工作在项目站(组)成立初期和年初进行;③编写质量监督报告和总结,此项工作在工程出现较大问题或工程完成一个阶段目标或工作告一段落,需向上级汇报时进行;④编写质量监督简报,及时对工程中出现的质量问题、质量管理活动、施工动态、质量监督工作成果等进行报道;⑤编写质量评定报告,此项工作在相应的阶段验收、单位工程验收及工程项目竣工验收前完成。

"六项参加":①参加与工程质量有关的会议;②参加由建设、监理、设计、施工单位组成的联合小组,对重要隐蔽工程及工程关键部位的验收,共同核定其质量等级;③参加工程质量事故及主要缺陷的调查分析与处理方案的研究;④参加大型工程主体建筑物分部工程验收会;⑤参加工程阶段验收会与单位工程验收会,并提交其工程施工质量评定报告;⑥参加工程项目竣工验收会,并提交工程项目施工质量评定报告。

四、以抽查为主的"七项监督检查"

(1)对项目法人的质量管理体系、监理单位质量控制体系、施工单位质量保证体系及设计单位现场服务体系进行监督检查。

(2)对参建单位的技术规程、规范和质量标准特别是强制性标准的执行情况进行监督检查。

(3)对项目法人的质量行为、监理单位的监理工作、设计单位的现场服务工作进行监督检查。

(4)对施工单位的现场实验室、"三检制"及施工质量行为进行监督检查。

(5)对有关产品制作安装单位的质量行为进行监督检查。

(6)对工程原材料、中间产品及工程实体质量进行监督检查。

(7)对施工质量检验与评定工作进行监督检查。

第二节　工程项目质量监督的内容

一、对项目法人监督检查的主要内容

(1)对项目法人提交的建设管理材料特别是工程质量管理组织情况进行复核。

(2)对项目法人的质量管理体系和质量管理规章制度进行监督检查。

(3)对项目法人提供的前期招投标活动中的中标单位资质材料进行检查。

(4)监督检查项目法人对各参建单位的质量管理与质量控制是否进行了检查。

(5)监督检查是否完成了工程项目划分,其划分是否符合有关规定要求。

二、对监理单位监督检查的主要内容

（1）对监理单位的资质进行复核。

（2）对现场监理机构进行检查。

（3）对监理人员的资格进行检查。建设工地现场监理人员均应持证上岗,总监理工程师应持有《水利工程建设总监理工程师岗位证书》,监理工程师应持有《水利工程建设监理工程师资格证书》和《水利工程建设监理工程师岗位证书》,监理员应持有《水利工程建设监理员岗位证书》。

（4）对监理机构有关质量方面的规章制度,特别是质量控制方面的规章制度进行检查。

（5）对监理规划和监理细则进行检查。

（6）对开工前监理前期工作的检查。

三、对施工单位监督检查的主要内容

（1）对施工单位的资质等级、营业执照、经营范围及年检情况进行复核。

（2）对施工现场项目经理部的组织机构进行检查。

（3）对项目经理部的质检机构进行检查。检查项目经理部是否设立了专门的质检机构,质检员的素质、专业、数量配备能否满足施工质量检查的要求。

（4）对施工单位项目经理部的规章制度进行监督检查。检查其规章制度是否建立健全,特别侧重检查工程质量岗位责任制度、工程质量管理制度、"三检制"的落实制度、工程原材料检测制度、工程质量自检制度、工程质量消缺制度、质量事故责任追究制度、工序验收制度、工程质量等级自评制度等制度的建立情况。

（5）对施工单位执行的规程、规范、质量标准进行检查,对施工记录表格、验收与质量评定表格进行检查。

（6）对施工单位进场的人员、机械设备进行检查。检查机械设备是否与投标书中承诺的相一致,检查施工人员数量和素质能否满足施工要求,关键岗位操作人员是否有上岗证书。

（7）检查施工单位的施工组织设计、施工方法、质量保证措施、施工试验方案等开工前的技术准备文件是否得到批准。

（8）检查施工单位开工前是否对工人进行质量意识教育,是否进行了岗前培训和技术交底,技术工人是否熟悉施工操作方法,是否知道自己所承担的质量责任。

四、对设计单位监督检查的主要内容

（1）对设计单位的资质等级及业务范围进行复核,有关设计审批文件是否齐全。

（2）设计单位在施工现场是否设立了代表机构,现场设计代表人员的资格和专业配备是否满足施工需要。

（3）是否建立了设计技术交底制度。

（4）现场设计通知、设计变更的审核、签发等与质量有关的制度是否完善。

（5）现场设计代表机构是否建立了责任制。

五、项目法人施工质量行为的监督检查

(1)质量管理体系运行是否正常,质量管理工作是否及时有效。

(2)与工程质量有关的规程、规范、技术标准特别是强制性标准的执行情况如何。

(3)对工程质量是否做到了定期和不定期检查。

(4)是否按时组织单位工程验收,是否按有关规定参加工程质量评定。

(5)工程质量事故是否按规定进行报告、调查、分析,处理是否符合有关规定。

(6)是否对参建单位的质量行为和实体工程质量进行了监督检查。

六、监理单位施工质量控制工作的监督检查

(1)质量控制体系运行是否正常,工程质量是否得到全面有效的控制。

(2)总监理工程师是否常驻工地,人员是否全部到位,是否满足工程建设各专业质量控制的要求。

(3)与工程质量有关的规定、规范、技术标准特别是强制性标准的执行情况如何。

(4)是否具备质量检测手段,当不具备或不能满足时,是否委托了有资质单位代行检测,是否签订委托检测合同。

(5)监理工程师是否熟悉每道工序的质量控制标准,是否按合同规定到达施工现场,关键工序、关键部位是否做到了旁站监理,是否对施工单位的自检行为进行了签证。

(6)是否坚持工程例会制度,提出的质量问题是否能够及时解决。

(7)是否及时填写监理日志,对存在质量问题是否有详细的记录。

(8)对施工质量缺陷是否进行了登记,消缺手续是否完备,是否坚持施工质量事故、缺陷的报告备案制度。

(9)是否及时对施工单位的质量检验结果进行了核实,是否及时对单元工程质量等级进行了复核,签字手续是否完备。

(10)是否按合同规定对工程实体质量进行了抽检,抽检结果是否满足规范和设计要求。

(11)质量月报、质量缺陷报告、质量事故报告、工程质量分析报告、单元工程质量汇总报告是否及时报送质量监督机构和项目法人。

(12)分部工程完工后,是否及时组织了对分部工程质量的检验。

七、施工单位施工质量行为的监督检查

(1)质量保证体系运行是否正常,工作是否有效。

(2)按合同规定的技术负责人是否常驻工地,质检人员是否熟悉各项质量标准,质量检验是否及时。

(3)与工程质量有关的规程、规范、技术标准特别是强制性标准的执行情况如何。

(4)若采用没有国家和行业标准的新技术、新材料、新方法、新工艺时,采用前是否经过有关部门组织的专家评审。

(5)施工质量"三检制"是否做到了班组初检、处(队)复检、项目经理部专门质检机构的终检。

（6）工序验收手续是否齐全,有无工序检测遗漏现象。

（7）工程原材料、中间产品的质量检测项目、数量是否满足规范和设计要求。

（8）工程实体质量检测项目、点数是否满足规范和设计要求。质量检测结果是否满足规范和设计要求,各项检测记录是否及时并齐全,记录、校对、审核各级签字手续是否完备。

（9）施工质量缺陷有无私自掩盖行为,是否及时进行了描述、备案,是否及时进行了处理。

（10）是否按有关规定对已完工程实体的质量进行了自检,自检结果是否满足规范和设计要求。

（11）工序质量、单元工程质量是否及时进行了等级评定,评定标准是否与规程、规范相一致。

（12）质量缺陷及质量事故报告制度的执行情况如何,是否及时。

（13）原材料、中间产品质量检测及单元工程质量等级评定结果是否按月汇总报建设、监理单位。

八、设计单位施工过程中现场服务的监督检查

（1）设计现场服务体系是否落实,设计项目负责人是否常驻工地,现场设计代表人员的资格和专业配备是否满足合同要求。

（2）设计修改变更是否符合有关变更的程序,图纸供应与设计通知是否及时。

（3）是否及时参加规定设计单位参加的各类验收,并应明确指出是否满足设计要求。

（4）基础面、边坡和洞室开挖工程验收是否有地质书面意见。

（5）是否按规定参与了质量缺陷及质量事故的调查与分析。

（6）是否有指定材料、构配件、设备等生产厂家、供应商行为。

九、其他单位施工过程中质量行为的监督检查

在工程实施阶段,工程的原材料供应、中间产品的制作、施工协作等单位均在不同施工阶段以不同的形式参与了工程建设,质量监督机构应适时对这些单位的质量行为按有关规定进行抽查,主要内容如下:

（1）单位资质是否符合有关规定要求,质量体系是否健全。

（2）关键岗位人员是否持证上岗。

（3）质量检验资料是否真实、齐全。

（4）原材料是否有出厂合格证,中间产品是否有产品检验合格证,金属结构与机电设备制作是否有质量检查验收出厂合格证。

（5）质量检测单位是否取得省级以上计量认证,检测报告是否具有有效的"CMA 标识与编号"章,是否在批准的范围内从事检测业务工作。

（6）在工地现场的施工协作单位的质量保证体系落实情况如何,"三检制"坚持情况、质量检验与评定等工作是否符合有关规定要求。

十、工程质量评定工作的监督检查

（1）抽查施工工序中的检查检测项目是否有原始记录，记录是否齐全、完整、真实。工序质量评定是否符合规范要求。

（2）单元工程质量评定表是否为部颁统一的评定表格式，评定是否及时，填写是否规范，等级评定是否符合规范要求。监理工程师复核是否及时，签字是否齐全、规范。

（3）对于部颁统一表格之外的单元工程，应检查其自制的单元工程质量评定表的内容是否齐全，质量标准是否符合设计和规范要求。

（4）质量缺陷是否在单元评定表中进行了翔实记录。

（5）单元工程质量评定合格率、优良率情况。

（6）施工单位是否按月统计单元工程质量评定结果，及时向建设、监理单位报告，监理单位汇总后是否及时向项目站报告。

（7）对重要隐蔽工程和工程关键部位单元工程质量评定资料进行重点检查，与联合评定小组一起对其质量等级进行核定。

（8）检查分部工程与单位工程质量等级评定是否及时。

（9）施工中发生过的质量缺陷和质量事故，处理后质量评定结果如何，是否符合有关规定要求。

十一、验收各阶段行为质量监督的重点

（一）分部工程验收阶段

工作重点是抽查单元工程质量评定资料，核定大型枢纽工程主体建筑物分部工程施工质量等级。

（二）阶段验收期间

工作重点是抽查单元、分部工程质量评定资料，评价阶段验收工程质量，编写阶段验收工程施工质量评定报告。

（三）单位工程验收阶段

工作重点是主持建筑物外观质量评定会议并统计建筑物外观质量得分率，检查施工质量检验资料是否齐全，分析评价施工质量，核定单位工程施工质量等级，编写单位工程施工质量评定报告。

（四）竣工验收阶段

工作重点是检查工程消缺工作是否完成，核定工程项目施工质量等级，编写工程项目施工质量评定报告。

十二、分部工程验收的质量监督工作内容

（1）检查单元工程质量评定资料，特别是主要单元工程质量评定资料，是否采用部颁统一表格，内容、标准是否符合规范和设计要求，填写是否规范，签字手续是否完备。

（2）检查工程原材料、中间产品、金属结构与启闭机制造及工程实体的质量检验统计分析资料，统计分析方法是否准确。

（3）检查分部工程施工中是否发生过质量缺陷和质量事故，是否进行了处理，是否已有明确的结论。

（4）检查提交验收的分部工程是否具备了验收的四项基本条件。

（5）根据单元工程质量评定统计资料和有关工程质量检验资料，审查、核对分部工程质量评定资料，按部颁《分部工程质量评定表》要求，在施工单位自评、监理单位复核后，对主体建筑物分部工程质量等级进行核定。

（6）参加主体建筑物分部工程验收工作组会议。

十三、单位工程验收的质量监督工作内容

（1）检查分部工程质量评定资料是否齐全，是否符合有关规定要求。

（2）检查工程原材料、中间产品、金属结构及启闭机制造、机电产品及工程实体的质量检验资料是否齐全，结果是否满足规程、规范和设计要求。

（3）检查工程施工过程中是否发生过质量缺陷和质量事故，是否进行了处理，处理结果如何，是否已有明确结论。

（4）主持由建设、监理、设计、施工单位参加的建筑物外观质量评定会，根据外观质量评定项目与质量标准及检测结果，给单位工程建筑物外观质量评定打分，计算外观质量得分率。

（5）检查施工单位提供的单位工程施工质量检验资料是否齐全，监理是否进行了复查，是否符合有关规定要求。

（6）根据《水利水电工程施工质量评定规程》（SL176—1996）第 5.1.4 条单位工程质量评定标准，核定单位工程质量等级。

（7）编写被验单位工程施工质量评定报告。

（8）参加单位工程验收委员会的工作，向工程验收委员会提交单位工程施工质量评定报告。

十四、阶段验收的质量监督工作内容

（1）检查单元工程质量评定汇总资料及分部工程质量评定资料是否符合有关规定要求。

（2）检查工程原材料、中间产品、金属结构和启闭机制造、机电产品及工程实体的质量检验资料是否齐全，统计分析方法是否准确，是否满足规程、规范和设计要求。

（3）检查被验收工程是否发生过质量缺陷和质量事故，是否进行了处理，处理结果如何，是否已有明确结论。

（4）依据《水利水电工程施工质量评定规程》（SL176—1996）等规程、规范的规定，评价被验工程的质量。

（5）编写阶段验收工程施工质量评定报告。

（6）参加工程阶段验收委员会的工作，向工程验收委员会提交项目站的工程施工质量评定报告。

十五、工程实物实体质量监督的方式

在工程实施阶段,对工程建设实体质量检验主要是指工程施工过程中对原材料、中间产品及建设工程实体质量的检验。

施工单位应根据有关规定,定期、定量对工程所用的原材料和建设工程实体进行质量检验。

监理单位及建设单位也应对原材料、建设工程实体质量根据有关规定进行随机抽检。

质量监督机构应适时对上述质量检验工作进行监督检查,并视具体情况委托有资质的检测单位对原材料、中间产品质量进行随机抽检,对质量有异议的原材料、中间产品及建设工程实体随时进行定向抽检。

十六、工程实物实体质量监督检查的主要内容

(1)施工单位和中间产品制作、采购单位是否建立了较完善的建筑材料、中间产品进场、入库、保管、出库的工作制度,执行情况如何,是否能保证物品的可追溯性。

(2)建筑材料、中间产品的出厂质量证明材料是否齐全,使用时使用单位是否进行了验证、登记。

(3)在应用建筑材料前,是否在监理工程师的见证下,对材料的质量进行了检测,是否满足规定要求。在应用中间产品前,是否对其质量进行了必要的检验,其检测结果是否满足规定要求。

(4)施工过程中,施工单位对建筑材料质量检测的数量和检测项目是否满足国家有关规程、规范和合同文件规定的要求,签字手续是否完备。

(5)施工单位是否按有关规定对建设实体质量进行了自检,检测项目、数量是否满足规定要求,检测结果是否满足设计要求。

(6)监理单位是否对施工单位的建筑材料、中间产品及建设实体质量自检情况及时进行了核验,是否按有关规定进行了质量抽检。

(7)项目法人是否按有关规定,委托有资质的检测单位对建设实体质量进行了抽检,检测项目、数量是否满足有关规定要求。

(8)抽查建筑材料、中间产品及工程实体质量检验结果、统计分析资料是否真实。

(9)视具体情况,独立或会同项目法人,委托有资质的检测单位对建筑材料及中间产品进行随机抽检。

(10)视具体情况,独立或会同项目法人委托有资质的检测单位对质量有异议的建筑材料、中间产品及建设实体进行定向质量检查。

(11)组织有关单位,对工程实体的外观质量进行检测检查,并进行打分评定。

第三节　工程项目质量评定

一、施工质量评定的重要性

(1)建设部[2000]234号通知要求已列入强制性条文的条款必须严格执行。

(2)SL176—1996中3.4.5条已收录到强制性条文。

(3)水办[1997]275号《水利基本建设工程档案资料管理规定》要求《质量评定表》归档长期保存。

二、工程项目划分在施工质量评定中的重要作用

(1)工程项目划分是质量评定的基础(确定主要单元、重要隐蔽单元、主要分部、主要单位工程)。

(2)按照评定规程SL176—1996附录A、B划分,除险加固或应急工程可灵活掌握。

(3)建设、监理单位组织施工、设计单位共同划分,质监机构确认。

三、施工质量评定的五个阶段

(1)单元工程质量评定。

(2)分部工程质量评定。

(3)单位工程外观质量评定。

(4)单位工程质量评定。

(5)工程项目质量评定。

四、施工质量评定原则

(1)《水利水电工程施工质量评定规程》(SL176—1996)。

(2)《水利水电工程施工质量评定表》(建地[1995]3号)。

(3)《关于颁发水利水电工程施工质量评定表填表说明与示例(试行)的通知》(办建管[2002]182号)。

五、单元工程质量评定

(1)一般单元工程质量由施工单位质检部门组织评定,填写《单元工程质量评定表》,由施工单位终检责任人填写、签名,质量等级栏目由负责该单元工程的监理人员填写、签名。

(2)重要隐蔽工程及工程关键部位的单元工程质量在施工单位自评合格后,由监理单位组织建设、质量监督机构、设计、施工单位组成联合小组,共同核定其质量等级,各单位代表人在质量评定表上共同签名。

六、分部工程质量评定

(1)分部工程质量评定在施工单位质检部门自评的基础上,填写《分部工程施工质量评定表》,由质检部门评定人、项目经理签名后加盖公章。

(2)由监理单位复核,监理工程师和总监理工程师签名后加盖公章。

(3)最后,报质量监督机构审查核备。大型枢纽主体建筑物的分部工程质量等级,报质量监督机构审查核定,核定人及项目监督负责人签名后加盖公章。

七、单位工程建筑物外观质量评定

(1)单位工程建筑物外观质量评定,由建设单位组织召开由质量监督机构、监理、设计、施工等单位参加的评定会议。

(2)由质量监督机构主持会议,并组成外观质量评定组,每个参建单位均应有代表参加,且应具有工程师及其以上技术职称,评定组人数不应少于5人,大型工程不宜少于7人。

(3)评定组根据外观质量评定标准及现场检测、检查结果,对建筑物外观质量进行评议打分,统计外观质量得分率,最后,评定组成员在《建筑物外观质量评定表》上签名、填写日期并加盖各单位公章。

八、单位工程质量评定

(1)单位工程质量评定在施工单位自评的基础上,填写《单位工程质量评定表》,由评定人和项目经理签名并加盖公章,报请监理单位复核。

(2)监理单位复核后,复核人和总监理工程师签名并加盖公章,报请质量监督机构核定。

(3)最后,质量监督机构核定,核定人和项目监督负责人签名后加盖公章。

九、工程项目质量评定

(1)工程项目施工质量评定由监理单位组织,并填写《工程项目施工质量评定表》,总监理工程师签名并加盖公章后报建设单位。

(2)建设单位签署质量评定意见,法定代表人签名后加盖公章。

(3)最后,报质量监督机构核定,项目监督负责人签名后加盖公章。

十、质量等级核定的重要性

施工质量等级是真实反映参建单位工程建设成果的重要指标之一,因此施工质量评定工作显得尤为重要。根据有关规定,大型水利建设工程的分部工程、单位工程、工程项目的施工质量等级,首先由施工单位自评,然后报监理单位复核,最终由质量监督机构核定,质量监督单位还将根据核定结果向工程验收委员会提出施工质量等级的建议,因此质量监督单位提出质量等级意见时更应慎重。

十一、关于分部工程施工质量等级核定

合格标准:①分部工程质量全部合格;②中间产品质量及原材料质量全部合格,金属

结构及启闭机制造质量合格,机电产品质量合格。

优良标准:①单元工程质量全部合格,其中有50%及以上达到优良,主要单元工程、隐蔽工程及关键部位的单位工程质量优良,且施工中未发生质量事故;②中间产品质量全部合格,其中混凝土拌和质量达到优良,原材料质量、金属结构及启闭机制造质量合格,机电产品质量合格。

核定分部工程施工质量等级应注意以下几点:

(1)根据有关规定,质量监督机构仅对大型枢纽工程主体建筑物的分部工程质量等级进行核定,其他分部工程质量等级只是核备。

(2)分部工程质量等级评定标准是由两个并列条件来控制的,只有同时满足两个条件时,才能评定为该等级。若有一个条件不满足合格标准,就不能进行质量评定,必须进行处理,达到合格标准后,才能进行质量评定。

(3)分部工程质量评定表应采用部颁统一格式,并先由施工单位质检部门填写。

(4)分部工程名称应采用质量监督机构确认的工程项目划分中的名称。

(5)单元工程类别按《水利水电基本建设工程单元工程质量等级评定标准》SDJ249—88、SL38—92中的单元工程类型填写。

(6)主要单元工程、重要隐蔽单元工程及关键部位单元工程,应与质量监督机构确认的项目划分相一致。

(7)施工单位自评意见栏是标准格式,该分部工程中凡有的内容,应如实填写数据和文字,凡没有的内容则画"／"线;当分部工程中含有大体积混凝土浇筑时,还应表述混凝土的拌和质量如何。

(8)施工单位和监理单位的各级人员签名、日期、公章均应齐全。

十二、关于单位工程施工质量等级的核定

合格标准:①分部工程质量全部合格;②中间产品质量及原材料质量全部合格,金属结构及启闭机制造质量合格,机电产品质量合格;③外观质量得分率达70%及以上;④施工质量检验资料基本齐全。

优良标准:①分部工程质量全部合格,其中有50%及以上达到优良,主要分部工程优良,且施工中未发生重大质量事故;②中间产品质量全部合格,其中混凝土拌和质量达到优良,原材料质量、金属结构及启闭机制造质量合格,机电产品质量合格;③外观质量得分率达85%及以上;④施工质量检验资料基本齐全。

十三、核定单位工程施工质量等级时应注意的事项

(1)单位工程质量等级评定标准是由四个并列条件来控制的,只有同时满足时,才能评定为该等级;若有一个条件不满足合格标准,就不能进行质量评定,必须经过处理和完善达到合格标准后,才能进行单位工程质量评定。

(2)单位工程质量评定表应采用部颁统一格式,先由施工单位如实填写并自评质量等级,再由监理复核质量等级,最后由质量监督机构核定其质量等级。

(3)分部工程、主要分部工程应与质量监督机构确认的项目划分相一致。

（4）凡原材料、中间产品、金属结构与启闭机制造、机电产品质量，计入分部工程进行质量评定的，单位工程质量评定时，不再进行复评。

（5）质量事故分类按水利部令第 9 号《水利工程质量事故处理暂行规定》执行。

（6）外观质量得分率，采用单位工程外观质量评定计算统计的最终数值。

（7）施工质量检验资料的完全性，采用质量监督机构认可的《施工质量检验资料核查表》中监理单位的复查结论。

（8）施工单位的评定人应为质检部门负责人，监理单位的复核人应为该单位工程的质量负责人，质量监督机构的核定人应为该单位工程的质量监督员。

（9）评定表中，各单位的人员签名、日期、公章均应齐全。

十四、关于工程项目施工质量等级的核定

合格标准：单位工程质量全部合格。

优良标准：单位工程质量全部合格，其中有 50% 以上的单位工程优良，且主要建筑物单位工程为优良。

进行工程项目施工质量等级核定时应注意以下几点：

（1）工程项目质量等级评定前，所有单位工程均应按有关规定进行了质量评定，并已通过验收。

（2）主要建筑物单位工程应与质量监督机构确认的项目划分相一致。

（3）《工程项目施工质量评定表》应采用部颁统一格式，先由监理单位评定填写，再交项目法人签署评定意见，最后报质量监督机构核定其质量等级。

（4）评定表中，各单位的负责人签名、日期、公章均应齐全。

第四节　施工质量评定报告的编制

质量评定报告的格式与内容在《水利水电工程施工质量评定规程》中已有要求，可按以下 8 个部分进行编写。

一、工程简况

主要介绍工程名称、地点、规模、所在河流、开工完工日期、主管部门、项目法人、参建单位及质量监督期等。

二、工程设计及批复情况

简述工程主要特性指标、主要建筑物的设计指标、预期经济效益与社会效益，主管部门对可行性研究报告、初步设计、调整概算等重要阶段文件的批复情况。

三、质量监督情况

本部分是评定报告的重点内容之一，应充分、客观地反映项目站所做的质量监督工作。简述项目站的组建、人员配备、制定的规章制度情况，叙述开展质量监督的方式与内

容,对所做的检查、抽查、抽测等具体工作进行统计分析,对发现的质量问题、处理方式及处理结果进行客观地表述。

四、质量数据分析

本部分是评定报告的重点内容之一,主要叙述工程项目划分,分部工程、单位工程及工程项目的优良品率,工程实体与中间产品质量分析计算结果。可以再细分为项目划分结果、工程原材料质量、混凝土试块质量、回填土压实质量、预制构件质量、金属结构制作与安装质量、启闭机制造安装质量、机电设备制造与安装质量、工程实体质量、工程外观质量、质量评定结果(项目、单位工程、分部工程)、观测分析成果等内容分别论述。

五、主要质量问题及处理

简述工程建设过程中曾发生过的较大的质量缺陷及处理情况,对曾发生的质量事故应翔实叙述,并分析其发生的主要原因及处理后的质量状况。

六、遗留问题的说明

对竣工验收前,由于客观原因未完工及尚未进行质量检查、测试、评定的个别项目加以说明,并对今后的质量检测与评定工作提出建议。

七、工程质量评定意见

本部分是质量评定报告的核心,应对单位工程合格率、优良率、主要建筑物单位工程优良率及建筑物外观质量得分率有具体的数值表述。对中间产品质量、原材料质量、工程实体抽检质量、金属结构及启闭机制造安装质量、机电产品制造安装质量等有明确的定语,对施工中是否发生过质量事故、工程是否满足设计要求、质量检验资料是否齐全应有明确的表示术语。最后,对工程的施工质量等级核定是"合格"还是"优良"下结论,并向验收委员会提出施工质量等级的建议。

八、报告附件目录

质量评定报告一般应附以下材料:

(1)项目站质量监督人员情况表。

(2)项目站质量监督意见文件目录(汇总材料备查)。

(3)工程项目施工质量评定统计表。

(4)工程实体质量抽检结果统计表。

(5)工程施工质量事故、主要质量缺陷及处理情况。

第二篇　工程项目建设管理问题剖析

第九章　工程项目建设管理市场认识

第一节　项目前期准备的问题

一、"三预算"编制的缺失

工程项目管理,一般要编制三个预算,即项目法人(业主)编制业主预算,建设单位编制施工图预算,监理单位编制工程师预算。

目前建设项目管理中不编制业主预算、施工图预算和工程师预算。在工程造价管理中,是以施工单位在投标文件中的工程报价为合同价,总价合同以工程量清单中的工程量完成情况为控制依据,进行工程结算。单价合同以工程量清单中的分项单价不变,根据实际完成工程量进行结算。工程初步设计批准的概算,作为业主(建设单位)进行工程建设投资的控制标准,以不突破工程批准的初步设计概(预)算为投资控制底线。

二、工程计划问题

工程项目建设自开工建设后,工程由施工图纸不断变成工程现实。随着工程一步一步的建成,施工单位在投标中埋伏的问题不断暴露出来,施工单位投标技巧给工程项目建设管理带来的问题逐步显现。初步设计的缺陷、招标文件的漏项、工程索赔等问题,陆续而来。

工程项目建设只有完成后,变成现实才算是达到目的,没有达到这一目的之前,它的成本都在时时发生着变化。

工程建设过程对业主(建设单位)来讲,就是投资不断合理调配的过程。随着招投标文件规定的项目,也就是工程报了价的项目正常进行,工程报价不包含的项目,施工单位随时提出追加投资。因此,项目法人(建设单位)的计划工作就要跟上工程进度。

(1)工程招标节余要搞清楚,搞清楚节余是某个工程项目节余出来的,还是工程单价节余出来的。

(2)工程节余款如何动用,程序搞清楚。

(3)预备费如何动用,程序搞清楚。

(4)计划部门密切关注技术部门对工程的技术要求,搞清楚工程量或工程项目变化的原因。

(5)工程节余、预备费要随工程实际进展情况不断进行支付。

在工程建设管理中,工程质量是核心,所以工程建设管理工作都要为工程质量服务。工程建设如同战争,千军万马在前线打仗,后勤补给、人员配备、投资计划调整等都要为生产前线服务。要工程实践第一,工程质量第一,不是后方(计划生产工作等)第一。要以前线工程需要,调整后方的工程投资计划,而不是以后方的投资计划,调整前线的工程实践和工程质量。

目前工程建设项目管理,看投资计划搞工程,工程实践服从工程计划,工程质量服从工程计划,计划第一,工程质量和工程实际第二,是一个形而上学的管理模式。

工程建设前期,工程立项、可行性研究、初步设计是工程服从计划,工程建设要量力而行,有多少钱办多少事。工程建设后,工程准备、工程建设、工程运行、工程后评价是工程计划服从工程质量和工程实践。

总之,要实事求是,工程前期,投资(有多少钱)是实际;工程后期,工程质量、工程实践是实际。

三、建设各方关系问题

工程建设目标确定以后,工程建设的质量控制、工期控制、投资控制就是努力的方向和实现目标的手段。工程施工还包括内外部关系协调,即安全施工管理。工程的建设过程是一个自然活动过程,是一个物质第一、意识第二的过程,要一切以现实为基准。

在工程建设中,项目法人(业主)、建设单位、监理单位、设计单位和施工企业是合同关系,监理单位代表项目法人(建设单位)进行工程项目建设管理,这是现阶段工程建设的基本模式。但是在实际操作中,建设单位与监理、设计、施工的合同关系,往往就发展成了领导与被领导的关系,什么事情都是项目法人(业主)或建设单位说了算,而监理只是一个监督执行机构,特别是工程建设中发生的现实与批准的设计不相符合时,有投资变化的情况下表现的更是如此。如果减少投资一般问题很好解决,按实际情况就可以了;如果要增加投资情况就不同了,建设单位说了也不算,要看项目法人(业主)想不想掏钱,项目法人(业主)想掏钱才能进行变更设计,若项目法人(业主)不想掏钱,就要回避此问题,或简单处理,或留给以后处理,或草率处理,以了事为目的,形成想法大于实际现象,工程达不到最优方案处理,把遗憾留给后人。

项目法人(业主)或建设单位不想掏钱的目的有几个方面:一是结余工程款或节省预备费有其他用途,不想用在此处;二是工程想有较多的结余,报一个好的管理水平,为以后晋升打基础;三是怕工程突破批准的投资,跟上级要钱难,怕要不下来,挨批评;四是工程管理心中无数,不知道工程建设还有没有其他更多的地方用钱,不敢轻易吐口子,心中害怕,把钱留在以后出现大问题时用,或不得不增加投资的地方用,此处花钱是不是小题大做,有受欺骗的嫌疑。

第二节　项目实施中的问题

一、承包商选择问题

历史唯物主义认为,社会存在决定社会意识。实际中,一般情况下社会存在要超前社会意识。任何事物都是如此,只有存在才能产生反映这个存在的意识,但是人们不断增长的物质文化需求和人们想象中的天堂美景是超出现实存在的,是一种被美化或者深化了的一种意识境界,应该说是可望而不可及的事情,也正是有了这种美好的意识,人们才有不断前进为理想而奋斗的精神,进而产生进取的力量。目前建设市场社会存在,人们对建筑质量、投资、工期的要求,是政治、文化、经济的现状对建筑市场的社会意识,是人的思想意识社会道德在建设市场的反映。在基本建设的管理领域,明显地受到思想意识的影响,而造成存在和意识不相符合。

按国家基本建设队伍管理要求,建设队伍有资质、许可证、年产值、年利润等一系列规定要求。各行业的建设队伍一般分为一、二、三等,或甲、乙、丙、丁等,并且哪一级资质施工哪一级质量等级要求的工程都有规定,但实际工程建设中,工程的建设目标要求真正与队伍的资质能力相对的有之,但不多。现有队伍的素质,远不能满足建筑市场对工程建设目标的要求。

现实中基本建设工程项目很多,固定资产投资规模较大,工程质量要求较高,一般都定为某某市、某某委、某某系统的重点工程,要创市优、省优、部优甚至国优工程,创品牌工程、窗口示范工程,等等。在工程队伍选择时,真正优秀的队伍很少,资质和实际实力相符合的队伍更少。工程建设招投标时,队伍选择上行政干预、工程分标的限制、招投标的不正之风影响等等弊端,导致工程建设队伍与建设目标要求的内涵和外延根本达不到一致。

基本建设项目按照国家现行文件的规定进行审计审查,出现问题很多。基本建设投资额很大,技术复杂,管理模式多样,管理人员素质参差不齐。建筑市场是产生贪污腐败的温床,也是有理想、有抱负、有能力的有识之士施展才华的场所。但实际中二者兼有之,似乎贪污腐败更令人触目惊心。

基本建设市场的核心目的是严把工程质量关,把建设的工程项目建设好,争创市优、省优、部优甚至国优工程是这个目的,做文明工程、品牌工程、窗口示范工程也是这个目的,所以抓工程质量是基本建设市场的关键所在。基本建设市场把建设项目建设好的要旨是:①项目法人选择和确定要严格按照法律程序;②分标要适当;③概算要卡死。

二、招标问题

(一)资格审查

(1)施工企业资质与工程项目要求的施工企业资质不统一。什么样的工程项目,应该要求具备什么样资质的队伍施工,特别是专业施工能力和水平要达到工程项目要求的水平。目前国家没有进一步细化统一规定,有的施工企业资质较高,但内部有的专业施工能力和水平达不到资质要求的水平,更达不到招标工程要求的水平,名不符实。

(2)招标单位为省事,推卸责任,将资格预审改为资格后审,将投标施工企业的资格审查,行业施工能力、技术水平的等级审查等,推给评标技术专家委员会。专家委员会的专家一般都是专业技术专家,对企业行业资格控制要求知之甚少,不能把住企业行业资格审查关,使施工企业资质审查漏洞百出。

(二)评标方法

按《工程招投标管理规定》,投标施工企业资格及评审方法、工程评标办法等在招标文件中必须明确。所以,项目法人在委托编制招标书时,想把工程给予哪个企业,施工企业资格的确定和评标方法中已有体现,施工评标委员会无权改变评标方法。

(三)评标

俗话说,"土木不能擅动"。从技术角度讲,一般工程项目都是多个技术专业组合而成,技术比较复杂。不论招标文件还是投标文件都是专业技术人员精心编写,在规定时间内完成的,是多项技术综合的产物。评标时,要求专家独立工作,一般专家大多只是一个专业水平较高,其他相关专业部分了解,很难全方位对工程进行评审,加之有个别项目法人(业主)对中标单位有意向,造成评标走过场,时间又紧,评审深度不够,造成推荐的施工企业在投标工作中的问题被掩盖,将问题留给建设管理。

评价施工企业一般是笼统评价。在商务标中,如工程承包价格,一般是对总价格评比,对分项报价、单价分析、材料单价、设备能力、技术能力、人员水平等一般不作逐项详细评审。施工企业工程总报价合理,不等于分项报价、单价分析、材料单价合理,可是施工企业的投标埋伏(也称投标技巧)都藏匿在每个分项报价和单价分析之中。在技术标中,工程施工组织设计一般只评价一下工期安排,其他如设备能力、施工方法、技术方案等,评审比较简单,可是施工组织设计是工程投资、单价分析、分项报价等的基础,施工企业在其中也有技术技巧埋伏藏匿在其中。

在评审标书时,这些问题不能很好地评审出来,留给了建设管理,给项目法人(建设单位)对工程的建设管理留下隐患。

三、工期控制问题

目前影响工期的因素,一般从工程前期开始,就过分相信设计单位,而轻视施工单位和监理单位的作用。

正常的工程建设过程,在技术方面,是各方面的技术及要求逐步逼近工程实际的过程。在工期方面,最接近工程工期实际的工期,就是工程的施工单位的工期安排,因为施工单位是工程建设的实际操作完成者,它的工期就是工程的实际完成工期。而在工程前期,没有落实工程的施工队伍时,工期安排最实际的是监理单位编制的施工进度安排,因为监理单位是工程工期控制的实际操作者,技术水平最接近实际。设计单位比监理单位对工期的安排离实际要远一些,这从哲学的角度和工作性质上都是说得通的。

凡是由设计单位编制招标文件的工程,提出工程的工期安排,一般不很切合实际。正常的要求应该是,设计提出施工图纸,交监理单位编制施工规划,编制工程师预算,在此基础上由监理人员(或监理单位)编制工程招标文件。这个招标文件比设计单位编制的招标文件更接近于实际情况,特别是工期安排。

实际中工期安排最接近工程实际的是施工单位中标后提出的工期安排,此时的工期安排不受项目法人(建设单位)、设计、招标文件的影响,是施工单位真正的工期安排。

由此看来,工程建设从项目建议书、可行性研究、初步设计、招标设计到工程实施,是一个认识优化的过程,由精神变物质,由纸上谈兵到实际操作,逐步逼近工程实际的过程。投资(核心)也是一个逐步趋近于工程现实投资的过程。从控制工程投资上讲,设计单位编制招标文件用的工程基础价格(包括人工、设备、物资的价格等)与监理掌握的工程基础价格相比,监理掌握的工程基础价格更接近现实,所以监理单位编制的招标文件要好于设计单位编制的招标文件。

四、设计管理问题

现阶段在工程施工中,施工企业根据施工图纸制定施工方案,经过监理机构批准后,报项目法人(建设单位)核准或备案为正常手续。

在施工中,设计单位由于水平有限,对某些技术或工程部位的设计认识不够,做出的图纸或设计文件不规范,该提技术要求的不提出,监理单位人员不明白,稀里糊涂批准执行。有时施工企业不作施工方案或所作施工方案很浅薄,而在业主备案或核准时发现问题,如干涉工程的施工,则工作很不顺利。如某水闸工程,消力池反滤料设计与施工管理,施工设计图纸提出,砂为粗砂,厚 20 cm,砂砾采用 $d = 0.5 \sim 20$ mm,厚 20 cm,碎石($d = 20 \sim 40$ mm)厚 20 cm。招标文件中规定:

(1)反滤料可由天然砂砾材料中筛选而得,亦可用开采的石料人工轧制而成。加工后成品料应符合施工图纸技术条款的规定。

(2)经加工后的各种反滤料的粒径级配,应符合施工图纸要求,针片状含量应小于 5% ,含泥量(粒径小于 0.075 mm)小于 1% ,不均匀系数小于 8。

(3)加工好的反滤料应分类堆放,不得混杂,应防止分离。否则,监理人有权指示承包人舍弃或进行处理,承包人不得因此要求增加费用。

除此之外,无其他技术要求。

施工企业只做砂子细度数试验,监理单位不明白,同意施工。建设单位要求按《水闸施工规范》(SL27—91)进行施工。规范要求:填筑反滤料应在地基检验合格后进行,并应符合下列规定:

(1)反滤料厚度、填料的粒径、级配和含泥量等,均应符合要求。

(2)铺筑时,应使滤料处于湿润状态,以免颗粒分离,并防止杂物或不同规格的料物混入。

(3)相邻层面必须拍打平整,保证层次清楚,互不混杂,每层厚度不得小于设计厚度的 85% 。

(4)分层铺设时,应将接头处铺成阶梯状,防止层间错位、间断、混杂。

建设单位电话询问设计单位施工技术要求,设计单位说:粗砂就可以了。很明显,设计单位没有按《水闸施工规范》提出技术要求,监理机构不明白,施工单位只想按图纸施工,不按照标书的要求执行。此时,建设单位(业主)必须采取措施,作出有力控制。

第十章　工程项目建设前期管理

第一节　施工规划编制

一、施工规划释义

施工规划是工程初步设计批准以后,项目法人进行工程项目建设管理统筹考虑编制的第一个重要文件。

施工规划把工程项目从开工至竣工验收,移交运行管理单位,从项目法人(建设管理)角度进行全面规划安排。

二、施工规划编制的作用

(1)施工规划是项目法人(建设单位)管理整个工程项目建设的依据。

(2)施工规划是编制业主预算的依据,也是评价投标人投标价合理性的依据之一。

(3)施工规划是项目法人(建设单位)对工程项目建设管理意识的反映,也是委托编制招标文件的基础。

(4)施工规划是招标评标的依据。

三、施工规划编制的内容

(1)工程施工建设概况(工程简要介绍、工程施工内容概述等)。

(2)工程建设目标(优质工程、优良工程、合格工程)。

(3)工程项目划分(项目法人直管项目、招投标项目、其他项目)。

(4)工程建设队伍选择条件要求(施工单位资质、经历、能力、业绩、财务状况等)。

(5)工程进度计划控制要求(开工时间;工期时间控制,如防汛、导流、发电、热天施工、冬季施工等;合同管理,预备费和招标节余使用计划安排等)。

(6)工程施工基础条件分析(施工场地利用范围、交通、电、水、通信、住房等)。

(7)工程质量控制要求(质量标准要求、材料供应方式、设备采购要求等)。

(8)工程投资要求(投资分年度计划、贷款利息、预备费和招标节余使用等)。

(9)工程协调意见安排(内部协调、外部协调等)。

(10)工程设计要求(设计代表、图纸供应等)。

(11)工程质量监督要求(质量监督的聘请、政府质量监督的办理等)。

(12)工程监理队伍选择条件要求(监理单位资质、经历、能力,监理总工程师经历、能力等)。

(13)工程验收(时间安排)。

（14）工程交接生产准备安排（生产准备培训安排及要求等）。

（15）工程交接及运行管理（交接程序和内容，运行管理人员岗位、人员条件、人员职责，运行管理细则等）。

第二节　进度计划编制

一、项目法人（建设管理）进度计划

（一）项目法人（建设管理）进度计划的重要性

项目法人（建设管理）进度计划是对项目建设在时空上进行统筹安排的计划，它从总体上涵盖了项目建设全过程，它在进度控制中处于核心地位。它是施工规划的重要组成部分之一，也是编写招标文件、合同管理的重要依据之一。其重要性在于：

（1）进度计划是编制其他计划的基础。如果合同中准备规定项目法人（建设单位）向施工单位提供施工场地、道路、风、水、电、通信、主要工程设备、图纸、资金等，业主就应按时提供，保证工程顺利进行，应编制相应的各种计划。

进度计划又是编制工程设备订购、运输计划、图纸供应计划、筹资计划与奖金使用计划和工程验收计划的基础。

（2）进度计划是合同管理中进度控制的基础。项目法人（建设管理）进度计划在施工过程中不直接用于实施，但是它是项目法人（建设管理或监理工程师）进度控制的基础。项目法人（建设管理）进度计划可以作为监理工程师审核该施工单位进度计划的重要依据。在工程的实施过程中，实际进度与计划进度出现偏差是不可避免的，监理工程师应根据项目法人（建设管理）进度网络计划及批准的施工单位进度计划，对出现偏差的原因予以分析研究，提出合理的修改措施，修改施工单位的进度计划。这一检查、调整的控制手段贯穿于工程施工全过程。

项目法人（建设管理）进度计划的主要作用是"控制"，应该编得"早"、"全"、"准"。这样才能对工程项目建设管理发挥较大作用，清晰直观地从工程全局反映出各阶段性目标，估计某项工作拖延或控制点进度失控，将对工程按期竣工带来什么影响，提出警告。同时，对及时采取补救措施，处理好索赔问题争取了思考时间。进度计划可以为明确项目法人（建设管理）的工程义务提供具体的工作步骤，为进行工程建设管理提供依据。

（二）项目法人（建设管理）进度计划的编制

1. 编制要点

1）重要工作项目的时间安排

对于工程进度计划来说，如果一些重要工程项目的开工和完工时间安排不当，一旦写入招标文件中，将成为隐患，轻则可造成工作强度时紧时慢，影响标价，增加索赔因素，增加费用；重则可能影响工程工期或在费用、安全等方面存在大的风险。

对于重要工作项目（如：水文季节变化的影响，如汛期；总进度计划的关键环节，如施工导流、围堰截流、基坑排水、基础处理、施工度汛等）的时间安排，应通过编制详细、准确的进度计划，进行充分的分析、论证。应考虑风险因素的存在，用计划评审技术（PERT）

对这些工程项目按期完成的可靠性做出充分的估计和预算。必要时,可应用模拟技术预演未来工程建设中可能出现的情况,作为这些重要工作项目安排的依据。

2)影响工程投产的工作项目的时间安排

工程的投产,意义重大。在编制进度计划时,考虑各有关工作项目或单项工程的时间安排,协调一致,确保合理的投产时间,对影响工程投产的工作项目及单项工程的完成时间应有明确规定。如下闸蓄水时间、防汛投入使用时间等需作明确规定,任何项目的拖延都有可能造成投入防汛时间的拖延。

3)标与标之间的工作项目衔接和协调

工程项目按单项建筑物的专业性质、部位等特点,分为若干标来由若干承包商进行建设,但是,建设过程是在一个工程工地上施工,施工之间的交叉、干扰是不可避免的。通过系统地编制网络计划,可以确定它们的开始时间限制和完成时间限制,可以大大减少施工的互相影响和干扰,有利于进行合同管理,保证工程顺利进行,对此应计划协调好如下关系:

(1)协调不同标之间工作的逻辑制约关系。标与标之间某些工作,在施工的顺序上常存在先后衔接的逻辑制约关系。如:闸门及闸门埋件完成时间直接影响主体标的施工进度安排;启闭机制造的交货时间直接影响主体标的施工进度安排;二者的完成时间都影响工程的投入使用时间,影响工程投入防汛运用。

(2)排除不同标之间工作的互相干扰。在施工过程中,比如施工道路、施工场地、水、电等经常是交叉或限制使用。安排不当,会造成冲突。根据网络计划,将道路和施工场地等也看做是资源,进行资源优化,绘出道路和场地等的使用计划过程线,将控制时间明确表述在招标文件中。如果道路、施工场地的容量不足,应该考虑增设道路和场地,或者调整分标。

在确定上述各工作的时间安排时,既要考虑各项工作的完成时间不要规定太紧,又要有一定的时差,减小风险。对某项工作的完成时间要求太紧、强度太高,就有可能使承包商抬高报价。如果降低了某些工作的工作强度,延长其完成时间,又会减少或失去机动时间,增加其他风险。

项目法人(建设管理)进度计划的核心是总进度网络计划,用于对全局的协调与控制,按分标单独编制的分网络计划是总进度网络计划的具体化,因为项目法人(建设管理)进度计划并不具体用于实施,一般可以不编制实施网络计划。如果工程规模宏大,技术复杂,为使分网络计划清晰,重点突出,时间、资源估计准确,可以编制实施网络计划,使计划更具体。

2.总进度网络计划的编制

总进度网络计划是项目法人(建设管理)管理的总控制计划,涉及面广,内容多,综合性强,层次间关系复杂。时间上,横跨整个工程施工过程;空间上,控制全局,所以总进度网络计划宜粗不宜细,抓主要矛盾,即对整个工程中的各单项工程、主要工作项目及控制环节作出合理的时间安排。总进度网络计划是一个开放的系统,受外部环境影响较大。

首先,规定工程的施工期限或工程投产的顺序和日期,是总进度网络计划的阶段性目标和总目标。如:对水闸工程而言,工程投入防汛的时间是工程必须保证时间。控制施工避开冬季施工和热天施工,控制工程投资的增加。在编制总进度网络计划中,应以最迟强制时限(关门工期)反映在计划中。同时,在总进度计划的基础上,应对上述进度目标作出充分论证,必要时作适当调整。

其次,对于水文、气象、季节性影响大,如施工导流、围堰截流、基坑排水、基础处理、施工度汛等关键性工作,都应以强制时限(强制开始、强制结束、强制中断)的形式反映在总进度网络计划中。

3. 分网络进度计划的编制

分网络进度计划一般按分标编制,一个标编一个分网络进度计划。下列几种情况应引入工作的强制时限:

(1)分网络进度计划中涉及的总进度网络计划中的强制时限。

(2)在总进度网络计划中规定了特定完成时间的分部分项工程,在分网络进度计划中应考虑强制时限,作为管理中的关键性环节。

(3)标与标之间互相干扰和资源利用的时间冲突,对这些工作项目应加以强制时限。

(4)受自然环境影响和控制的工作应引入强制时限。

如果有必要,而且是可能的,可编制实施进度网络计划,把计划具体到各工作面上,为分网络进度计划、总进度网络计划中的工作项目的工作历时所需资源的确定提供更准确的依据。

二、施工单位进度计划

施工单位进度计划是中标后进行施工进度控制的重要依据之一。施工单位进度计划的编制应遵循"早"、"全"、"准"、"细"等原则。

(一)进度计划要编制的"早"

施工单位在决定是否投标时,就应广泛收集有关的信息,初步安排进度计划,粗略考虑需要的人力、设备、材料、资金等的配置,估计按期完成工程标的可能性,以及可能的工程成本。

施工单位在通过资格预审并获得招标文件后,就应全力以赴编报投标书。经过对招标文件阅读研究、现场踏勘、澄清会议等,掌握大量更为详细的资料后,第一件事情就是根据招标文件中提出的要求制定自己的进度计划,并据此提出人员配备、设备、材料、需求和技术措施的要求等的方案,进行工程成本估算,指导确定投标报价策略。

(二)进度计划要编制的"全面"

施工过程是人力、物力等各生产要素的结合使用过程。进度计划编制的水平,直接关系到工程投入和产出。因此,施工单位进度计划在编制时,考虑的因素应全面,应用资源优化的方法把各种资源合理配置反映在进度计划中。

(三)进度计划应求"准确"

根据"向关键路线要时间,向非关键路线要节约,向关键路线要效益"的思想对进度计划进行优化,进行人力、物力的配置,进行均衡生产,从而获得最大效益,进度计划编制与实际实施相符合的程度是关键。

（四）进度计划应"深入、细致、具体"

进度计划应从总进度网络计划、分网络进度计划到实施进度网络计划，由粗到细，由宏观到微观逐级展开。

总进度网络计划是统筹全局的计划，从施工准备、人员安排、技术力量、设备能力的配置，到工程竣工，对每个单项工程进行计划安排。在总进度网络计划的指导下，分网络进度计划编制力求具体、可操作性强，尽量编制实施进度网络计划。

第三节　项目建设管理"三预算"

一、项目建设管理"三预算"的概念

工程项目建设的造价预测形式包括：在规划和可行性研究阶段，编制"投资估算"；初步设计阶段，编制"设计概算"；施工图设计阶段，编制"施工图预算"。工程建设项目造价管理也要编制相应的预算，包括工程标底、业主预算（执行预算）、工程师预算。工程投资的管理是一个由工程估算投资逐步逼近工程实际投资的过程，每个阶段都需要编制相应的预算，编制不同阶段的预算是一步不能缺少的工作，缺少了就会给工程建设管理带来问题，其结果是造成工程管理混乱，影响工程进度和工程质量。

二、投资估算和设计概算

投资估算和设计概算由设计单位编制，这里不作论述。

三、施工图预算

建设管理单位计划部门应该编制施工图预算。施工图预算是在施工图设计阶段在批准的概算范围内，根据国家现行规定，按施工图纸和实际施工组织设计综合计算的工程造价编制，其主要作用如下：

（1）施工图预算是确定单位工程项目造价的依据。施工图预算比设计概算更为具体详细，因而可以起确定工程造价的作用。

（2）施工图预算是签订工程承包合同、实行投资包干和办理工程价格结算的依据，是对于不进行招投标的工程项目、实行预算包干或进行工程价款结算的依据。

（3）施工图预算是施工企业内部进行经济核算和考核工程成本的依据。施工图预算确定了工程造价，是工程项目的预算成本，其与实际成本的差额即为施工利润。

（4）施工图预算是进一步考核设计经济合理性的依据。施工图预算的成果，因其更详尽和切合实际，可以进一步考核设计方案的技术先进性和经济合理程度。

（5）施工图预算是编制固定资产的依据。施工图预算在建设项目造价预测上，是最接近工程实际的工程造价预算，也是工程实际生产投资的成果。

四、项目法人（建设单位）预算

水利工程具有工期长、施工复杂、比选方案较多等特点。建设项目管理实施项目法人负责制、招标投标制、监理制和合同制的管理模式。受初步设计概（预）算编制体系的限制，在初步设计审查批准后，不得突破。随着工程建设的逐步深入，设计单位或有关部门都会提出对工程设计方案、施工方案的不断优化。对于情况变化后的初步设计概算，要按照"总量控制、合理调整"的原则编制业主预算。

在工程的投标阶段，业主（项目法人）进行工程分标，主要依据国家的法律法规，同时考虑工程技术特点、工期时间安排、气候条件影响、地方协调以及上级部门的要求等因素，编制分标计划，指导招标投标工作。

通过编制业主预算，可以对工程项目的投资进行合理调整，以利于投资的管理，有针对性地进行项目划分和临时工程与费用的摊销，便于项目法人（建设单位）预算和承包合同价格作同口径对比，考核各招标项目的造价执行情况。

五、工程师概算

工程师概算是在合同划分全部确定后，根据最新的价格资料、详细的工程量以及详细的单价进行估算的。其用途是：①协助工程经理和设计人员控制工程费用，保证在所确定的工程范围和预算内完成；②进行造价预算、施工规划、资源分配、控制场地的劳动力费用等。其误差范围为 ±5%。

（一）工程师概算的范围及项目划分

（1）工程师概算的范围，根据委托人的具体要求而有所不同，一般包括：①主体工程及其辅助设施的施工造价；②机电工程造价；③征地及移民费用；④环境保护措施费用。有时还包括施工期贷款利息及物价上涨费用。

（2）工程的项目一般根据构成工程建筑物、设施或系统进行划分，每一建筑物、设施或系统再划分为若干个独立的施工项目。在进行项目划分时，对施工合同的划分应给予充分的考虑。

合同划分要考虑施工项目的性质、复杂程度以及施工进度等因素。此外，还要考虑每个合同的规模和合同之间可能发生的干扰。

（二）工程师概算的构成及内容

1. 工程师概算构成

工程师概算可分为：①直接费用；②间接费用；③其他费用；④不可预见费用。

2. 费用内容

（1）直接费用：凡能以切合实际的方法把与工程有关费用直接计入相应的某施工项目内的费用，称为直接费用。直接费用包括各项目施工所需的人工费、施工机械设备的购置费用和运行费用、建筑和安装用的材料费、永久设备费，以及与施工企业运行有关的费用和施工栈桥、砂石料加工厂、混凝土拌和厂的费用等。

（2）间接费用：间接费是为全体工程服务的，不宜计入某一特定施工项目内的费用。间接费用包括施工单位管理、监督人员的工资、办公和杂项费用、设计用品费、交通费、一般设施（如办公室、生活福利设施、各种仓库、加工车间、维修车间等）的费用以及各种保险费、牌照费、税金、保证金手续费、利润和承包商的不可预见费。

间接费用和直接费用的范围较广，有时要准确划分二者的界限是比较困难的。但必须认识到间接费用的分析和计算与直接费用的分析和计算同等重要。

（3）其他费用：包括勘测设计费、工程管理费、施工管理费以及业主的费用等。

（4）不可预见费用：此项不可预见费用与间接费用中的不可预见费用略有不同，它是在投资估算编制时难以预测但又可能发生的费用，是工程的不可预见费用。

第四节　投标报价技巧

一、开标前的投标技巧研究

（一）不平衡报价法

不平衡报价，指在报价基本确定的前提下，调整内部各个子项的报价，既不影响总报价，又在中标后可以获取较好的经济效益。通常采用以下方法：

（1）对能早期结账收回工程款的项目（如土方、基础等）的单价可报以较高价，以利于资金周转；对后期项目（如装饰、电气设备安装等）单价可适当降低。

（2）估计今后工程量可能增加的项目，其单价可提高，而工程量可能减少的项目，其单价可降低。

但上述两点应统筹考虑，对于工程量有错误的早期工程，如不可能完成工程量表中的数量，则不能盲目抬高单价，需要具体分析后再确定。

（3）图纸内容不明确或有错误，估计修改后工程量要增加的，其单价可提高；而工程内容不明确的其单价可降低。

（4）没有工程量只填报单价的项目（如疏浚工程中的开挖淤泥工作等）其单价宜高。这样，既不影响总的投标报价，又可多获利。

（5）对于暂定项目，其实施的可能性大的项目，价格可定高价；估计该工程不一定实施的可定低价。

（二）零星用工（计日工）

零星用工一般可稍高于工程单价表中的工资单价。

（三）多方案报价法

若合同要求过于苛刻，为使业主修改合同要求，施工单位提出两个报价，并阐明按原合同要求规定，投标报价为某一数值；倘若合同作某些修改，可降低报价一定百分比，以此来吸引业主。

另外一种情况，是施工单位的技术和设备满足不了原设计的要求，但在以修改设计以适应其施工能力的前提下仍希望中标，于是报一个按原设计施工的投标报价（投高标）；另一个按修改设计施工的比原设计的标价低得多的投标报价，诱导业主。

（四）突然袭击法

由于投标竞争激烈，为迷惑对手，有意泄露一些假情报，如不打算参加投标，或准备高标，表现出无利可图不干等的假象，到投标截止之前几个小时，突然前往投标，并压低投标价，从而使对手措手不及而败北。

（五）低标标价投标法

此种方法是非常情况下采用的非常手段。比如企业大量窝工，为减少亏损；或为打入某一建筑市场；或为挤走竞争对手保住自己的地盘，于是指定了严重亏损标，力争夺标。若企业无经济实力，信誉不佳，此法会给业主带来迷惑。

（六）联保法

一家实力不足，联合其他企业分别进行投标。无论谁家中标，都联合进行施工。

二、开标后的投标技巧研究

在议标谈判中的投标技巧主要有降低投标价格和提供充分的投标优惠条件。

（一）降低投标价格

投标价格不是中标的唯一因素，但却是中标的关键性因素。在评标答疑中，投标者适时提出降价要求是议标的主要手段。需要注意的是：其一，投标人要摸清业主的意图，在得到其希望降价的暗示后，再提出降价的要求；其二，降低投标价要适当，不得损害投标人自己的利益。

一般降低投标价格从三方面入手，即降低投标利润、降低经营管理费和设定降价系数。

投标利润的确定，既要围绕争取最大未来收益这个目标而定立，又要考虑中标率和竞争人数的影响。通常，投标人准备两个价格，即准备应付一般情况的适中价格，又同时准备应付竞争特殊环境需要的替代价格，它是通过调整报价利润所得出的总报价。两个价格中，后者可以低于前者，也可以高于前者。如果需要降低投标报价，即可采用低于适中价格，使利润减少以降低投标报价。

经营管理费，应该作为间接成本进行计算。为了竞争的需要，也可以降低这部分费用。

降低系数，是指投标人在投标作价时，预先考虑一个未来可能降价的系数。如果开标后需要降价竞争，就可以参照这个系数进行降价；如果竞争局面对投标人有利，则不必降价。

（二）提供充分的投标优惠条件

除中标的关键因素——价格外，在评标答疑中谈判的技巧，可以考虑其他许多重要因素，如缩短工期、提高工程质量、降低支付条件要求、提出新技术和新设计方案，以及提供充分物资和设备等，以此优惠条件争取得到招标人的赞许，争取中标。

第五节　招标工作中需注意的问题

正常（规定）招投标程序要求是，在招投标工作开始前，对被招标的工程做施工规划，编制业主预算。则具备的条件是：首先，对工程进行分标；其次，施工图纸已完成；再次，监理单位已确定。编制施工规划是在初步设计的基础上，对工程进行全过程施工安排，除按照一般要求考虑编制外，还要着重考虑工程的建设目标、技术难点、工程风险点、目前施工企业水平、监理单位经验技术水平、设计人员水平、工程自然条件、工程建设管理工作水平、工程外部环境等方面,编制业主预算,编制工程标底。

在实际工作中,一般是工程初步设计审查批准后,开始作招标设计,开始招投标工作。编制标书,由设计单位或监理单位完成,招标设计的图纸基本与初步设计图纸深度一样。不编制施工规划和业主预算,在招标工作中给施工企业的评选带来难度。评标专家是专业特长人员,不是万能的,而任何工程是一个系统工程,是若干个技术专业的综合体,使一些在招投标阶段应该解决的问题不能解决或得不到很好的解决,问题带给了项目法人(建设单位),甚至带到工程监理工作中来。有些问题在项目法人(建设单位)或监理工作中能解决,而有些问题在项目法人(建设单位)或监理工作中不能解决,还有些问题由于各种规定解决起来很困难。比如:投标报价,总价合理而分项报价偏差大(或不合理)的问题;总工期满足要求而分项施工期安排不合理问题,等等。

解决上述问题的办法,还是中国那句古话:"解铃还需系铃人"。评标工作前,项目法人(建设单位)和监理单位编制工程施工规划与业主预算,发给评标专家,在评标过程中把施工投标中不利于工程建设管理的问题解决掉,或者项目法人(建设单位)在与中标企业签订合同之前,把漏掉的工作补上去,做到以合理的施工方案、合理的工期、合理的工程报价(总价、分项报价、单价等)与工程中标企业签订合同。

项目法人(建设单位)和监理单位编制工程规划、业主概算及工程师预算,是工程项目建设的良好开端。在此工作的指导下,在维持总报价不变的前提下,重新调整施工企业的施工组织设计和分项工程报价及工程单价分析,达到弥补工程缺陷的作用,为今后的工程建设管理、保证工程质量打下一个良好的基础。

第六节　项目进度控制主要文件和信息分配

一、进度控制内容

工程项目的进度控制过程,是参与项目管理的有关各方执行文件的过程;是通过文件交换,项目法人(建设单位)获取各项信息、下发各类指示、控制施工进度、协调各方关系、处置违约和处理工期索赔与反索赔的过程。完善合理的文件信息管理系统,体现了项目进度控制过程的严肃性、科学性和实用性。

二、进度控制的主要文件

(一)合同

如前所述,合同是约束、衡量项目法人(建设单位)与施工单位双方工作的法律性文件,项目施工过程各项工作的实施都应以合同文件为依据,进度控制是合同管理的重要内容。

(二)进度计划及其他计划

进度计划是进度控制的主要工具。其他计划如材料供应计划、劳力供应计划、设备采购计划、财务计划、工程验收计划、道路和场地使用计划等都是保证进度计划如期实施的,是进度控制的重要文件。

(三)监理管理控制进度的主要手段

(1)信函:监理工程师和施工单位交往中的一种郑重形式,一般由监理工程师代表拟稿,监理工程师签发。

(2)现场指令:是监理工程师代表通知施工单位有关事项的一种指示形式,比如向施工单位提供资料、图纸的指示,费用处理的指示等。该指令由监理工程师代表签发。

(3)现场通知书:监理工程师代表、监理工程师助理、监理员向施工单位发出的口头通知,继后再用书面形式确认,这就是现场通知书。

(4)现场批准书:是现场审核和批准施工单位材料、各工序质量等的一种表格,由监理工程师代表签发。

(5)违规通知:当监理员与监理工程师代表、监理工程师助理发现施工单位工艺及材料不符合技术规范或图纸要求时,需指示采取措施予以纠正,采用违规通知。违规通知由监理员或在现场的监理工程师代表、监理工程师助理签发。如果施工单位不执行违规通知,则用信函以违约方式处理,由监理工程师签发。

同样,施工单位向监理工程师的联系方式也应有明确规定:联系方式应以书面方式为准,口头或电话商谈的问题,也应以书面形式确认,书面材料应编号、登记等。

三、信息分配

在执行计划前,必须制定参加工程项目管理的各级机构的信息分配计划。

信息分配计划按照组织管理机构特性指定,原则是:越是高层次的管理部门和人员,所收到的信息应越扼要、越明确;而越基层的管理部门和人员,所收到的信息应越详细、越具体。在分配信息时,必须对信息概括、分类,防止各部门或人员得到数量和质量不适合的信息。

对信息分配的原则是:①根据不同层次、不同专业进行分类;②对信息进行总结概括;③认真识别选择参数、数据。

一般可以根据工程网络计划图的关键路线、非关键工作的时差,对进度进行分析,同时,综合考虑工程建设目标、工程本身的技术难点和风险点、工程施工难度、监理人员水平、设计人员水平、施工自然条件、内部协调情况、外部协调情况等进行编制。

信息分配计划的先决条件是工程项目进度网络计划的结构和与之相适应的项目管理组织机构。原因如下:

(1)网络进度计划的逐级编制,把一个复杂的工程问题,逐级分解为由控制全局的总进度计划到具体作业面的实施网络进度计划。每个单位计划考虑的范围逐级减小,任务越来越具体,分解越来越细。这样一种计划结构,便于落实任务、明确责任,是管理组织机构设置的重要依据。

(2)建设监理部门依据项目网络进度计划逐级编制的结构,应建立一套与进度控制逐级任务相适应、责任分明、高效精干的组织管理机构和完善的运行机制。综上所述,只有与项目网络进度计划机构相适应的管理组织机构,通过有效的逐级信息渠道,才能实现对工程项目总进度、单项工程进度、阶段性工程进度等实施有效的目标管理与控制。

第十一章　计划合同管理

第一节　建设项目计划管理

一、项目建议书阶段

工程项目建设管理计划工作是前行工作。在项目建议书阶段,按我国现行规定还没有组建项目法人,一般由现行的职能或权力辖属,由申请单位进行项目建议书的组织及编制工作,一般由计划部门牵头,其他业务部门协助进行编制。

计划部门主要负责人的工作魄力和工作思路,对本级领导指示精神的理解水平,是编制好项目建议书的内在因素;办事人员的业务水平、组织能力,对本单位技术能力评估、管理范围的了解程度,对当前政策法律认知水平和社会关系的能力,是编制好项目建议书的外在因素。二者都是项目立项成否的关键。

项目立项就是要将项目立在当前上级基建精神的要点上。铁定能上的项目,立项则是立在政策、上级指示精神的范围内。擦边的项目则是要抓住基建精神的要点。对基建政策精神的反应灵敏性,是基建管理人员的素质及工作魄力体现,也是基建管理人员表现自己工作魄力和能力的机会。

项目立项必须回答的 7 个问题:①(what)为什么要建设此项目;②(why)什么原因建设此项目;③(who)谁负责建设此项目;④(when)什么时间建设此项目;⑤(where)在哪里建设此项目,项目的建设范围;⑥(how)怎样建设此项目(技术路线、工作方法是什么);⑦(budget)工程投资。

二、可行性研究阶段

基建工程项目基本同意立项后,还要做进一步可行性的研究和论证,计划工作不能松劲。计划工作主要是协调提供政策的线索和要求,寻找政策的支撑,组织本部门技术力量,配合有资质的单位进行论证工作。技术工作逐渐进入更实质性阶段。

组织技术力量进行可行性研究,一般是具有相应资质的设计单位作项目可行性研究,项目单位指定负责人或有关人员参加工程项目论证和可行性研究报告的编制工作。

指要:计划工作要选择好设计单位在本项目上的技术负责人,组织好本单位的技术力量及参加工作深度,将本单位的意图、立项的支撑点及当前政策的精神,通过本单位的技术人员融化到可行性研究报告中,特别是本项目的支撑要点,要在可行性研究阶段成为技术支撑,完成由思想意识或认识到实际技术工作的过渡。掌握工作进度,安排好工作完成时间。

三、初步设计阶段

此时项目法人已经成立,项目上马基本已成定局,建设项目的规模、水平、宗旨要在此阶段完成。此阶段是工程以什么面貌屹立于世人面前的关键时刻,计划工作要较技术工作少。

计划组织本单位技术力量选择设计单位的技术力量,完成高水平的设计工作。充分正确理解项目建议书、可行性研究报告的审批意见,通过技术手段,把能列入的项目列入工程中。

把握工作进程时间,组织工程审查。在充分理解项目建议书、可行性研究报告的同时,准备充分的理由对工程设计方案投资环境、工程建设管理等进行初步设计审查答疑,确保工程审查通过,投资合理。

四、生产准备阶段(工程招投标,三通一平)

生产准备阶段主要任务是:选择好施工队伍,计划工作的主要任务是编制标书。从工程建设意义上讲,相当于工程开工建设。因为标书的编写、分标、商务条款、技术条款等的确定,对选择什么样的施工队伍,施工进度的安排,投资的安排已基本确定,对将来能建设成什么样的工程已经初步有了谋划,所以项目法人(业主)要确定出切合实际的工程建设目标。招标文件要委托有资质的单位进行编写,一般应委托工程监理单位编写。

(1)编制工程建设(施工)规划:工程建设(施工)规划是项目法人(业主)指导工程建设的依据。它可以将工程项目分解为业主管理项目、招标项目(建设单位管理项目)和其他项目。按不同的管理权限,把工程项目由开工建设到竣工验收、移交运行管理进行统一规划。

(2)编制业主预算:业主预算是项目法人(业主)在工程规划的基础上,从工程投资的角度,对工程建设进行管理的依据。业主预算与国家批复投资相衔接,把工程由开工直至竣工决算、固定资产移交运行管理进行系统的编制。

业主预算可以用来指导招标和评标、工程建设实施投资管理、工程结算、工程决算、固定资产形成等。

(3)分标:目前要求,分标段的原则是要适当大,不能小。这样便于管理,减少工程招标和减少照顾关系的嫌疑。出于保证工程质量的考虑,分标一般原则应为一个技术关键点为一个标,这样对保证工程质量有好处。更重要的是,目前施工企业只以一种施工技术见长,如土建搞得好的企业其他方面不是强项,地基处理好的单位,结构施工不是强项,等等,所以将一个技术关键点分为一个标,就可以选择这一方面见长的施工企业达到工程质量最好。

(4)评标办法的确定:目前招标评标办法有综合评分法、综合最低评标价法、合理最低投标价法、综合评议法和两阶段评标法等。根据建设市场看,不论什么资质单位中标后,具体施工的都是民工队伍,真正施工企业只出几个管理人员,所以评标办法应为在严格资质审查的前提下以最低报价中标为好。

(5)投标单位资格审查:投标单位具有相应的施工资质是保证工程质量建设的前提,

所以必须严格施工企业资质审查,投标施工企业资质审查要预审,不能搞资格后审。一方面资格预审可把不符合投标条件的单位拒之门外,减少评标工作量;另一方面给一些不合格单位混水摸鱼的机会一下卡死。因为资格后审中受投标文件编制质量的影响和资格后审的不认真,容易漏审或不审。资格预审除要进行正常的单位资质和质量系列审查,质量保证体系审查还要注意行业资格和能力条件审查,如生产许可证、安全许可证等。

五、施工阶段

计划工作要做好三种概预算的编制(业主预算、工程师预算、施工图预算),组织三种概预算的协调和审定。在此基础上调整施工单位的单价分析表和分项工程报价,将施工企业报价不合理部分调整掉,使之更适合工程实际情况,再与中标施工企业签订施工合同。

紧跟施工进度,做好招标节余和预备费的使用与划分工作。计划工作要先行,以计划及时调整和使用工程节余投资,配合工程进度及时支付工程款,确保工程质量。

第二节　工程项目计划工作与工程建设管理的关系

一、工程计划管理人员应具备的素质

工程计划管理人员应具备如下素质:

(1)具有一定的施工经验。工程不论大小,在技术方面都是若干技术专业组合而成。在地域上,工程都要建在有人生活的地区,地方协调和干扰是必不可少的。在气候方面,工程都要受到时间和气候条件的影响等。只有具备一定工程施工经验的人才能发现和预测到这些问题,以及这些问题对工程建设的影响。

(2)熟悉掌握工程网络计划技术。工程网络计划技术是工程管理工期进度安排的有效手段,熟练掌握和应用工程网络技术是编制施工进度计划、控制施工进度的有效手段,计划管理人员必须掌握此项技术。

(3)具有一定的组织协调能力。协调能力是计划人员的必备素质,工程从开工到竣工,始终与各个方面(设计、监理、施工、地方等)发生关系,计划工作又是必须先行的工作,工程项目建设管理矛盾是层出不穷的,这些矛盾都要由计划人员去协调解决。

二、工程计划管理在工程建设管理中的地位

工程计划工作是工程建设管理的先行者。工程建设管理目标的实现,主要体现在工程计划管理工作中,工程计划工作的重点和方向,就是建设管理工作的重点和方向的重要体现,同样工程计划工作的工作质量的好坏,可以改变或严重影响建设管理工作的质量,因为它控制工程投资的使用权。

工程计划工作体现了工程建设管理的意识和方法,它影响着工程建设管理的方向,在工程建设合同签订以后,它影响着工程预备费的使用和招标节余款的使用方向,同时,它也是两项费用使用的主要决定部门。

三、工程计划管理与工程建设管理的关系

工程计划管理是工程建设管理的极其重要的管理内容,工程建设管理水平的高低,直接反映工程计划管理工作的水平高低。一个好的工程建设管理班子,首先是有一个高素质优秀的人员组成的工程计划管理班子。

工程建设管理项目法人(建设单位)是代表国家对工程项目建设全权负责的机构,负责工程的立项、可行性研究、设计委托、招标投标、施工建设等。工程建设管理的真正核心是工程投资的管理。从某种意义上讲,工程建设管理是工程投资的操作和使用,是"钱"的管理,而工程计划就是工程建设管理工程投资使用的计划者和操作者,是工程建设管理的核心。

第三节　工程项目计划工作与工程项目质量的关系

一、保证工程质量的核心

保证工程质量要求有合格的材料和相应的技术方案,有合理的工作时间(工期)和一定的技术工作人员及技术水平,在严格的管理控制下进行实施,保证工程质量。其实上述条件的具备和实现,最关键的就是工程投资的保证。

二、保证工程质量,技术与投资的关系

保证工程技术方案的正确靠的是技术,技术人员对工程的主要作用是技术,二者都是以人的智慧与劳动工具相结合来保证工程质量的,"技术—智慧"与投资是相对应的。保证工程质量,首先要保证"技术—智慧"的要求,也就是人的要求,首先,工程投资要到位;其次,要有一个工程结算互信互敬的良好建设环境;再次,必须保证人工工资正常发放,不能拖欠工人工资或减少人工工资。

三、保证工程质量,工程建设管理与技术的关系

如上所述,"技术—智慧"是人的大脑思维产生出来的。工程建设管理是一种形式,是组织或机制的管理,这些管理产生效果的前提是人的工作及时到位。工程建设管理现场是随机的,是有时间限制的,而工程是人(劳动者)直接操作实施完成的,劳动者的"技术—智慧"充分发挥的动力就是靠工程投资及时到位,参建各方互敬互信认真负责的建设环境保证的,是靠人工工资及时发放到劳动者手里来维持实践的,只有投资(钱)到位,"技术—智慧"才能充分地发挥出来。

四、工程计划工作与工程质量的关系

综上所述,工程质量是由材料、技术方案、工期、人工和管理有机的结合而得到的保证。但是,其关键在于工程投资的合理及时支付,工程建设计划做到了及时、准确到位,就对保证工程质量起到了关键的作用,如果不能做到,甚至出现空缺,工程质量就要受到影

响。

　　工程施工就好比战场,工程投资就好比弹药,在激烈的战场上,计划内的弹药能及时到位,战争方能胜利,如果弹药短缺,战争胜利把握就不大,计划外的弹药不能调整到位,就要影响战斗力,甚至要打败仗。

第十二章　造价管理与控制

第一节　工程项目实施阶段造价管理原则

在工程实施阶段的投资管理,可以分为两个层次:第一层,投资主体与建设管理执行单位之间对投资的管理;第二层,建设管理执行单位与承包方之间对投资的管理。

一、静态控制、动态管理原则

静态控制,指经设计单位以某一年价格水平计算的全部工程的静态投资经审查批准后,即作为建设项目控制静态投资的最高限额,不允许突破。

动态管理,指在工程建设过程中,对动态投资进行控制和管理。动态管理包括物价上涨和税率变化需增加的投资;工程建设中使用贷款需在建设期内支付的利息;以及工程利用外资时的汇率风险损失等。上述影响造成的投资增加,是静态控制所不能包括的内容。因此,动态管理也是实施阶段投资控制和管理的又一个重要组成部分。

简言之,这种静态控制、动态管理原则,是现阶段基本建设项目实施阶段进行造价管理的基本原则。

工程总投资包括静态投资和动态投资,见表12-1。静态投资中基本预备费,其开支的内容主要指建设过程中工程项目和工程量增加,以及为预防自然灾害所采取的预防性措施而预留的投资。量的变化,实际上也是动态管理内容,为了投资控制和管理的需要,我们将量的变化纳入静态管理范畴。动态投资,仅狭义指价格、利率、税率、汇率等的变化。

表 12-1　工程总投资组成

静态投资	第一部分 建筑工程
	第二部分 机电设备及安装工程
	第三部分 临时工程
	第四部分 其他费用
	水库淹没处理补偿费
	基本预备费
动态投资	建设期价差
	建设期贷款利息
	建设期汇率风险
	建设期税率变化

二、总量不变、合理调整原则

对静态投资进行控制,最基本的原则就是静态投资总量不允许突破。建设过程中保证静态投资支付额控制在概算之内，一是要将合理预测投资和合理足额投资作为基本前提，二是在静态总额之内允许建设项目管理单位有充分的权力进行项目之间的合理调整。

在工程项目建设实施过程中，受设计深度和客观条件限制，不可能每一项工程费用均与实际情况相吻合，有的项目投资可能偏大，有的项目投资可能偏小，有的价格可能偏高，有的价格可能偏低，等等，这是一个很正常和难以避免的现象，这就要求建设管理执行单位结合工程的实际情况，对初步设计概算重新再组合和调整，编制适合于投资主体对投资进行管理和控制的投资文件，即业主预算（或称内控的建设成本预算），使之既符合工程实际情况，又能起到事先控制和指导的作用。这是确保静态总投资不突破，实现总量控制目标的重要手段。

三、限额设计原则

由于设计的原因和建设管理执行单位要求提高标准、扩大规模等客观原因，往往是投资失控的原因乃至是主要原因之一。为了确保投资控制的目标，做到控制基本建设项目静态投资不突破，必须对设计单位提出限额设计要求，要求设计单位在保证工程功能的前提下，在批准的初步设计和招标设计基础上，进行限额设计。建设管理执行单位要与主体设计单位签订限额设计合同。合同的主要内容应包括：

（1）设计量的增加必须控制在允许增加的幅度之内。

（2）设计量的增加超出规定的幅度，要从经济上予以惩罚。

（3）除非经建设管理执行单位同意，技施设计一般不得改变招标设计中的布置方式、结构形式、技术标准和设备型号、规格等内容，以免引起变更和索赔。

（4）由于设计的优化，节约了工程投资，要给予设计单位和设计者以奖励。

（5）设计造成投资增减额，一律以静态价计算。

四、动态投资允许变动原则

物价上涨、建设期还贷利率变动、税费增加等造成的投资增加，是投资失控的最主要原因之一。

由于价格、利率、汇率造成的投资变动，与概算编审时按规定计算的价差、利息有出入，其责任不在项目建设管理者。一般是由于国家的金融政策、物价政策、税赋政策、国家对国民经济实施的宏观调控政策所造成的。对实行项目法人责任制的建设项目，政府主管部门应允许项目法人在执行过程中按审批和程序批准的价格指数，银行利率，外汇牌价，税法规定的税种、税率，在批准概算静态投资基础上自动进行跟踪调整和控制。政府和投资方依法进行监督、检查。

五、工程项目投资静态控制、动态管理的方法

对水利工程投资实行静态控制、动态管理的原则，是保证投资进行有效控制的重要手段，但具体方法可以结合各建设项目自身的特点，在实践中探索和创造出更具个性、更完善的方法。按照投资主体（业主）与建设单位之间的投资管理与控制方法，其内容概括为：①明确"双方"权责及结算方式；②编制业主预算；③差价结算方法；④建设期利息和

汇率损益结算;⑤限额设计。

第二节　工程项目建设财务管理

建设项目工程财务是工程建设项目投资结算(决算)的表现者,也是工程投资支付是否符合国家财政规定的直接表现者,从某种意义上讲,也是工程投资支付是否合理的表现。

工程人员是将工程投资转为实物(固定资产)的操作者,而财务人员是工程投资使用是否合理形式的操作者,二者互为形式和内容的关系。

工程建设过程中,为形成工程面貌进行的一系列活动都是工程建设的内容,而财务账目的记载,是把内容诸要素统一起来用投资形式表示出来的方式,二者相互联系、相互依存。首先,内容和形式的统一,没有离开内容的形式,也不存在没有形式的内容,只要是现实的事物,内容总有它的表现方式。其次,内容与形式相互作用,一是内容决定形式,内容是事物存在的基础,形式是为内容服务的。有什么样的内容就有什么样的形式,若事物内容发生了变化,它的形式或迟或早也要随着发生相应的变化。二是形式反作用于内容,当形式适合于内容需要时,对内容的发展起促进作用,推动内容发展,当形式不适合内容的要求时,对内容的发展起阻碍作用。三是形式与内容不相符,出现虚假内容的形式,或者无内容的形式。

在工程建设过程中,内容是活跃的、易变的,而财务是相对稳定的。因此,二者之间存在着矛盾,用辩证关系讲,形式基本适合内容到形式不适合内容的发展,以致抛弃旧的形式产生新的形式,达到形式与内容的辩证统一。但是在工程建设中,内容的变化,或设计的变更,新技术的出现,新材料、新工艺、新方法的采用等,都是客观现实,是不以人的意志为转移的,所以,要求工程计划、工程财务要及时准确反映工程投资的使用。要求财务人员懂得一点工程,工程人员懂得一点财务,衔接好这种转变,做到工程面貌与工程投资二者内容与形式的统一。如果出现虚假内容的形式,或者无内容的形式,工程的建设管理就出现了问题,甚至更大的问题(虚假工程)。

第三节　工程项目决算编制和工程项目批复
设计概(预)算项目的对应

对于工程来讲,工程投资安排最合理、最符合实际的是工程初步设计概算表,按国家要求的初步设计深度基本上保证了工程按期保质保量完成的费用。而初步设计经过审查,即总的工程投资又进行了审核,工程大项的投资趋于合理,但是工程细项(三、四级项目)的投资不一定合理,可能有不足或漏项。

工程建设管理过程,按国家工程管理的要求进行管理。根据工程建设管理理念,为保证工程质量,方便管理,将工程按照项目功能、质量评定的客观性、检查验收的包容性、资料管理的条理性,把工程分成工程项目、单位工程、分部工程、单元工程、工序等层次进行管理。对于每个工程项目,每个层下面包括着若干个下级项目。这完全是按照工程建设管理的需要来规定的。

工程造价管理，是按照招投标文件中的"工程量清单"报价进行管理。工程款的支付，是按照标书项目工程量完成情况进行支付的。

工程建设项目决算，所对应的工程项目科目，是按工程基本建设投资理念划分的项目科目进行管理的，工程决算出现决算科目与实际管理相差较远的情况，原因是二者的管理理念不一样，前者是按工程建设质量管理理念（招投标文件）建立的科目，反映的是工程建设内容；而后者是按基本建设投资管理理念建立的科目，反映的是工程投资怎样使用。

严格来讲，工程建设项目决算应与初步设计概（预）算相对应，对应到四级工程项目最好，三级项目也可以，也能达到反映实际情况的目的。这样，要求初步设计概算要做到三级或四级项目，初步设计审查要细，初步设计审查和批复也要到三级或四级项目，才能对应起来。工程项目决算规程规定，也要对应到三级或四级项目。

目前，工程建设项目决算对应的决算，如：水利水电建设工程，水利基本建设项目竣工财务决算编制规程（SL19—2001）规定有9个表格：

（1）水利基本建设竣工项目概况表，反映竣工项目主要特性、建设过程和建设成果等基本情况。

（2）水利基本建设项目竣工财务决算表，反映竣工项目的综合财务情况。

（3）水利基本建设项目年度财务决算表，反映竣工项目历年投资来源、基建支出、结余资金等情况。

（4）水利基本建设竣工项目投资分析表，以单项、单位工程和费用项目的实际支出与相应的概（预）算费用相比较，用来反映竣工项目建设投资状况。

（5）水利基本建设竣工项目成本表，反映竣工项目建设成本结构以及形成过程情况。

（6）水利基本建设竣工项目预计未完工程及费用表，反映预计纳入竣工财务决算的未完工程及竣工验收等费用的明细情况。

（7）水利基本建设竣工项目待核销基建支出表，反映竣工项目发生的待核销基建支出明细情况。

（8）水利基本建设竣工项目转出投资表，反映竣工项目发生的转出投资明细情况。

（9）水利基本建设竣工项目交付使用资产表，反映竣工项目向不同资产接收单位交付使用资产情况。

从以上表格看出，水利基本建设项目财务决算，只是反映工程基本投资的面貌，不反映工程投资控制情况。

目前，工程建设项目实行招标制，在工程投资一项内容中，工程报价是以工程项目和工程量报价的。工程项目划分深度没有达到四级或五级项目，这样不符合工程实际情况，不利于工程投资控制，在工程结算时，施工单位按投标书的四级或五级项目进行结算。但是，在工程决算时，工程名称与财务决算表的名称不能对应，按照财务要求，投资表现方式混乱，财务表现形式与工程建设内容不相适应。

所以，工程决算前，要对工程项目划分进行归类，按工程初步设计概（预）算要求进行归类，工作由工程计划部门完成；按照财务管理要求归类，工作由财务部门完成。这样，要求财务人员要懂一点工程，工程人员要懂一点财务，目前建设管理人员一般达不到。

第四节　工程计划与财务决算的关系

在投资管理上,工程计划是工程财务的先行者和工程投资管理落实完成的指导者。如果工程计划工作在投资管理上不到位,将给财务工作造成很大的被动和工作不顺利,如:工程建设项目的划分和归类。工程项目从立项到建成交付使用,由于工程各阶段的要求和理念不一样,工程计划投资与实际投资的误差要求不一样。工程立项阶段投资误差为±15%,工程项目划分深度到二级项目;可行性研究阶段投资误差为±10%,工程项目划分深度到二级项目;初步设计阶段投资误差为±5%,工程项目划分深度到三级项目;招标阶段投资误差为招标节余,工程划分为工程分项,列出各分项工程的工程量,工程投标报价按照工程量表的工程量进行报价。工程通过招投标引入竞争机制,产生了投资节余。

国家批准工程投资是按照初步设计概(预)算标准批准的工程投资。工程项目投资划分为静态投资和动态投资两部分。静态投资包括建筑工程、机电设备及安装工程、临时工程、其他费用、水库淹没处理补偿费和基本预备费。动态投资包括建设期价差、建设期贷款利息、建设期汇率风险、建设期税率变化。

工程结算,项目法人(建设单位)按照招投标工程量表与施工单位结算。

工程决算,财务所列科目与工程结算科目不能对应,与初步设计概(预)算工程项目划分也不能对应。所以,工程计划部门首先要把工程招投标项目按照国家批准的初步设计概(预)算项目进行归类,并且落实每项工程的节余和亏损金额;其次,按照财务科目的划分将工程项目归类,并且落实每项工程支出金额,财务部门据此进行工程决算。

第十三章　工程项目质量管理与控制

第一节　项目法人如何抓工程项目管理

工程项目建设有设计单位、施工企业、监理单位、上级主管部门、政府监督部门、项目法人(建设单位)几家参加。项目法人代表国家也就是出资方来管理工程,按目前的建设管理程序规定,项目法人通过招标选择设计单位、施工单位、监理单位来建设工程项目。特别是监理单位是项目法人(建设单位)选择来代替项目法人自己在现场对工程建设进行"三控制一协调"(质量、工期、进度控制,协调各方关系)管理的。根据工程实际来看,监理、设计、施工三方存在着一定的默契关系,对项目法人(建设单位)有直接的或间接的不利之处。如:三方联合欺骗项目法人(建设单位),或任何两方联合欺骗项目法人(建设单位),或任何两方联合欺骗第三方,等等,其共同目的是骗取项目法人的投资,增加工程量,偷工减料,增报索赔,偷报或多报完成工程量等,降低工程质量,拖延工期等。

建设项目管理项目法人(建设单位)应从以下四点抓工程管理:①抓设计的漏洞;②抓监理的不明白;③抓施工企业的没干过;④综合抓技术协调。

一、抓设计的漏洞

设计工作是"纸上谈兵",每个工程都有其自身的特点,既没有两个完全一样的工程项目,也没有任何一个设计师什么项目都设计过,所以设计时总有想不到的地方,有设计漏洞。抓工程质量要抓这些漏洞,防止设计单位个别人爱面子的行为,以为自己是甲级设计院,名气大,有决定技术的权力,或者认为工程不重要,或者工程一些工况不可能出现,等等,对一些漏洞不补充、不完善,给工程带来一些缺陷,或者把一些问题推给监理或施工单位去解决。

二、抓监理的不明白

监理工程师是一个技术性要求特别高的职业,特别是总监理工程师。目前,让项目法人(建设单位)很满意的总监理工程师很少,不过,总监理工程师也很难找。监理工程师大部分是退休的老技术人员。监理工程师是一个要求领导能力、管理能力、技术专业能力、协调能力、组织能力和施工经验都较高的一个岗位。退休技术专业人员很难达到上述要求,特别是领导能力、管理能力和组织能力方面,一般技术人员专业比较单一。因此,抓监理工作,一是要抓监理对工程的组织管理;二是要抓防止监理犯经验主义错误。抓工程的组织管理主要抓总监理工程师。抓监理犯经验主义错误,主要是防止监理工程师对于工程自己以为明白,其实此工程与彼工程不一样,工程的前提条件及边界条件改变了,自己的经验已不适用了,自己还不知道。只知道自己有这一方面经验,而不知道经验成立的前提条件是什么,经验的充分必要条件是什么,关键控制技术是什么,而犯经验主义错误还不知道。

抓监理工作,还要抓技术工作程序,树立良好工作作风。一定要按工程施工程序开展监理工作。如:工程开工前要做方案,方案要经过批准后才能施工;材料要经过检验,要有开工手续,等等。良好的工作作风要从抓工作质量着手。首先,监理要有切合实际的管理体制和管理机制;其次,监理要有严密的技术管理文件和管理制度;再次,监理工程师专业要齐全,人员水平要名副其实,并且有一定的施工经验,等等。以上是监理工作意识,也就是工作质量。监理工作表现,主要是工程监理程序履行到位,技术方案要认真审批,文件质量要到位,数据要准确,等等。

三、抓施工企业的没干过

施工企业是通过招投标过程选择的,按规定一般都有类似工程的施工经验。但是在施工过程中,往往真正施工的人员对建设工程没有干过,而干过的是他们的父辈,或者工程名称差不多,而真正的施工内容相差很多,或者先前干过的工程管理不严,对一些施工关键环节技术要求水平不高也不够严格,或者工程施工的队伍不是原来的那一拨人,等等。由于上述种种原因,形成施工队伍对所干工程内容不掌握,没有干过,这时往往出现工程质量问题。

四、综合抓技术协调

综合抓技术协调,主要是指项目法人要在工程建设过程中对工程建设形成一个什么样的建设环境和技术氛围,或者说形成一个什么样的工程建设管理技术文化。综合抓技术协调是整个工程建设管理文化的重要组成部分。它主要包括:工程建设管理的目标、内容、口号,各参建单位工作作风、精神面貌,工程建设的外部环境和气氛,等等。

项目法人(建设单位)抓以上工作的手段和场所,主要是每周一次的生产协调会和建设单位自己的工作气氛。协调会项目法人要少说多听,支持正确意见,指出技术关键点,支持监理工程师工作。生产协调会是建立工程建设管理文化氛围的关键环节和重要场所。

项目法人(建设单位)在协调会掌握的原则如下:

(1)尊重参建各方,充分调动各方积极因素,和谐贯彻工程项目建设管理意识。首先要开好每周一次的生产协调会。协调会是解决施工过程中各种问题、协调不和谐因素、推动生产有序进行、维护生产势头的重要会议。协调会对于建设单位(项目法人)来说,是驾驭建设项目质量管理工作、维持建设项目质量管理良好势头、把握建设项目质量管理发展方向的机会和场所。通过参加协调会了解和掌握工程情况,掌握工程建设大局。支持正确,反对消极,当好业主。对当前工程建设中出现的不良情绪和苗头及时指出,明确态度,帮助监理进行纠正,使工程建设管理始终朝着健康的方向发展。使工程建设管理工作始终处于严格规范、头脑清醒、简洁明快、和谐团结的态势上。

平等待人,当好工程建设项目管理的一员。项目法人(建设单位)也是工程建设中的一员,要认真履行自己的职责,在工程建设的整体安排上和各参建单位保持平等,服从监理单位对工程的统一安排,按时完成自己应该完成的任务。如各中标单位之间的协调及不同标段施工的协调、工程款的及时支付、外部环境的协调等。

总之,通过协调会不但解决生产中存在的问题,而且要把握住工程建设管理的良好势头。只有一流的工作质量,才有一流的工程质量。

(2)突出工程建设技术难点和关键点,严格工程建设管理程序,支持技术管理创新思路。对于工程项目建设管理的手段和方法,首先要掌握的是项目法人(建设单位)不能代替监理单位管理工程,更不能直接管理施工队的施工一线。主要是督促各参建单位的工程建设管理质量达到一定水平,检查工程建设管理质量和工程质量。

在工程质量把关方面,主要是控制质量点。质量控制点确定主要从下列几方面掌握,即根据工程建设的目标要求确定(如优质工程目标);工程本身的特点确定(如除险加固工程、新建工程、闸、坝、电站等);施工单位情况确定(新队伍、老队伍等);监理单位情况确定(队伍水平等);设计单位情况确定(设计投入的技术力量等);自然条件确定(冬季、热季、雨季等);内部协调情况确定(多个标段衔接等);外部协调情况确定(地方干扰等)。

(3)创造和谐的建设管理气氛,团结各参建单位,增强工程建设信心。和谐的气氛、宽松的环境、愉快的心情是保证工程建设项目管理质量的前提,更是保证工程质量的基础,所以要创造和维持这样的工程建设氛围,各个参建单位要站对自己的位置,端正自己的态度,明白自己的责任,投入相应的技术力量。项目法人(建管单位)要带好头,有一个和谐的集体,内外部工作要到位,技术协调要到位,尊重他人,敢于负责,支持正义,反对消极,把握住工程建设管理的良好势头。最重要的是要做好投资计划编制,及时合理使用资金。在某种(技术条件完备的条件下)意义上讲,建设项目管理就是"钱"的管理,钱的合理、及时、准确、到位的使用,就是衡量工程建设项目管理质量的重要标志。

第二节　建设管理中的要点

每一个建设项目都有技术要点处和工程形象要点处,对于评价工程质量来说,二者的关系,相当于哲学中讲的内容与形式的关系。

技术要点处,技术把关一定要盯死,严格按规程规范施工,绝不能有一点马虎。如:水闸工程,闸室稳定是技术要点处,涉及到此的施工必须盯死;防渗排水系统是技术要点处,防渗系统反滤施工是要点处。

技术要点处是相对的概念。对于每一个工程设施都有它的相对要点处。如:钢筋混凝土梁的技术要点处,是主筋两端弯起点的位置;柱子的要点处,是柱子根部的箍筋间距;板的要点处,是板边钢筋位置;水闸闸室稳定的要点处,对于浮筏式基础或灌注桩基础的水闸,是闸基回填土质量或桩基质量;防渗排水系统的要点处,是反滤排水;反滤的要点处,是材料的质量;材料的质量的要点处,是反滤料的颗粒分析;颗粒分析的要点处,是要全面认真;反滤料铺设的要点处,是各层不能混乱,等等。技术要点处的提出,是在施工图技术设计完全合理的情况下,施工单位按图纸施工的前提条件下,建设项目管理时从技术角度应该重点掌握的要点。

对建设项目管理者而言这是必需的。

形象要点处,是指人们感官的良好反应,主要包括工程设计外形风格、工程表面平整、洁净程度等,主要是行政技术干部要求的东西。此要(害)点一是以宣传为主,二是以装饰为主,即表面涂抹(刷)为主。此要点是争取荣誉、反映内在质量的主要途径,历来被人们所提倡。

第三节　技术难点和风险点的确定方法

一、根据工程建设目标确定

工程建设有一个宏观目标要求,比如,要建成合格工程、优良工程、优质工程(省优、部优、国家优等),根据此确定工程的技术难点和控制点。最基本点是,工程的外观质量要很高,高于国家规定的标准;工程的操作运用要方便、可靠。

二、根据工程本身的技术难点和风险点确定

任何一个工程都有其技术难点和风险点。工程的技术难点就是本工程区别于其他工程而存在的核心和条件,正是有了这些技术难点才有了此工程。工程风险点就是工程建设没有先例,没有规范、规程和技术标准的项目,是一种新技术、新材料、新方法的使用,或是一种新工艺的使用,或者是工程本身以外的因素。具体体现,可能是一道工序,也可能是一个单元工程,也可以是一种管理过程,等等。

工程建设没有标准、规程、规范,世上独一无二,属于创新或技术革新项目,这些就是技术难度和风险点,比如:在要求质量上没有标准,要自己制定标准,要创新;进度上,由于多重因素控制(如气候条件、季节的时间、人为因素等)必须在一定的时间段内或时间点完成;投资控制上,要注意控制工程量、施工工艺、施工方法和技术方案等,一着不慎,满盘皆输或捅一个大漏子,造成工程量大量增加,或增加施工难度,使投资大量增加。这些都是难点和风险点。

三、根据施工技术水平确定

施工单位不论是通过招标选择的,还是通过其他的手段选择的;不论是老施工企业,还是新组建的施工企业;在经历上不论是否建设过类似工程,施工企业对工程总有新内容或没有干过的地方。如:施工企业以前有过类似工程施工经验,而干当前工程人员也不一定干过,何况没有类似的工程经验的施工队伍。天下任何事情都有第一个,如果这个就是天下第一个,则谁也没有干过。所以,看施工单位投入的技术力量,包括人力、物力、财力,特别是主要技术人员的经历等,都是在确定工程的技术难点和风险点之列。

四、根据监理工程师经历与水平确定

监理工程师一般退休技术干部居多,也有中青年技术干部,二者工程经历不一样,按我国技术干部的成长过程来讲,技术全面的技术干部很少,大多数是单一型专业技术干部;有施工经验的少,有正好施工过监理项目工程的几乎没有。这就造成监理队伍中,有

经验的技术干部绝大多数为单一型的专业技术干部,而年轻的技术干部则处于学习成长阶段,无工程经验。所以,工程技术难点和风险点与监理工程师经历有关,凡是监理工程师没有经历过的施工技术关键点,都应作为工程的技术难点和风险点。

五、根据设计人员的水平确定

按我国规定,工程设计是由有相应资质等级的设计单位来完成的,工程初步设计通过审批后,大的方案性技术问题一般不会存在。但是,在工程具体施工图阶段,由于设计人员水平所限或没有此类工程设计的经验,或没有相应的施工经验,容易出现漏洞或不合理之处。甚至在工程实施中,施工、监理、设计由于对工程技术要求理解不一致,在技术衔接上产生漏洞。如:施工单位按图纸施工,监理按图纸监理,是合理的。但是,规范的技术要求,也是监理工作要执行的,而设计要求提的不明确,在工程施工过程中,出现技术问题理解不一致,技术衔接出现漏洞。再如:一个工序的技术要求,设计规范提出了要求,施工规范也提出了要求,施工图要求按施工规范执行,施工企业施工时理解与设计理解不一致,产生技术漏洞。如某水闸工程施工,《水闸设计规范》(SL265—2001),防漏排水设计中,反滤层的分层应满足被保护土的稳定性和滤料的透水性要求,且滤料颗粒级配曲线应大致与被保护土颗粒级配曲线平行,滤料的级配宜符合下列公式要求。

$$\frac{D_{15}}{d_{85}} \leqslant 5$$

$$\frac{D_{15}}{d_{15}} = 5 \sim 40$$

$$\frac{D_{50}}{d_{50}} \leqslant 50$$

式中　D_{15}、D_{50}——滤层滤料颗粒级配曲线上小于含量15%、50%的粒径,mm;

d_{15}、d_{50}、d_{85}——被保护土颗粒级配曲线上小于含量15%、50%、85%的粒径,mm。

滤层的每层厚度可调用20~30 cm。滤层的铺设长度应使其末端渗流坡降值小于地基土在无滤层保护时允许渗流坡降值。

《水闸施工规范》(SL27—91)要求和施工图技术要求如前叙述。

在水闸消能防冲反滤施工中,对于地基土的认同上产生技术不统一。设计没有提出地基土合格的标准,施工单位认为开挖后地基平整、场地无积水即可。监理单位按施工图纸监理。各方所持的技术依据是:设计认为地基土检验合格,即做土颗粒分析符合水闸设计规范和水闸施工规范要求;施工企业认为按图纸施工,地基土检验合格是让监理检验,监理无意见即可;监理认为施工图没有提出怎样检验地基土,没有提出不同意见。结果地基土怎样检验合格不知道,产生技术漏洞,这就是抓设计工作的技术难点和风险点。

六、根据施工自然条件确定

工程建设自然条件从两个方面说起:一是由于工程本身特点的原因,要求工程的季节性特别强。如:水利工程一般要求每年汛期到来前,工程要投入防洪调度运用,工程起码要达到应急度汛条件。二是由于建筑材料的性能限制,如冬季施工和热天施工。一般工程都避开冬季和热天施工,以减少工程费用。混凝土浇注和房屋外缘装饰工程,都要避开冬季施工,混凝土浇注也要避开热天施工。雨季,地基开挖后要赶紧施工打垫层,或做其他防护,防止下雨淹泡基坑。冬季也是一样,防止地基冻胀破坏。这些都是施工自然条件的技术难点和风险点。

七、根据内部协调情况确定

工程建设内部协调,主要指工程建设参建各方之间,在工期安排、工程质量、投资控制方面的协调。工期安排包括设计单位、施工单位、建设单位、运行管理单位之间的协调。一般设计图纸不能及时提供,原因有:①设计人员少,图纸不能及时提供;②项目法人或建设单位、运行管理单位对建设工程达到技术性能要求意见不确定,不能出施工图。各参建单位之间关系协调,主要是指各施工单位负责施工的工程项目的完成时间与主体工程完成时间的协调一致,即主体工程加快进度,其他负责配套工程及设备采购制造的工期都要提前,其工期调整不是简单的线性关系;相反,工期拖延也是一样。另外,建设管理的机制和体制,办事效率,每个管理人员的业务水平、工作魄力、负责精神等,工作水平和工作质量,都是内部协调的技术难点和风险点。

八、根据外部协调情况确定

工程的外部协调主要包括工程用水、用电、征地、移民、交通、通信以及与地方老百姓的关系。这些都是工程建设的必备的外界条件,也是工程建设的充分必要条件。要看哪一个因素影响工程进度,哪一个因素影响着工程进度了,哪一个就是工程的技术难点和风险点,哪几个影响工程进度,哪几个都是工程的难点和风险点。

第四节　工程项目质量、进度、投资控制难点和关键点的确定方法

一、质量难点和关键点的确定

工程质量的难点和关键点,就是在工程或工程设施建设过程中,保证工程功能正常发挥的因素(材料、施工过程等),由于它的损失或不到位或不成功,导致工程或工程设施丧失或部分丧失功能或减少了安全度,并使之没有合理或应该存在的必要,若恢复它则采取任何补救方法都比重新建设要难或投资还要大的那个因素。工程质量难点和关键点就是工程的成败点。

工程质量难点和关键点就是工程成败点,它遍布工程的每一阶段和角落,大到一个工程为一个质量点或关键点,小到一个工序、一个工程步骤都有质量难点和关键点,比如,我们每走一步路、每说一句话都有它的难点和关键点。在工程建设中也是一样,每个工程设施都有质量难点和关键点。单位工程有质量难点和关键点,一个分部工程、一个单元工程、一道工序都有质量难点和关键点。如一个水闸,首先是闸室稳定,闸室的稳定,地基承载力要没有问题,才有基础的稳定;其次闸室稳定,防渗系统要正常,消力池的排水系统要

畅通,反滤料选择要满足地基渗透坡降防渗要求……直至工程建设实施的每一个环节每一个步骤都做好,在每一个质量难点和关键点上都做好,才有闸室的稳定。

每一个工程设施的质量保证,首先是每一个质量难点和关键点的质量保证,只有这些都保证做好了,才能保证整个工程的质量好。

一般来说,质量难点和关键点,根据工程目标确定的技术难点和风险点,工程本身质量部分确定的技术难点和风险点,施工队伍水平确定的技术难点和风险点,都是工程质量的难点和关键点。

质量难点和关键点确立了工程建设管理的技术思想方法;技术难点和风险点确立了工程建设管理的哲学思想方法。世间任何物质的存在都有其存在的必要性,任何物质的生长完成过程都有它的哲学道理,道理都有它的规律和框架,物质质量难点和关键点是这个规律在物质主体形成过程中的成败点。工程是几种物质按功能要求组成新物质的过程,保持它们按照工程要求的最佳方式组合的控制关键点,就是新物质质量难点和关键点。新物质形成是由量变到质变的过程,量变是物质变化在时间上,按照要求数量一个个一次次不断积累变化的过程;质变的开始,也是新物质形成的开端。不论量变还是质变,在变化过程中都存在着质量难点和关键点。质量难点是物质质变过程中控制物质朝着哪个方向变化的控制点,有些是人们可以控制的,有些是人们不可以控制的,即不以人的意志为转移的。搞工程建设的过程,是物质按照人们的意志转变的那种质变过程,所以要搞好变化过程的控制。为了能控制好则要抓好关键点(质量难点和关键点)。如:水闸消力池下反滤层的铺设,首先要检查地基的合格与否,就是要对地基土做土颗粒级配分析,砂层要对砂做颗粒级配分析,砂砾层也要做颗粒级配分析,中石也要做颗粒级配分析,合格后,反滤料才能使用。其次,反滤料堆放、运输,要求不能离析、混乱,铺设厚度,分段铺设衔接、压实等都有相关的技术要求,每个过程都有质量、技术难点和关键点,最后形成消力池反滤排水系统,即新物质。

一般来讲,土、砂的颗粒级配分析是质量难点和关键点,铺设反滤料层,厚度控制不是关键点,反滤料不能混乱是质量难点和关键点,整个消力池排水孔要畅通是关键点。

确定工程关键点是在施工企业施工技术水平正常发挥的条件下,每一项工作必须控制的关键点,而不是除了关键点以外都不重要的概念。

二、进度难点和关键点的确定

进度难点和关键点就是工程建设过程中,影响工程进度的时间点。单就工程项目本身来说,就是把总工期的时间,按照工程各组成部分将工程施工需要的时间分解成小时间段,各小时间段的起点和终点时间。也就是说,把整个工程按施工技术水平要求,有机地、有序地、合理地划分为若干个小工程项目后,小工程项目开工和完工的时间点。各小工程的时间点中有的是必须保证的时间点,有的是可以前后错位的时间点。那些必须保证的时间点,由工程开始到工程竣工的时间就是主要工期路线。那些可以前后错位的时间点,由工程开始到工程竣工的时间,就是次要工期路线。

以上只是从工程网络图上讲,实际工程中不是这么简单,真正的进度难点和关键点是:以施工网络图节点的开工时间和完工时间为基础,按照本章第三节"技术难点和风险点的确定方法"中的 8 个方面,分析进度难点和关键点,确定时间点。一般来说,"技术难点和风险点的确定方法"中的 8 个方面的技术难点和风险点都是进度难点和关键点,只有逐一进行分析研究,才能确定准确。

进度的管理是一个动态的过程,是一个不断变化调整的过程。进度难点和关键点随着工程建设目标、工程的进度、自然条件、内部外部协调情况的变化不断地变化。比如:季节气候对工程的要求,无论什么工程都不想由于季节气候条件的影响而增加工程成本。水利工程有防汛抗旱的要求,工民建工程也有季节施工方面的要求(冬季施工、热天施工等)。水利工程,如平原水闸工程,一般都有防汛要求,工程建设在一个枯水期完成,或者能达到度汛运用的条件,所以,每年的上汛日期,就是一个工期进度控制点。而工程审查时一般不批冬季施工费,工程不能搞冬季施工,则天气上冻的时间又是一个工期控制点。

另外,在工程施工网络图编制时,安排的时间控制点,只是单纯从工程技术角度考虑确定的,对工程内部协调、外部协调、季节气候的影响等因素考虑很少,甚至没有考虑,有时也没办法考虑,至此种种原因,网络图上的时间点,不是真正的施工中的进度工期控制点。

抓工期进度应具备的基本条件包括:①有一个合理的科学的施工组织设计;②施工单位具有按施工组织设计要求配备的人、材、物;③施工单位的管理体制,要控制到位;④建设单位要有一个科学合理的计划文件;⑤招标节余和预备费的使用,按工程实际有一个大致合理的计划安排;⑥工程投资结算要及时,增减工程量结算要随工程进度进行。

抓工期进度的人员应具备下述能力:①建设单位负责工程进度、工期的人员必须是一个 Y 型的人,或超 Y 型的人;②有较强的组织协调能力;③习惯从哲学的角度看问题,总揽全局,干事情先有理论而后实践的人,即"不揽全局者,不能谋一域,不阔大事者,不是完一事"的人;④有一定的工程技术水平和丰富的施工经验。

三、投资管理难点和关键点的确定

投资管理就是"钱"的管理。俗话说,有钱要用在刀刃上,也就是说,如何使钱用在该用的地方。对于工程建设管理来讲,就是要编制好工程计划(投资计划、进度计划等)。编制工程计划前,首先要搞明白工程质量控制要点所在(工程质量的难点、关键点和风险点),工程质量控制的前提,就是工程目标(优质工程、优良工程、合格工程)的确定,工程目标是由工程实际确定的。

工程项目建设就如同战场,每一个难点、关键点、风险点就是一个个堡垒,在工程目标确定以后,投资(钱)就如同战场上的弹药,弹药能不能及时准确跟上,决定着战役胜败,决定着战役获胜的质量。特别是在计划之内的弹药用尽之后,或者发现了预想之外的堡垒,如果弹药跟上了,战役就胜利,如果跟不上,战役就不容易取得胜利,或者留遗憾,或者打败仗。

投资管理的难点,一是在于工程的不确定因素;二是在于不确定或不符合实际的想法。工程不确定因素是指工程建设中出现设计以外的问题。比如:工程地质问题,即地质条件没有搞清楚,地基处理投资加大,出现基础投资超概算问题;水文气象问题,即洪水超过施工导流设计标准,临时工程投资增加,超出概算;天气变化反常,为赶工期,必须进行热天、雨天或冬季施工;还有相关部门政策干扰,如土地征用费增加、工程施工用水费增加、电源使用费增加、通信联网费增加、交通管制费增加等。不确定或不切合实际的想法,是指工程投资的控制部门或领导人,干涉工程的投资使用,想解决工程以外的问题或想有搭车工程项目;或者对批准的工程设施,想提高建设质量和标准等,挪用工程投资,增加工程投资的使用难度。

投资管理的关键点,就是保证达到工程目标的质量控制点的投资管理和使用。这些点是保证工程达到设计要求的控制点,是工程成败的标志,工程投资需保证。

投资管理的风险点,一是工程设计项目批准以外的不办又不行的项目;二是想实施国家政策规定不允许的项目;三是想实施国家政策没有规定投资的项目;四是想实施标准、规程、规范没有规定投资的项目;五是想实施标准、规程、规范不允许投资的项目。

所谓投资管理的风险点就是不干不行的项目投资,干了投资能否得到批准的投资,所对应的工程实际。

工程设计项目批准之外不干不行的项目,是指社会不公平、人员素质低、落后的文化教育影响等在工程建设中的反映。如:所谓工程建设干扰老百姓生活,或影响老百姓出行,老百姓干扰或阻挡工程施工、要求赔偿等问题。

国家政策规定不允许的项目,是指国家政策和法律法规宣传不到位,老百姓在工程范围内投入了一定的劳动和投资,或者在工程范围内投入的劳动与投资先于国家政策和法律法规,即先事实后出台政策,老百姓这些利益影响工程建设的问题。比如:老百姓住房或劳作进入了工程管理范围,按现行政策规定,老百姓自动搬出或移走。但是,老百姓不同意,理由是老百姓的事实先于政策规定,或者政策规定老百姓不知道,在老百姓实施时又无人告知或阻拦。甚至,国家工作人员由于不懂政策、法律规定,工作不负责任,已既成事实,或其他原因,对目前事实已经默许,或者还有文字协议,等等,造成工程建设不得不拿出资金解决这些问题。

国家政策没有规定投资的项目,是指国家政策没有规定此项目是否可以给补偿或投资,而工程建设中必须发生的项目。比如:工程建设用地。河滩地种庄稼,老百姓知道土地不是我的,工程用地我没有意见,但是我种了庄稼,你必须赔偿我。河滩地是行洪河道,不能种地,老百姓说来洪水淹掉,我认可;可是工程用地不行,要赔偿我,我对此付出了劳动,投了资。

标准、规程、规范没有规定的项目,是指目前标准、规程、规范对此项目没有规定,但实际中要发生的工程项目投资。所谓没有标准、规范、规定的项目,一般是新技术、新方法、新工艺、新材料的使用。所谓新就是带有风险性,有成功的可能也有失败的可能,成功无话可说,失败怎样了结?

标准、规程、规范不允许投资的项目,是指非强制性条文中,带"宜"或"一般"怎样做,或"不宜"怎样做,或"应尽量",或"可"的技术要求的项目。"宜"或"一般"、"不宜"、"应尽量"、"可"在规范执行中,不是必须执行的意思。如:水闸规范中,直立的浆砌石结构和河道浆砌石护坡勾缝不宜用凸缝的原因是凸缝容易脱落,但是,凸缝也不是一定要脱落,平缝和凹缝就不脱落。勾缝脱落与否不仅取决于勾缝的形式,还与勾缝的砂浆标号、砂浆配比、砌石表面的清洁程度、砌石预留缝的大小、形式和预留缝的深浅程度等有关,还与施工工艺、施工方法和施工人员水平有关。再如:混凝土路面规范中,混凝土路面工程质量最不容易做到的是路面裂缝的控制;其次是混凝土的耐久性指标的控制。一般混凝土工程,只要按照混凝土配合比施工,强度指标都能达到。混凝土单位体积含水量的大小,是在拌和混凝土时决定的,反映在混凝土施工过程控制指标,最直接的就是混凝土拌和的坍落度和水灰比,水灰比控制是在混凝土配合比设计时控制的指标,实际操作检验还是检验混凝土坍落度。所以,混凝土路面的公路工程要求混凝土坍落度不宜大于 2.5 cm。可是混凝土坍落度大小还与混凝土水灰比有关,还与混凝土配合比及外加剂有关,不是单纯一个指标控制。在工程施工中,由于种种原因发生了,这种投资也带有一定的风险性。

在工程目标确定以后,投资(钱)的管理是工程建设管理控制的关键点,它直接决定着工程建设的成败。人的价值观、人生观和世界观,从管理哲学角度上讲,投资(钱)的管理,是人类社会的管理,它的索取体现了人类社会伦理道德、文化素养的高低,它的管理,体现着人类社会政治、法律、政策的倾向,体现着经济运行的走势,直接关系到国家政权的稳定。

工程投资的控制,关键要控制投资支付给施工单位时机。投资要按工程进度支付,若提前支付,给建设管理工程带来巨大压力,特别是施工企业效益不好的单位,更是如此。

投资支付时间,是工程财务管理对工程质量控制提供支持的重要手段之一,也是最重要的支持之一。

第五节　工程项目建设管理质量与工程项目质量的关系

一、工程建设管理质量的含义

工程建设管理质量就是对工程建设管理意识建立的水平,也就是工程建设管理框架的构建达到齐全、有效,对工程建设管理认识的深度。建设管理,设计、监理、施工、质量监督、管理运行等部门,对工程建设有关的管理规定和管理办法等是否齐全配套。比如:建设单位一般要建立工程质量管理规定、工程质量管理办法、工程计划管理规定、工程计划工作管理办法、财务管理规定、财务工作管理办法等。计划、工程质量、财务、安全、人事等管理规定和管理办法是工程建设管理工作意识的反映,是工程建设管理水平高低的标志。监理单位、设计单位、施工单位、质量监督等都要建立相应于本工程的管理规定和办法。这些文件齐全与否、水平的深度、文件之间的严密衔接等都是工程建设管理质量的内容。

国家和行业都有相应于工程建设的标准、规程、规范,但具体到每一个工程上,都要针对本工程依据国家和行业标准、规程、规范编写相应的规定和管理办法,这样才能将国家和行业的标准、规范最好地落实到工程建设中去。

二、建设管理工作质量

工程建设管理工作质量是指贯彻落实和执行工程建设管理质量的工作质量。相当于说,工程建设管理质量是理论,工程建设管理工作质量是行动和实践。列宁说:“只有革命的理论,才有革命的行动。”但是,只有理论的正确,没有人不折不扣地去执行、去贯彻、去管理、去监督控制,再好的理论也不会有好的运动或好的成果出现。

做好建设管理工作的前提是,管理人员有一定的相应工作的素质、相应的业务水平、平等待人和实事求是的心态。工程质量管理人员,要对所管工程的质量要点和风险点熟知,对各参建单位(设计、施工、监理、质量监督、项目法人)的质量管理体系熟知,对施工项目质量控制的手段要了解和掌握,对质量管理的基本工具和方法要熟悉,对工程质量的检验评定与验收标准要熟知等。

平等待人、实事求是的心态,是做好工程建设管理工作的基础。因为工程建设各个参建单位之间都是合同关系,也就是互相平等约束的关系,是建立在公平、公正、互敬互信的环境基础之上的关系。工程质量是实实在在的东西,来不得半点虚假,只有一流的工作质量,才是产生优质工程的先决条件。

三、建设管理质量建设

建设管理质量建设的过程,其实也是一个建设管理工作的过程。建设管理质量和建设管理工作质量是相辅相成的,建设管理质量提高本身也是建设管理工作质量提高的表现。但是,往往出现工作热情很高,人员很多,工作忙忙碌碌也很辛苦,工程管理却很乱,工程质量抓不上去。甚至与上述理论倒过来,管理规定、管理办法、各种规章制度等制定了一大片,一本一本的,但是没有人去执行,工作随随便便,一事一议,一事一定,工程建设管理没有连续性,造成工程投资失控,工程索赔增加。

建设管理质量首先要完成以下工作:

(1)建设管理质量,项目法人(建设单位)牵头,提要求,定标准,拿出本工程建设管理的高水平目标和要求。

(2)各参建单位按自己的工作范围编制技术规定和管理办法。

(3)项目法人牵头,监理单位参加,对全部建设管理文件汇审,形成体系。

(4)在项目法人(建设单位)主持下,指使监理单位负责监督各参建单位工程建设、计划、质量管理体系、安全生产、工程质量检验验收评定等文件的落实工作,并形成检查监督制度体系。

四、建设管理质量与工程质量的关系

严格定义上讲,建设管理质量与工程质量的关系是锦上添花的关系。因为设计、施工、监理单位等,一般都是有相应资质的单位,或者是由招投标选择的队伍,都具有相应的技术水平,一般都满足工程建设要求。但是,加强建设管理质量,可以使各参建单位更重视本工程,把本单位相应的技术力量和水平能更多地投入到本工程上来。另一方面,加强工程建设质量管理是工程建设创新的必备条件,为提升工程设计、施工、建设管理水平,搞技术创新,建设优质工程,提供技术环境和条件。

工程质量是人评出来的,人的聪明智慧发挥是有条件的,是在一定的环境中实现的,加强工程质量管理就给了他们这样的环境和条件。

第六节　工程项目建设管理与运行管理单位的关系协调

目前,工程建设过程中,都有运行管理单位参加,不论是新建工程还是改造、改建工程,或是除险加固工程。这是一个好办法,只要工程日后有运行管理的要求,建设过程中有运行管理单位参加是完全必要的。

运行管理单位参加的深度,一般应该是运行管理单位的负责人员任建设管理单位的副职,这样比较适宜参加建设管理单位各部门全过程管理工作。

在建设管理过程中,工程质量和运行管理水平的设计,在建设中要征得各个管理部门的意见或同意,在一些两可或多可的技术问题上,在投资允许的情况下,尽量尊重管理部门的意见。

运行管理单位参加建设管理有三大好处:

(1)工程建设交接顺利。在工程项目建设过程中,建设单位是项目法人的角色,在工程运行管理中,运行管理单位是项目法人角色,让运行管理单位参加工程项目建设管理全过程,两个项目法人角色的过渡就很自然,则工程交接也就很顺利。

(2)有利于工程运行管理。运行管理单位参加工程建设全过程管理,对工程中的技术问题、建设方法、管理经过、设备情况等都比较清楚,有利于工程的养护和维修。

(3)为运行管理单位培养技术人才。一般运行管理单位没有工程实践的机会,参加工程建设管理是积累工程实践经验的机会,特别是自己亲自管理的工程,更有利于工程的管理。从工程的设计、施工、监理、验收、建设管理过程,可以提高日后对工程运行维修养护管理的水平和能力。

第十四章　工程项目进度管理与控制

第一节　如何抓工程项目进度

在工程建设项目不同阶段要编制不同的进度计划。在建设前期要编制总进度计划，在设计阶段要编制设计工作进度计划，在施工阶段要编制施工总进度计划及年、季、月度施工进度计划。

项目计划是根据项目目标的要求，对项目实施进行的各项活动作出周密的安排。它系统地确定项目的任务、进度和完成任务所需要的资源等，使项目在合理的工期内，用尽可能低的成本并以尽可能高的质量完成。

项目计划过程是一个决策过程。任何大型水利工程项目计划都是综合性很强的复杂过程。在项目的计划阶段，涉及很多政治的、经济的和技术的决策。计划就是收集、整理、分析所有信息，为决策人提供决策依据，其结果就是工程计划。

项目计划作为项目执行的法典，是项目中各项工作开展的基础。任何项目的实施都是从计划开始的，在计划中确定了项目的目标、性质和实施方案，有关项目各项工作的开展都要以此为依据。

项目计划是项目管理工作的依据和行动指南。项目计划一旦制定出来，在取得项目执行人员一致同意之后，便形成严肃的法规，任何人都必须严格执行，并以此为行动指南，明确权利和义务，规定责任和要求。成为工作的法、办事的据。项目计划作为规定和检查各级执行人员的依据及衡量责任的媒介，从而帮助管理人员指导和控制项目。

任何项目的管理都是从制定项目计划开始的。为实现项目目标，需要制定项目计划，在确定达到既定目标所必需的资源(人、财、物和时间)时，也需要制定计划。

一个项目的成败，首先取决于项目计划工作的质量，其次是项目组织、协调和控制作用的发挥。

第二节　建设项目进度控制实施系统

建设项目进度控制实施系统如图 14-1 所示。图中所反映的关系是：建设单位委托监理单位进行的进度控制。监理单位根据建设监理合同分别对建设单位、计划单位、施工单位进行控制，实施监督。

各单位都按总进度计划编制工程的各种进度实施计划，并接受监理单位的监督，实现总进度的安排，实现各单位承担的进度目标。各单位的进度计划实施与控制，要相互衔接和联系，合理而协调地进行，从而保证进度控制总目标的实现。

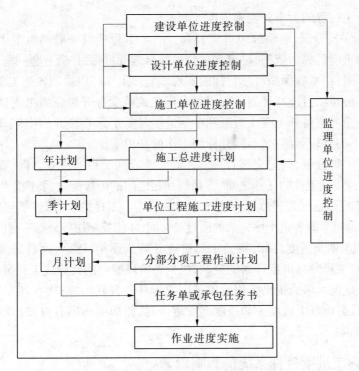

图 14-1　建设项目进度控制实施系统

第三节　工程项目实施阶段进度控制的目标系统

一、招标承包合同规定的计划工期是项目进度控制最终目标

项目的实施阶段是参建各方履行施工合同的阶段。故项目施工中各项工作的开展、检查、监督和控制,都应以合同文件为依据。进度控制是合同管理的重要内容,进度控制的最终目的,是确保工程项目时间目标的实现。

二、项目进度控制目标系统的建立

本着以近期保远期、以短期保长期、以局部保全局的综合协调的策略,应按项目进展阶段的不同将其分解为多个层次。而项目的进度目标则可以合同工期为依据。若某个项目分解为若干个不同层次,则第 i 层次的进度目标受第 $i-1$ 层次的进度目标制约,即下级目标必须达到上级目标的必要条件和充分条件。

施工阶段进度目标分解的类型有如下几种:

(1)按施工阶段分解,突出控制节点。根据工程项目的特点,可把整个工程划分成若干个施工阶段,如对堤坝枢纽工程而言,可将其分为导流、截流、基础处理、施工度汛、坝体拦洪、水库蓄水和机组运行发电等施工阶段,以网络计划图中表示的里程碑事件作为控制节点,明确提出若干个阶段进度目标,这些目标要根据总体网络计划来确定。要有明确标志,应是整个施工过程的大事件实施进度控制。

(2)按施工单位分解,明确分包进度目标。一个工程项目一般都由多个分包单位参加施工,要以总进度目标为依据,确定各单位的项目进度目标,并通过合同落实项目责任,以分头实现分部目标来确保项目总目标的实现。监理工程师应协调各施工单位之间的关系,编制和落实分包项目进度计划。为了尽力避免或减少各分包商施工进度的互相影响和作业干扰,确定各项目开工完成时限和中间进度时要充分考虑如下因素:①不同分标间工作的逻辑关系的互相制约;②不同分标间工作的互相干扰。

(3)按专业工种分解,确定交接日期。在同专业或同工种的任务之间,要进行综合平衡;在不同专业或不同工种的任务之间,要强调互相之间的衔接配合,要确定互相之间交接日期。每一道工序保证工程进度不在本工序造成延误。工序的管理是项目各项管理的基础,监理工程师通过掌握各道工序完成的质量及时间,才能控制住各分部工程的进度计划。

(4)按工程工期及进度目标,将施工总进度分解成逐年、逐季、逐月进度计划。这样将更有利于监理工程师对进度计划的控制,根据各阶段确定的目标或工程量,监理工程师可以逐日、逐季地向承包商提出工程形象进度要求并监督其实施;检查其完成情况,督促承包商采取有效措施赶上进度。如进度严重落后时,监理工程师有权发出警告并上报项目法人(建设单位)。

三、确定施工进度目标系统的影响因素

施工阶段的进度目标系统是以合同工期为依据的,自上而下逐层次制定的下级目标应为上级目标的实现提供必要充分的条件。监理人员在确定施工阶段各层次目标时,应认真考虑下列影响因素:

(1)项目总进度计划对项目施工工期的要求。

(2)因水文气象等季节性变化,对各分部工程施工的开工、完工、停工等时限的要求。

(3)各分包施工项目进度互相衔接、协调的要求。

(4)资金条件。资金是保证项目进行的先决条件,如果没有资金的保证,进度目标则无法实现。通常,资金的供给在一定时间内总是有限的,必须予以充分考虑。

(5)人力条件。施工进度目标的确定应与现场可能投入的施工力量相协调。

(6)物资条件。要掌握材料、构件、设备等物资供应的可能性和施工期间的供求量,即资源可供量是否满足资源强度的要求。

(7)其他。如气候条件、运输条件等。

第四节　工程项目施工进度控制的内容

进度控制是指工程项目建设管理人员为了保证实际工程进度与计划一致,有效地实现目标而采取的一切行动。

一、同步进度控制

同步进度控制是指项目施工过程中进行的进度控制,同步进度控制的具体内容包括:

（1）项目法人（建设单位）建立现场办公部门，加强建设工程协调工作，以保证施工进度的顺利实施。

（2）及时分析和审核施工单位提交的进度分析资料与进度控制报表。

（3）协调监理及施工单位解决在进度计划实施中的困难。密切关注施工进度计划的关键点和控制节点的变化，动态分析，动态管理。

（4）严格进行进度检查，为了了解施工进度的实际状况，避免施工单位谎报工作量，监理工程师需进行必要的现场跟踪检查，以检查现场工作量的实际完成情况，为进度分析提供可靠的数据资料。

（5）对收集的进度数据进行整理和统计分析，并将计划与实际进行比较，从中发现是否出现进度偏差。

（6）分析进度偏差将带来的影响，并进行工程总进度预测，适时局部调整进度计划。

（7）定期向上级汇报工程实际进展状况，按期提供必要的进度报告。

（8）组织定期和不定期的现场会议，及时分析、通报工程施工进度状况，并协调各参建单位之间的生产活动。

（9）及时核实已完工程量，支付工程进度款。

二、进度反馈控制的内容

反馈进度控制是指完成整个施工任务后进行的进度控制工作，具体内容有：

（1）及时组织验收工作。

（2）处理工程索赔。

（3）整理工程进度资料。施工过程中的工程进度资料一方面为上级提供有用信息，另一方面也是处理工程索赔必不可少的资料，必须认真整理，妥善保存。

（4）工程进度资料的归类、编目和建档。

（5）根据实际施工进度，及时修改和调整验收阶段进度计划及监理工作计划，以保证下一阶段工作的顺利开展。

第五节　工程项目施工进度的检查、分析与调整

一、施工进度检查

施工进度检查的目的是要查清楚各项目已进行到了什么程度。检查的方法就是将实际进度与计划进度进行对比，从中搜索问题。

进度检查的内容如下：

（1）工程形象进度检查。查勘工作现场的实际进度情况，以单元工程为分析对象，对工程现场施工工序完成情况进行查看，计划进度对比，得出工程进度结论。按信息分配组织与类别，编写进度报告，逐级上报。

（2）设计图纸及技术报告的编制工作进展情况。检查了解各设计单元出图的进度情况，分析设计的主要技术问题是否解决，根据设计人员技术力量和以往设计图纸完成时

间,确定或估计是否满足工程建设进度计划要求。

(3)设备采购的进展情况。检查和了解设备在采购、运输过程中的进展情况,查看设备采购合同文件,综合分析原因,确定或估计是否满足工程建设进度计划要求。

(4)材料的加工或供应情况。对于采购的材料,检查其订货质量、运输和储存情况,如钢筋、水泥、砂石料、外加剂等。对有些材料需要在工厂进行加工,然后运到工地,应检查其原材料、加工、运输等进展情况,如钢构件和钢管制造等。

二、应用网络进度计划进行施工进度检查的方法

将实际工程形象进度与网络计划进度对照检查,问题明了、直观,便于分析并提出改进方案。对于单元进度计划检查以施工工序为基础,对于分部工程进度计划检查以单元工程为基础,对于单位工程进度计划检查以分部工程为基础,等等,依次类推。对于一线施工进度检查,一般以单元工程为基础,以工序为检查单元,用图或文字及时地标注到网络图上。

(一)标图检查法

检查方法是:将所查时段内所完成的工作项目用图或文字及时地标注到网络图上。

图14-2给出了某工程船闸上闸首底板混凝土单元工程施工某年10月份的标图检查成果,采取的是一仓一检。

标图检查法简单、方便。施工管理人员随身带着网络图,随时都能展开来标注、汇报或下达任务。某项工程完工后,其标图检查网络便是一份难得的第一手资料,可为下一项工程提供经验和参考。

(二)前锋线检查法

实际进度前锋线简称前锋线,是我国首创的用于时标网络计划控制的工具,它是在网络计划执行中的某一时刻正进行的各工作的实际进度前锋的连线,在时标网络图上标画前锋线的关键是标定工作的实际进度前锋位置。其标定方法有两种:

(1)按已完成的工程实物量比例来标定。时标图上箭线的长度与相应工作的历时对应,也与其工程实物量的多少成正比。检查计划时某工作的工程实物量完成了几分之几,其前峰点就从表示该工作的箭线起点自左至右标在箭线长度的几分之几的位置。

(2)按尚需的工作历时来标定。有时工作的历时是难以按工程实物来换算的,只能根据经验用其他办法估计出来。要标定检查计划时的实际进度前锋点位置,可采用原来的估算方法估算出从该时刻起到该工作全部完成尚需要的时间,从表示该工作的箭线末端反过来自右至左标出前锋位置。

图14-3是一份时标网络计划用前锋线进行检查的一般实例,该图有4条前锋线,分别记录了某年6月25日、6月30日、7月5日和7月10日4次检查的结果。

对时标网络计划,可用前锋线法按一定周期(日、周或旬、月、季、年)检查分析工程项目的实际进度,并预测未来的进度。

分析目前进度,以表示检查计划时刻的日期线为基准,前锋线可以看成描述实际进度的波形线,前锋处于波峰上的线路相对于相邻线路超前,处于波谷上的线路相对于相邻线路落后;前锋在基准线前面的路线比原计划超前,在基准线后面的线路比原计划落后。绘

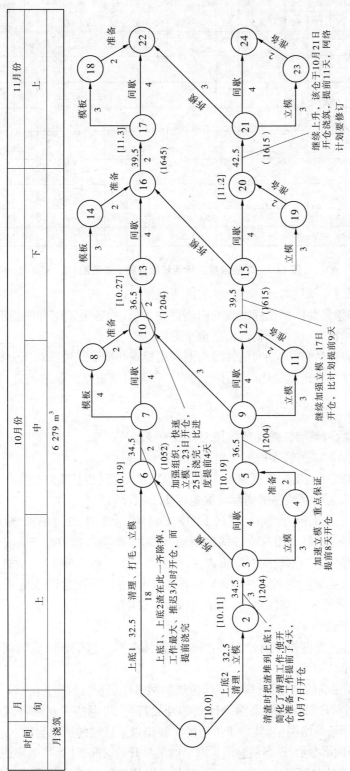

图 14-2 某船闸工程 10 月份施工进度用标图法检查图

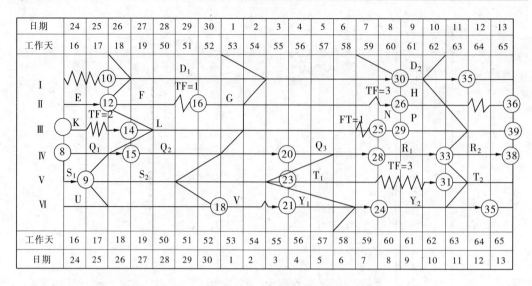

图 14-3　工程进度前锋线法检查施工进度图

出前锋线,工程项目在该检查计划时刻的实际进度便一目了然。

　　通常,检查结果是前锋线在标准线的两侧摆动,这说明各项工作有的提前有的推延。从均衡生产的要求出发,这种摆动的幅度愈小愈好。

　　预测未来的进度,将现时刻的前锋线与前一次检查的前锋线进行对比分析,可以在一定程度上对项目未来的进度变化趋势作出预测。预测可由进度比 B 来判定,其公式为:

$$B = \frac{\Delta X}{\Delta T}$$

式中　　ΔX——前后两条前锋线在某线路上截取的线段长;

　　　　ΔT——前后两条前锋线检查计划日期的时间间隔。

　　$B > 1$,说明其线路的实际进展速度大于原计划;$B = 1$,说明其线路的实际进展速度与原计划相当;$B < 1$,说明其线路的实际进展速度小于原计划。

　　图 14-4 示出了某工程大江电站厂房 12 号、13 号机组某年 10 月的前锋线检查结果。图中两台机组的进度前锋线沿标准线两侧摆动,说明工作项目有的提前而有的拖后。经分析,原因是 18 号机组尾水段现有塔机占压,部分部位不具备上升条件,故造成推延。

　　前锋线的检查成果直观明了,一般人员都能看懂,所以每次前锋线检查结果可以公示,让各级管理人员及工人都知道,有利于加快施工进度。

(三)割切检查法

　　当采用无时标进度网络计划控制时,可采用直接在图上按检查标准切割网络图的计算方法。其具体步骤如下:

　　(1)去掉已经完成的工作,对剩余工作组成的网络计划进行分析。

　　(2)把检查当前日期作为剩余网络计划的开始日期,将那些正在进行的剩余工作所需历时估算出并标于网络图中,其余未进行的工作仍以原计划的历时为准。

　　(3)计算剩余网络参数,以当前时间为网络的最早开始时间,计算各工作的最早开始时间,各工作的最迟开始时间保持不变,然后计算各工作总时差,若产生负时差,则说明项目进

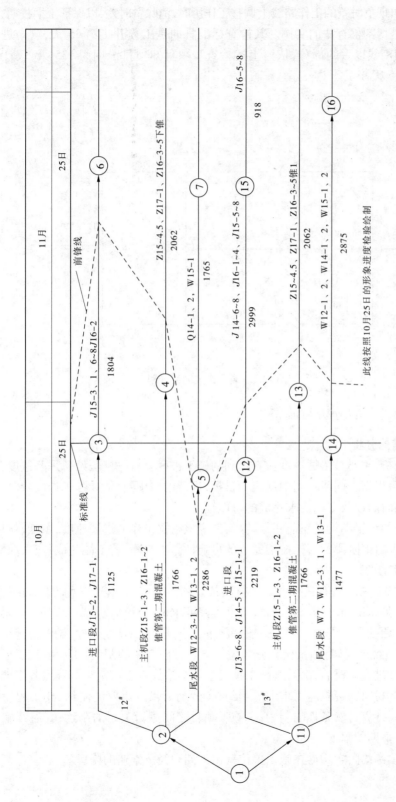

图14-4 某工程大江电站厂房12号、13号机组施工前锋线法检查图

度拖后,应在出现负时差的工作路线上调整工作历时,消除负时差,以保证工期按期完成。

图 14-5 是切割检查法的实例。其检查标准日期是工程开工第 35 天,剩余进度网络计划如图中切割线以后的部分,依照上述检查步骤可知项目工期为 135 天,较计划工期 130 天将拖后 5 天竣工。

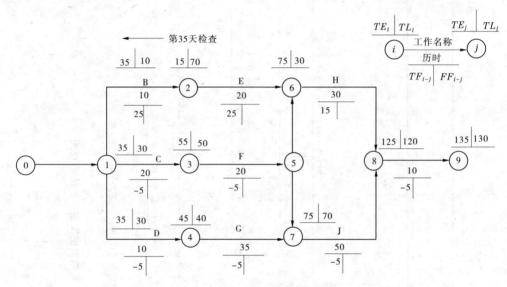

图 14-5　剩余进度网络计划

三、施工进度的分析与调整

(一)速度的分析

速度的分析,主要是依据进度检查得到的施工进度、设计进度、设备采购进度、材料供应进度等资料,根据合同或计划中规定的目标,进行动向预测,估计各工作按阶段目标、里程碑节点控制时间以及工期要求完成的可能性。

进度检查的结果不管是超前还是落后,都应该根据工作的进展速度,图纸、材料、设备等的供应进度,对下阶段的目标按期完成的可能性作出判断,若不能完成,应采取措施。

(二)进度的调整

(1)进度的调整一般有三种方案进行决策。图 14-6 表示出这三种方案的综合模式。其中第 I 方案是原计划范围内的调整;第 II 方案要求修订计划或重新制定计划;第 III 方案则要求修改或调整项目进度目标。一般情况下,只要能达到预期目标,调整应越少越好。

(2)进行项目进度调整时,应充分考虑如下各方面因素的制约:①后续施工项目合同工期的限制;②进度调整后,给后续施工项目会不会造成赶工或窝工而导致其工期和经济上遭受损失;③材料物资供应需求上的制约;④劳动力供应需要的制约;⑤工程投资分配计划的限制;⑥外界自然条件的制约;⑦施工项目之间逻辑关系的制约;⑧后续施工项目及总工期允许拖期的幅度。

①、②两项制约因素均潜在施工单位提出工期和经济索赔的隐患。

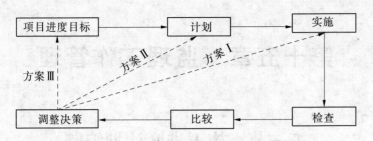

图 14-6   项目进度调整的综合模式

第十五章　监理工作管理

第一节　施工进度计划编制

监理工程师接到项目法人(建设单位)进度计划后,首先,要领会工程重要意义及要求,明确其工程进度控制要点(控制点);其次,组织参建方编制工程进度计划,包括项目法人(建设单位)的年度、季度计划等详细计划,则整个工程的进度实施计划编制全面启动。

一、施工进度计划编制过程中监理工程师的主要任务

(1)接受项目法人(建设单位)进度控制计划安排,明确工程建设目标要求。

(2)理清整个工程外部约束因素,分解需要协调解决的问题到责任单位。

(3)对各参建单位提出工程进度编制控制时间及要求。

(4)作出工程项目划分。

(5)编制监理计划、监理实施细则、工程检测计划。

(6)督促各参建单位编制施工组织设计。

(7)汇审各参建单位编制施工组织设计。

(8)确定整个工程进度计划,报告项目法人(建设单位)。

二、施工进度计划编制过程中监理工程师的责任

(1)对项目法人(建设单位)提出的进度控制计划提出意见,接受工程建设目标。

(2)对工程建设外部约束条件提出解决建议。

(3)提出工程控制要点(要够深度,一般要到工序)。

(4)监理计划实施细则、检测计划,深度要达到工序。

(5)施工组织设计会审要记录清楚,提出工程风险点、投资风险点、质量风险点、内部协调风险点、外部协调风险点等。

(6)工程整个进度计划报告项目法人(建设单位),谋求解决办法,并且得到其认可及工作支持。

三、施工进度计划编制过程中监理工程师的权限

(1)施工进度计划编制中各参建单位之间的协调权。

(2)施工进度计划编制分解工程工期的决定权。

(3)施工进度计划编制控制点的决定权。

(4)根据建设目标,对工程建设投入的决定权。

　　(5)各参建单位(包括建设单位的进度计划)施工计划审定权。

　　总之,施工建设过程中,要体现出一个法(理)大,不是项目法人大或哪一个参建单位大的气氛,只有这样,才能正常开展工作,监理才能正常监理工程。

　　监理是工程建设执法的第一单位,而不是项目法人(建设单位)。

(一)施工进度计划编制中各参建单位之间的协调权

　　工程建设计划是各参建单位计划安排的统一体,计划实施是一个系统工程,各参建单位之间的施工安排要在监理单位统一协调和指挥下进行。

(二)施工进度计划编制中分解工程工期的决定权

　　工程建设按工程规模和技术因素分成若干个标段。每个标段的工程内容又按建设项目管理要求分为单位工程、分部工程、单元工程和工序。工程在实施中,有一整套质量控制要求,对工程建设进度有直接的影响。如:工序要求是,上道工序完成验收后,才能进行下道工序施工,隐蔽工程必须经过监理、设计、施工、建设、质量监督等单位联合验收后,才能进行覆盖。基础处理隐蔽工程验收,要请有关专家召开工程验收会议进行验收等。工程的具体完成时间才是工期计划进度控制时间,所以在编制进度计划时,要进行工期控制,要明确完成时间。

(三)施工进度计划编制控制点的决定权

　　进度计划编制,首先要确定工序;其次要确定工序的工作时间;然后才能编制工程进度计划安排;最后进行工期调整,确定总工期。根据投入的人力、物力、财力不同,在工期调整的过程中,工序的完成时间有一定的调整范围,但工序总的时间长短,按施工企业的社会劳动生产率能力确定。它反映一个企业的技术水平、设备能力、人员的劳动生产率等,同时,还要受气候条件因素影响。工序的时间调整影响主线工序的变化,进而影响总工期的变化。若使之趋于合理,就要优化,则监理单位要根据工程总工期计划,施工企业生产力水平、技术水平和设备能力等,确定施工进度计划控制点。

(四)根据建设目标,对工程建设投入的决定权

　　工程建设要投入一定量的设备能力、劳动力、技术力量等。工程进度的快慢与工程投入(人、财、物)有直接的关系。工程质量与投入也有着一定关系,工程建设目标受工程建设投入的直接约束。

　　人力的投入是关键,即要建立一个有领导能力和技术水平的项目经理班子,有一个技术水平高、专业配套的劳动队伍,要有一定水平要求的设备能力,更重要的是要有适量财力的投入,工程才能有达到既定目标的基本保证。监理工程师根据工程目标要求决定施工单位作出相应的投入。

(五)各参建单位施工进度计划的审定权

　　参建各单位根据自己中标的内容,编制其施工组织设计。建设单位根据工程的总体目标编制进度控制计划,监理单位要根据工程建设总目标,从技术、工期、投资上把工程目标贯彻落实到工程的设计施工中去。

　　技术保证要在施工投入安排中体现出来;工期保证要在施工结点控制、内部协调时间结点和外部协调时间结点上体现出来;投资保证要在项目法人(建设单位)投资计划安排和参建单位财务状况的评估上体现出来。施工投资到位要作出保证措施,整体施工组织

设计要严密、协调、明确、可行。

现就其工作内容分述如下。

1. 编制施工阶段进度控制工作细则

施工阶段进度控制工作细则，是监理人员在施工阶段对项目施工进度控制的一个指导性文件。其总的内容应包括：

(1)施工阶段进度目标系统分解图。

(2)施工阶段进度控制的主要任务和管理组织部门机构划分与人员职责分工。

(3)施工阶段与进度控制有关的各项相关工作的时间安排，项目总的工作流程。

(4)施工阶段进度控制所采用的具体措施(包括进度检查日期、信息采集方式、进度报表形式、信息分配计划、统计分析方法等)。

(5)进度目标实现的风险分析。

(6)尚待解决的有关问题。

施工阶段进度控制工作细则，使项目在开工之前的一切准备工作(包括人员挑选与配置、材料物质准备、技术资金准备等)处于预备控制状态。

2. 编制或审核施工总进度计划

施工阶段监理人员的主要任务就是保证施工总进度计划的开竣工日期与项目总进度计划的时间要求一致。当采用多标分包形式施工时，监理人员要负责施工总进度计划的编制，以便对各施工任务作出统一时间安排，使标与标之间的施工进度保持衔接关系；当采用施工总承包形式时，施工总进度计划也可由总承包商编制，这时，监理工程师的主要任务是审核施工承包商编制的施工总进度计划，审核内容包括：

(1)项目划分是否合理，有无重项和漏项。

(2)进度在总的时间安排上是否符合合同工期的要求，分项工程进度是否符合项目总进度计划中该项目施工进度分目标的要求。

(3)施工顺序的安排是否符合逻辑，是否符合施工工程的要求。

(4)劳动力、材料、机械设备供应计划是否确保施工总进度计划的实现，资源供应量是否能满足资源强度和均衡性要求。

(5)施工组织设计的合理性、全面性和可行性如何。

(6)进度安排与业主提供资金的能力是否一致。

若监理工程师在审查过程中发现问题，则需及时向施工总承包商提出，并协助其修改施工总进度计划。

3. 审核单位工程施工进度计划

监理工程师并不负责单位工程施工进度计划的编制，但必须对承包商提交的施工进度计划进行审核，经认定后方可执行。通常承包商在编制单位工程施工进度计划时，除满足关键控制日期的要求外，大多数施工过程的安排具有相当大的灵活性，以协调其自身内部各方面的关系。只要不影响合同规定的关键控制工作进度目标的实现，监理工程师可不予以干涉。监理工程师对承包商提交的单位工程施工进度计划的审核内容主要包括以下几方面：

(1)进度安排是否满足合同规定的开竣工日期。

（2）施工顺序的安排是否符合逻辑，是否符合施工工序的要求。

（3）承包商的劳动力、材料、机械设备供应计划能否保证进度计划的实现。

（4）进度安排的合理性，防止承包商利用进度计划的安排造成业主违约，并以此向业主提出索赔。

（5）进度计划是否与其他施工进度计划协调。

（6）进度计划的安排是否满足连续性、均衡性。

值得注意的是，在有些情况下，单位工程施工进度计划也可由监理人员编制，这主要是与施工任务的承包形式有关。不过，由监理人员编制的施工进度计划相对来说是粗线条的、控制性的，详细地实施性进度计划还得由承包商编制。

4. 进行进度计划系统的综合

监理工程师在对承包商提交的施工进度计划进行审核以后，往往要把若干个有相互关系的处于同一层次或不同层次的施工进度综合成一个多阶施工总进度计划，以利于进行总体控制。特别是在项目的实施过程中，当工程的规模较大时，若不将进度计划进行综合，而只是形成若干个"孤岛"，那么，要想迅速而准确地了解某一局部的影响，以及某一局部对总体的影响是非常困难的。

5. 编制时段工程计划

进度控制人员以施工总进度计划为基础编制年度工程计划，安排年度工程投资额，单项工程的项目、形象进度和所需各种资源（包括资金、设备材料和施工力量），做好综合平衡、相互衔接。年度计划作为业主拨付工程款和备用金的依据。此外，还需编制季度和月度工程计划，作为施工单位近期执行的指令性计划，以保证施工总进度计划的实施，最后适时发布开工令。

第二节　施工进度计划控制

一、施工阶段进度控制中监理工程师的主要任务

（1）适时发布开工令。

（2）审核批准施工单位提交的施工总进度计划及年、季、月度的实施进度计划。

（3）严格控制关键线路的关键工作、关键分部分项工程或单项工程的控制工期的实现。

（4）检查施工单位的实际进度与计划进度是否相符，如实际施工进度拖延，督促施工单位采取有效措施加快进度，及时修改施工季度计划以保证按期完工。必要时可下达"赶工指令"，命令施工单位追赶进度。

（5）协调好各施工单位之间的施工安排，尽可能减少互相干扰，以便项目顺利实施。

（6）控制好材料物资按计划供应，以保证施工按计划实施。

（7）公正合理地处理好施工单位的工期索赔要求，尽可能减少对工期有重大影响的"工程变更"指令，以保证施工按计划执行。

（8）及时协助建设单位和施工单位做好单项工程和全部工程的验收工作，尽早使已

完成的单项工程投入运行。

二、施工阶段进度控制中监理工程师的职责

在项目开工前检查各方落实施工准备的工作,例如:建设单位是否按合同要求提供了外部施工条件;设计单位是否按规定提交了设计文件、施工图纸以及测量控制网点;施工单位是否进行了人员与材料的准备。经过监理工程师的审查,认为已符合开工条件,征得建设单位同意,并对施工单位提交的开工申请报告进行审查后,可由项目监理工程师签署开工令,开工令作为工程正式开始施工、确定施工工期的依据,是具有法律效力的指令性文件。当工程全面开工实施进度计划时,监理工程师应积极参与进度目标管理。根据工程建设总目标的要求,在进度计划执行过程中,监理工程师应深入施工现场,了解施工实际进展情况,既要重视工程量完成情况,也要重视供货的形象进度。一旦工程拖延,应督促并帮助施工单位分析原因,提出措施,及时扭转,以便控制各阶段进度目标的实施。

(一) 监理工程师的职责

(1)控制工程总进度,审批施工单位呈报的施工进度计划和分部分项工程进度计划。

(2)监督施工单位执行进度计划,并根据各阶段的主要控制目标做好进度控制,根据施工单位完成进度的状况,签署进度支付凭证。

(3)向施工单位及时提供施工图、规范标准以及有关技术资料。

(4)督促与协调施工单位做好原材料、施工机械与设备等物资的供应工作。

(5)定期向业主提交工程进度报告,组织召开进度协调会议,解决进度控制中的重大问题,签发会议纪要。

(6)在执行合同中,做好各种施工进度记录,并保管与整理好各种报告、批示、指令及其他有关资料。

(7)组织阶段验收与竣工验收。

(二) 监理检查员的职责

(1)熟悉合同文件、设计内容、施工图纸以及各种技术规范等,并在实际工作中灵活应用。

(2)监督、检查分管工作的进度执行情况,如资源的投入使用状况、施工方法与施工机械的选择,进度工程量是否按计划完成,做好现场的值班记录。

(3)一旦发现施工现场出现问题,及时向施工单位提出建议,并向现场监理工程师报告。

(4)在现场监理工程师的指导下审查月进度报表。

(5)根据现场施工条件审查施工单位提出的施工更改措施。

(6)做好工程施工总进度的平衡。

三、施工阶段进度控制中监理工程师的权限

建设单位和施工单位签订承包合同,其关系属于经济承包关系。建设单位将合同管理的工作委托给监理工程师,而不直接指挥施工单位。监理工程师依据与建设单位签订的监理合同,对施工单位在施工过程中的行为进行监理。为了明确监理工程师在施工管

理中的核心地位,保障对项目实施全面监理,监理工程师的权限如下:

(1)保证工程建设按合同规定的日期开工与竣工。施工单位在收到中标通知书后的较短时间内,必须尽快向监理工程师提交施工进度计划,经过审查、修改、批准后才能根据监理工程师下达的开工令进行施工。在进度计划的实施过程中,监理工程师要按计划对施工活动进行全面控制,经常地、定期和不定期地检查和分析实施情况,并指令施工单位修改进度计划,保证工程项目按合同规定的日期竣工。

(2)修改设计建议及设计变更签字权。经技术论证后,如认为有必要对设计方案或施工图进行优化设计,监理工程师有权建议设计单位修改设计。所有的设计变更文件与施工图,必须征得监理工程师的批准签字认可后,才能交付施工单位实施。

(3)劳动力、材料、设备使用监督权。根据季度、月度作业计划的安排,监理工程师应深入现场监督检查劳动力配置、施工机械的类型与数量。监督的目的是既保证工程建设的进度,又不因资源使用的不合理而浪费资金。

(4)工程付款签证权。监理工程师在工程的进度控制中,应要求建设单位积极组织资金到位,以便按时支付工程进度款。未经监理工程师签署付款凭证,建设单位将拒付施工单位的施工进度、备料、购置设备、工程结算等工程建设款项。

(5)下达停止施工令和复工令。由于建设单位原因或施工条件发生较大变化而导致必须停工时,监理工程师有权发布停工令,在符合合同要求时也有权发布复工令;对于施工单位不符合质量标准、规范、图纸要求进行施工,监理工程师有权签发整改通知单,限期整改。整改不力的可在报请总监理工程师后签发"停工通知单",直至整改验收合格后才准许复工,而对于严重违约的施工单位,监理工程师有权向建设单位建议解除承包合同。

(6)合同条款的解释权与管理权。建设单位与施工单位正式签订承包合同条款,监理工程师虽不承担合同风险,但负责有效地管理合同。在合同的执行中有权对合同条款进行解释,并采取相应的措施提高工程建设各方管理人员的合同意识,按合同条款及有关文件管理工程项目的建设,确保进度目标的实现。

(7)索赔费用的核定权。不是因施工单位的责任造成工期延误及费用的增加,施工单位有权向建设单位提出索赔。监理工程师应核定索赔的依据及索赔费用的金额,并在合同的管理中尽量减少索赔事件的发生。

(8)有效开展协调工作的权力。协调工作主要包括:协调各施工单位之间的关系,使它们互相配合,搞好工作衔接,保证建设按进度计划实施;协调建设单位与施工单位之间的关系,在合同条款的履行中应公正地维护双方的利益,确保工程的进度;协调监理单位与施工单位之间的关系,定期召开协调会议,检查进度计划的执行情况,通过分析原因采取措施,修订下阶段的进度计划,以利实施。监理工程师应通过信件、通知、指令及会议纪要等形式对合同实施管理。

(9)工程验收签字权。当分部分项工程或隐蔽工程完工后,应经监理工程师组织验收并签发验收证,工程才能继续施工,以避免出现施工单位因抢进度而不经验收继续施工,影响施工质量。

第三节　建设监理法规体系框架初步形成

我国推行建设监理制度14年来,建设监理的法规体系框架已基本形成,并逐步得到完善。主要表现在:一是明确了工程监理的法律地位。《中华人民共和国建筑法》、《建设工程质量管理条例》的颁布实施,使建设监理制度在工程建设中的地位受到了国家法律法规的保障,确立了监理单位市场主体地位。二是制定了监理队伍的市场准入规则。建设部颁布的监理单位资质管理规定、监理工程师考试与注册办法,明确规定了监理企业和监理人员开展监理业务应具备的相应资质和资格条件。三是监理工作开始走上了规范化轨道。2000年12月,建设部与国家质量技术监督局联合发布了国家标准《建设工程监理规范》,为系统全面规范监理工作迈出了重要一步。四是初步形成了监理取费的价格体系。建设部与原国家物价局联合颁布的《工程建设监理取费办法》,为指导监理市场建立完善的价格体系标准奠定了良好的基础。五是进一步明确了监理对象。建设部颁布的《建设工程监理范围和规模标准规定》要求对五类工程必须实行监理,更加明确了工程监理在工程建设中的作用。此外,绝大多数地方人民政府或人大以及各部门,也制定了本地区、本部门的建设监理法规和实施细则。建设监理工作基本上做到了有法可依、有章可循。

第四节　工程项目监理主要问题

一、我国目前监理工作不符合国际惯例

我国在建立监理制度之初,曾设想参照国外工程咨询公司的模式,将监理行业定位在从事工程建设项目全过程管理的专业化、社会化的行业。但由于受计划经济条块分割的影响,工程项目从投资机会分析至竣工验收投入使用过程中,出现了资产评估企业、招投标代理企业、监理企业等从属于各个不同行业主管部门的现象,不同类型的企业必须申请、认定不同的资质。这种长期分割的局面,使得我国建设监理行业经营项目单一,只局限于施工阶段,背离了原有构想。加入世界贸易组织后我国监理企业应按照国际惯例开展监理工作。如何为业主提供优质的全方位、全过程的工程建设监理服务,实现业主的投资目的和效益目标,将对我国现有的建设监理模式产生较大的冲击。

二、我国建设监理行业没有真正形成独立的行业

我国监理企业目前大致分为四种类型:一是政府主管部门为改善经济条件,安置分流人员成立的公司;二是大型企业集团设立的子公司或分公司;三是教学、科研、勘察设计单位分立出来的公司;四是社团组织及人士成立的监理公司。除第四类中少数社会化的监理公司外,绝大多数存在产权关系不清晰、法人管理结构不健全、分配机制不合理的现象。有相当一部分监理公司是处于别的行业的副业状态,为了"创收"而成立监理公司,严重制约了监理企业和监理行业的进一步发展。因此,依据现代企业制度对监理企业进行改

造,加强监理行业的建设,将成为监理行业未来发展之路。

三、监理从业人员整体素质有待提高

国际咨询工程师多数是硕士或博士,工程建设管理经验相当丰富。相比之下,我国监理从业人员学历普遍偏低,知识结构不健全。主要反映在:一是监理工程师的知识结构不合理;二是总监理工程师和专业监理工程师的数量与质量不能满足监理工作需要;三是监理人员缺乏现场实践经验。

监理工程师是在具有一项专业技术知识并具有一定的现场实践经验基础上,增加管理和法律知识后的复合型管理人才。目前,我国的监理人员来源比较广泛,主要来自勘察设计单位、科研院所、大专院校、基建管理部门和施工单位,他们即使获得监理工程师注册,但由于在知识结构方面缺乏管理知识和法律知识,因而在开展监理工作中不能有效地发挥组织、协调、管理的作用,难以取得监理成效。

我国虽然已建立了监理工程师执业资格制度,并培养了一批注册监理工程师,但数量还远不能满足开展监理工作的需要。有些取得执业资格的人员由于不在监理单位任职,不能获得注册。实际工作中存在严重的供需矛盾。

目前,对监理人员的培训、考试工作存在一些弊端,主要是重理论、轻实践,重资历、轻业绩,理论学习与实际工作脱节,不少年轻的监理人员虽然能够取得执业资格证书,但由于缺乏工程管理实践经验,在现场往往不能解决实际问题,难以使承包商信服,得不到建设单位的信任。此外,在监理队伍中还有很多退休老同志,他们原有的工程建设经验无法适应监理管理工作,身体状况更难以适应现场监理工作,起不到监理的作用。

四、监理取费偏低,难以留住人才

当前监理工作中取费偏低问题严重制约着监理行业的发展,很多工程项目的监理费甚至达不到合理的监理成本水平,使监理企业无法挽留和吸引高素质的监理人才,严重影响了监理人员的积极性,难以发挥监理应有的作用。

主要原因是国家监理取费标准比较低。建设部与原国家物价局曾于1992年制定并颁发了《建设工程监理取费办法》。随着近几年物价指数和工资水平的增长、监理工作程度的提高,原办法已明显不能适应当前监理工作的形势,急需调整提高。但即便如此,目前绝大部分工程的监理费都低于该标准,不少地方实际取费不足国家标准的30%。目前在新旧体制转轨、建筑市场不完善、政府投资工程占主导地位的背景下,监理取费完全市场化还为时尚早。

第五节 加强对监理工作的监督

一、加快法制建设,加大执法检查力度

近年来,尽管国家出台了一些有关建设监理的法律、法规,但有些问题不可能在法律、法规中规定得十分详细,因此需要制定一些全国统一、操作性强的条例、规范或管理办法。

如建设监理条例、监理招投标管理办法或实施细则、新的监理取费指导意见等。此外，还应制定监理行业行为规范、监理工程师执业道德准则等。

与此同时，加大执法检查力度，打破垄断，进一步规范监理市场行为，淘汰一些不合格、不规范的企业和不称职的监理人员。

二、监理必须加大技术咨询服务的含量

监理应多做些属于高技术含量、智力密集型的技术咨询服务，这样所取得的经济效益会远远超出业主付出的监理费用。监理工作应从设计前期开始，才能取得比较好的效果。

三、业主应加强对监理工作的监督

监理公司受甲方委托管理工程，在承包商面前成为"权利方"，为达到利益最大化目的，承包商一定会千方百计地用金钱来收买监理手中的权利。在施工管理中，监理工程师要对工程进行"三控制，两管理"。职责规定，现实表明，监理工程师一定对工程最熟悉。承包商若想在质量、进度、安全、投资控制上做手脚，没有监理的暗中支持或默许，是无法做到的。在承包商的大力"攻关"下，一些监理工程师或多或少会产生立场偏移，轻者会时开绿灯，重者则完全成为承包商的另一类雇员。在这种情况下，谈什么合同管理、投资控制都是没有意义的。

对业主来说，监理工程师的责任心、业务能力等对工程构成一定风险。业主应极力避免监理工程师产生工作失误，一旦监理工程师出现工作失误，虽然能有一定的经济赔偿，但与自身所遭受的损失相比，还是得不偿失的。

国外的咨询工程师和监理工程师背后有强大的社会信用体系，若违背职业道德，会冒着职业生涯被毁的风险，另外经过多年的发展，行业也已经相当规范。

国内的社会信用体系尚未完全建立，伙同承包商造假的风险相对较小，风险效益比远小于国外。监理队伍中非正式员工、退休职工较多，这些人临时观念较强，容易出现"权利寻租"现象。

在这种客观情况下，甲方不能完全信任监理，要有对监理工作进行监督的体系，甲方对施工情况要有较详细的掌握。要运用好"抽查"这个手段，抽查施工现场，看情况是否与承包商和监理报告的情况相符，由此来判断监理的工作力度和成效，并据此提出意见和建议。对于影响投资控制关键工序，如隐蔽工程的验收、较大设计变更的签发，甲方都要掌握第一手资料，作为决策的依据，这也是对监理工作监督和从另一方面的补充，甲方对工程的适当参与，在我国建筑市场情况下是可行的，也是必须的，是投资控制的重要一环。

第十六章　工程项目建设各单位主要负责人选择

第一节　对人的认识理论简介

任何组织都有领导者,领导者就是指引和影响个人或组织在一定条件下实现某一目标的行为者。同样一个组织都去完成同样的任务,不同的领导者完成的任务水平不一样。同样的组织完成任务水平的不同,很大程度取决于组织文化的差异。组织文化是组织成员在认识和行为上的共同理解,它贯穿于组织的全部活动,影响组织的全部工作,决定组织中每个成员的精神面貌,整个组织的素质、行为和竞争能力。

一个组织的文化建立主要取决于首任领导者的气质和性格。电视剧《亮剑》中,李云龙在《论军人的战斗意识——亮剑精神》中说:"任何一支部队都有自己的传统,传统是什么? 传统是一种气质,是一种性格,这种气质和性格是由这支部队组建时首任军事首长的气质和性格决定的,他给这支部队注入了灵魂,从此不管岁月流失、人员更迭,这支部队灵魂永在,这是什么? 这就是我们的军魂。"

目前,对人的行为研究的学者很多,理论也不少,而所形成的一门科学叫组织行为学。组织行为学是一门年轻学科,其内涵和外延都处在不断的发展变化中,因而对这一问题的回答也就众说纷纭,莫衷一是。

美国学者威廉·迪尔认为:"组织行为是一门应用社会学,研究工作组织中个人、团体和组织的行为问题。"另一位美国学者安德鲁·J·杜布林(A·J·Dubrin)在他的著作《组织行为学原理》中写道:"组织行为是系统研究组织环境中所有成员的行为,以成员个人、群体、整个组织及其外部环境相互作用形成的行为作研究对象的一门科学。"

加拿大学者乔·凯利(Jee Kelly)认为:"组织行为学的定义是对组织的性质进行系统的研究:组织是怎样产生、成长和发展的,它怎样对各个成员、对组成这些组织的群体、对其他组织以及更大些的机构发生作用。"

上述看法的共同之处在于,它们概括地反映了组织行为学研究的本质内容,但是科学研究的目的是揭示客观现象背后的原因,即行为规律性。

我们认为,组织行为学的研究对象是人的心理行为的规律性,研究的范围是一定组织中的人的心理行为的规律,研究的目的是在掌握一定组织中人的心理和行为规律性的基础上,提高预测、引导、控制人的行为的能力,以达到组织既定的目标。总之,组织行为学是研究组织环境中人的行为规律的科学。

在组建工程建设管理单位时,选择参建工程项目单位主要负责人,应该从组织行为学角度选择人的气质和性格,更能完成好工程建设管理任务。

一、人性观的含义

管理人员的人性观实际上是指对人为什么要工作,以及应该如何去激励和管理人所持的观点和看法。

管理人员的人性观是其世界观的重要组成部分。管理学家莱波曼(Lieberman)将"人的基本宗旨"划分为六个方面,认为管理者的人性观倾向可以通过六个方面加以衡量。这六个方面依次是:

(1)认为人是可以依赖的,或是不值得依赖的程度。

(2)认为人是利他的或者利己、自私的程度。

(3)人是独立的和自力更生的,或者是依赖并顺从于群体或权威人物的程度。

(4)认为人是有意志的理性力量的,或者相信他们是由非理性的内部和外部因素所控制的程度。

(5)认为人是有不同的思想、知觉和价值观的,或是相信他们的知觉与价值观等是基本一样的程度。

(6)认为人是简单的或是十分复杂的动物这一点的相信的程度。

管理实践中,管理原则、管理方法的背后,隐含着管理者对于人性的基本看法。这种看法的不同,决定了他们管理方式的差异。因此,改进管理方式的根本就是要形成正确的人性观。正确的人性观是有效管理的核心和关键。

二、X 理论与 Y 理论

X 理论与 Y 理论是麦格雷戈提出的。

(一)X 理论

X 理论是传统管理思想和管理方式中蕴含的关于人性的看法,其基本观点是:

(1)多数人天生懒惰,他们尽可能逃避工作。

(2)多数人没有雄心大志,情愿受他人指导,不愿负任何责任。

(3)人们以自我为中心而组织目标,必须用强制、惩罚的办法,才能迫使他们为达到组织的目标而工作。

(4)人们习惯于抵抗变革。

(5)人们易受欺骗,常有盲从举动。

(6)多数人干工作都是为了满足基本的生理需要和安全需要,因此只有金钱和地位才能鼓励他们努力工作。

(7)人大致可分为两类,多数人是符合前述六个基本观点的人,少数人是能够自己鼓励自己,能够克制感情冲动的人,这些人应负起管理的责任。

(二)Y 理论

Y 理论是与 X 理论相对的一种对人性的看法,该理论强调个人目标与组织目标的融合而非背离。基本观点是:

(1)一般人并非天生厌恶工作,因为工作毕竟是满足需要的基本方式,而且人在工作中消耗体力与智力,乃是极其自然的事,如同游戏和休息一样的自然。

（2）人为了达成自己已承诺的目标，能够"自我督导"和"自我控制"，促使人朝向组织的目标而努力，外力的控制及惩罚的威胁并非唯一可行的方法。

（3）人对于目标的承诺，是由于达成目标可以给个人带来某种报酬。对人最有意义的报酬是自我需要及自我实现需要的满足。这种报酬是使人朝向组织目标而努力的动力。

（4）只要情况适当，一般人不仅能学会承担责任，而且能学会争取责任。常见的规避责任、缺乏志向以及只知重视保障等现象，是后天习得的结果，而非人的本性使然。

（5）大多数人均拥有以高度的想象力、智力和创造力来解决组织中各种问题的能力，而非只有管理者才具有这种能力。

（6）在现代产业活动中，常人的智慧和潜能仅有一部分得到了利用。

（三）超 Y 理论

超 Y 理论是由摩尔斯和洛斯奇提出来的。

超 Y 理论对于人性的看法，概括起来主要有如下四点：

（1）人们工作的动机是各种各样的，需要亦各不相同，但其主要需要是获得胜任感。所谓胜任感是指一个工作组织的成员，成功地掌握了周围的世界，其中包括所面对的任务而积累起来的满意感。

（2）取得胜任感的动机尽管人人都有，但不同的人可以用不同的方式来实现，这取决于这种需要同一个人的其他需要，诸如权力、独立、自由、成就和交往等的力量的相互作用。

（3）如果任务与组织形式相适合，胜任感的动机极可能得到实现。

（4）即使胜任感达到了目的，它仍然继续起激励作用：一旦达到一个目标后，一个新的、更高的目标就树立起来了。

三、人性假设理论

美国当代著名的管理心理学家雪恩在《组织心理学》一书中，认为在管理活动中，管理者对被管理者存在着四种不同的人性假设，即"经济人"、"社会人"、"自我实现人"、"复杂人"假设。

（一）"经济人"假设

"经济人"，又称"实利人"、"唯利人"。这种假设归根结底是从享乐主义出发。这是美国麻省理工学院教授麦格雷戈（D. M. Megregre）提出的观点。"经济人"的观点认为人的一切行为都是为了最大限度地满足自己的私利，人都争取最大的经济利益，工作是为了获得经济报酬，这是遗传决定论的人生观。

对"经济人"假设的评价：

（1）"经济人"的假设把人看成是天生懒惰的，实质上是早已被否定了的遗传决定论的人生观，它没有看到人的社会性一面。

（2）"经济人"的假设否认了人的主动性、自觉性、创造性与责任心，把人看做是主要受金钱驱动的、被动地接受管理的被管理者。

（3）把管理者与被管理者对立起来，实质上是为了实现少数人对多数人的剥削。

（4）它也含有部分合理成分，它改变了当时企业里放任自流的管理状态，提高了效率，减少了浪费，促进了科学管理体制的建立。如今，在发达国家，X理论已过时，但对于不发达国家和个别中小型企业，它仍有应用的价值。

（5）了解"经济人"假设，有助于提醒管理者改正错误的管理方式和方法。

（二）"社会人"假设

这是美国哈佛大学社会心理学教授梅约在一系列实验基础上出版的《工业文明的人的问题》一书中有关人的行为科学的观点，即良好的人际关系是调动人的生产积极性的决定因素。

对"社会人"假设的评价：

（1）从"经济人"到"社会人"的假设是管理思想与方法的一个进步。这是企业间竞争的加剧和企业中劳资关系的紧张迫使企业所有者改变了看法的结果。

（2）"参与管理"在一定程度上起到了缓解劳资矛盾的作用。例如，日本丰田汽车公司组织工作俱乐部，鼓励工人提合理化建议，即使不采用，公司也象征性给予工人奖励，给工人送生日礼物，与工人搞社交活动，采用"终身雇用制"。

（3）"社会人"假设认为人际关系对于调动职工生产积极性是比物质奖励更为重要的因素，这一点对于我国企业制定奖励制度有参考意义。

（三）"自我实现人"假设

"自我实现人"是美国人本主义心理学家马斯洛提出的。

该假设认为：人并无好逸恶劳的天性，人在本质上是自发、自动向上并能自制的，人人都有潜能，人都需要发挥自己的潜力，表现自己的才能，只有人的潜力充分发挥出来，才能充分表现出来，人才会感到最大的满足。

"自我实现人"是一种有思想的人，这种人具有以下特征：有敏锐的观察力；思想高度集中；有创造性；不受环境偶然的影响；只跟少数志趣相投的人来往；喜欢独居；重客观、重实际；崇新颖；自我定向；抗拒遵从；择善固执；爱生命；具坦诚；重公益；能包容；富幽默；悦己信人。

对"自我实现人"假设的评价：

（1）"自我实现人"假设是大工业发展到高度机械化的条件下提出的。以前工人在简单、重复的动作中，看不到自己与整个组织任务的联系，士气低落。"自我实现人"假设及其管理措施，如工作扩大化、工作丰富化等，有利于提高职工的工作积极性。

（2）该假设的人性观有不合理部分。人既非天生懒惰，也非天生勤奋；人的发展也不是自然成熟的过程，而是先天素质与后天的环境、教育、社会实践共同作用的结果；把不能达到"自我实现"的原因归为缺乏必要的条件，也是机械主义的观点，实际上人的发展主要受社会关系的影响。

（3）其中的一些管理措施值得借鉴，如：创造适于个人才能发挥的条件，重视奖励，为职工提供学习与深造的机会，相信职工的独立性、创造性。

（四）"复杂人"假设

"复杂人"假设是美国组织心理学家雪恩等提出来的。

该假设的基本特点是：人的本质不是单纯的"经济人"或"社会人"或"自我实现人"，

人是很复杂的,不仅人的个性因人而异,而且同一个人在不同的年龄、不同的时间、不同的地点会有不同的表现。人的需要和潜力会随着年龄的增长、知识的增加、地位的改变以及人与人之间关系的变化而各不相同,即人是因时、因地、因各种情况而变化,应采取不同的适当管理措施。

对"复杂人"假设的评价:

(1)这是在系统原理的理论和权变管理的理论基础上在管理思想上的一次突破。该理论认为,人是怀着不同需要加入组织的,而且人们有不同的需要类型,不同的人对管理方式要求是不同的。它的管理范围是组织的整个投入—产出过程,涉及组织的所有要素。在管理方法和手段上,采取管理态度、管理变革、管理信息等手段使组织的各项活动一体化,实现组织的目标。在管理目的上,它追求满意或适宜,并且是生产率与满意并重,利润与人的满意并重。

(2)"复杂人"假设和应变理论有辩证法的因素,强调根据不同的具体情况、针对不同的人,采取灵活机动的管理措施,这对管理工作有积极意义。

(3)理论假设过分强调个别差异,在某种程度上忽视了人的共性,不利于管理的稳定性。

四、人的气质

(一)气质的特点

气质是典型地表现于人们心理过程的速度(如知觉的快慢、思维的灵活性程度)、稳定性(如注意力集中时间的长短)、强度(如情绪的强弱、意志努力的程度)以及心理活动的指向性(有的人倾向于外部事物,从外界获得参考信息;有的人倾向于内部,经常体验自己的情绪和思想)等动力方面的特点。

人的气质受个体生物组织制约,是人出生时就具有的,表现在人的认识、情绪、意志、行为活动中的一种典型的、稳定的个性心理特征。由于人的气质具有天赋的秉性,故稳定性很强。当然它也不是固定不变的,在剧烈的社会变革或强大的教育影响下,人的气质特点也可能发生某些变化。

(二)气质的类型

1. 体质、体型说

德国精神病学家克瑞奇米尔(E. Kretschmer)根据他的临床观察,提出了按体型划分气质类型的理论,如表 16-1、表 16-2 所示。

表 16-1　体型与气质类型的行为倾向表

体　型	气　质	行　为　倾　向
瘦长型	分裂气质	非社交的,有怪癖,神经质
肥胖型	躁郁气质	社交的,有温情,情绪不稳定
斗士型	黏着气质	固执,严格,理解迟钝,爆发和冲动

表 16-2　体型与精神病关系表

精神病	体型					
	例数	肥胖型	瘦长型	斗士型	发育异常型	无特征型
	例数与百分比					
精神分裂	5 223	13.6%	50.3%	16.9%	10.5%	8.7%
躁郁	1 361	64.6%	19.2%	6.7%	1.1%	8.4%
癫痫	1 525	5.5%	25.1%	28.6%	29.5%	11.3%

2. 激素说

现代激素理论认为,内分泌腺体活动与气质类型有关。他们根据人的某种腺体如果特别发达,对人的行为有一定影响,于是把人分为甲状腺型、脑垂体型、肾上腺分泌活动型、甲状旁腺型和性腺过分分泌型等。

3. 体液说

系统的气质学说最早是由古希腊的医生希波克拉底(Hippocrates,公元前 460 ~ 前 337 年)和罗马医生盖仑(Calen,公元 129 ~ 200 年)提出的。

人体内有四种体液:血液、黏液、黄胆汁和黑胆汁。四种体液含量决定了人的气质,按四种体液含量多少,人依次形成了多血质、黏液质、胆汁质和抑郁质四种气质类型。其一般特征如下。

胆汁质:情绪兴奋性高,反应迅速,心境变化剧烈,抑郁能力较差;易于冲动,热情直率,不够灵活;精力旺盛,动作迅猛,性情暴躁,脾气倔强,容易粗心大意;感受性较低而耐受性较高,外倾性明显。

多血质:情绪兴奋性高,思维、言语、动作敏捷,心境变化快但强度不大,稳定性差;活泼好动,富于生气,灵活性强;乐观亲切,善交往,浮躁轻率,缺乏耐力和毅力;不随意反应性强,具有可塑性;外倾性较强。

黏液质:情绪兴奋性和不随意反应性都较低,沉着冷静,情绪稳定,深思远虑,思维、言语、动作迟缓;交际适度,内心很少外露,坚毅执拗,淡漠,自制力强;感受性较低而耐受性较高,内倾性明显。

抑郁质:感受性很强,善于觉察细节,见微知著,细心谨慎,敏感多疑;内心体验深刻但外部表现不强烈,动作迟缓,不活泼;易于疲劳,疲劳后也易于恢复;办事不果断和缺乏信心;内倾性明显。

随着心理学的发展和社会实践的进步,又不断地出现了其他一些分类方法。如气质的血型分类,即人的血型有 A 型、B 型、AB 型、O 型。相对应于血型,也有四种气质类型。

A 型:温和、老实、稳妥、多疑、顺从、依赖性强。

B 型:感觉灵敏、镇静、不怕羞、喜欢社交、好管闲事。

AB 型:A 型与 B 型的混合型。

O 型:意志坚强、好胜、霸道、有胆识、控制欲强、不愿吃亏。

虽然用体液说来解释气质并不科学,但由于该学说较之其他学说在解释人的情感和行为多样性方面更容易被人们接受,所以体液说一直沿用至今。

4.高级神经活动类型说

巴甫洛夫用条件反射的方法对动物和人进行研究,发现神经活动有三种特性:兴奋和抑郁的强弱特性;兴奋和抑郁的强弱均衡与不均衡性特性;兴奋和抑制转换的灵活性特性。神经活动的这三种特性,可能形成许多特殊的结合,其中可以分出某些最主要的结合方式,从而构成高级神经活动的基本类型。神经类型与气质类型可形成如下对应关系:

$$
\text{高级神经活动类型}\begin{cases}
\text{强型}\begin{cases}
\text{不平衡型(不可遏制型)} \cdots\cdots\cdots \text{胆汁质}\\
\text{平衡型}\begin{cases}
\text{灵活性高(活泼型)} \cdots\cdots \text{多血质}\\
\text{灵活性低(安静型)} \cdots\cdots \text{黏液质}
\end{cases}
\end{cases}\\
\text{弱型(抑郁型)} \cdots\cdots\cdots\cdots\cdots\cdots \text{抑郁质}
\end{cases}
$$

五、人的性格

(一)性格的特征

性格是一个人对现实的态度和习惯性的行为方式中所表现出来的较为稳定的心理特征。简单地说,性格是人对现实的稳定态度和习惯化的行为方式。

1.性格是个体对社会环境的较稳定的态度和行为方式

每个人对人、对事、对社会总会有自己的态度并见诸行动,经过长期的社会生活实践和人们的心理认知活动,这种态度与行为逐渐巩固下来,在以后的社会活动中自然地、反复地表现出来,形成了个人的一种习惯方式。性格是一个人现实态度和行为方式的统一。

2.性格是稳定的、独特的心理特征

社会中没有两个性格完全相同的个体,性格总是某个个体的性格。即使是同一性格特征的人,不同人表现也会不一样。例如,同是勇敢、鲁莽的性格,张飞粗中有细,李逵横冲直撞、不顾后果。性格一旦形成就比较稳定,在个体的生活实践中经常表露出来。

3.性格是个体的本质属性,在个体心理特征中起核心作用

气质是心理过程的动力特征,能力是个体完成所面临的某项活动所必备的心理特征,只有性格才能使它们带有一定的意识倾向性,作用于客观现实。性格对气质和能力的影响是很大的,它能使三者结合成个体心理特征这一有机整体。

气质和性格所反映的是人的本质属性的不同侧面。气质更多反映个性的自然属性,而性格反映了人的社会属性;前者的形成多与遗传因素有关,后者则更多受到社会影响,可塑性比前者大。在社会意义的评价上,气质无好坏之分,无论是哪种气质类型的人都可以取得显著成就。而性格则有好坏之分(如勤奋比懒惰好、诚挚比虚伪好),对事业有显著影响,两者既密切联系又相互区别。

4.性格有复杂的结构

现实世界多姿多彩,因而人就会产生形形色色的态度以及相应的行为方式,形成各种各样的特征。构成性格的特征可以依据态度体系、情绪、意志、理智等来划分。

(1)性格的态度特征。性格的态度特征是指对待和处理社会关系的性格特征,可以分四类:一个人对社会、集体和他人的态度方面(如善良、诚实、热情、残酷、虚伪、冷淡等);对待劳动、生活、学习的性格特征(如勤劳、懒惰、认真、敷衍、进取、守成、细致、马虎

等);对待劳动产品的态度特征(如勤俭、挥霍、爱惜公物等);对待自己的性格特征(如自尊、自信、自律、骄傲、自卑、自大、放任、谦逊等)。

(2)性格的情绪特征。性格的情绪特征是指情绪活动的强度、稳定性、持久性及主导心境等方面的特征,主要表现在:情绪的高涨与低落、稳定与波动(指忽高忽低、忽冷忽热)、持久与短暂(如几分钟热情)、情感的深厚与淡薄。主导心境指一段时间内支配性的主要情绪状态,如愉快乐观、精神饱满、抑郁低沉、消极悲观等。

(3)性格的意志特征。性格的意志特征是指一个人是否具有明确的目的性,能否自觉地支配行为向预定目标努力的性格特征,如自觉性与盲目性、纪律性与散漫性、独立性与易受暗示性、自制力与冲动性、主动性与被动性、镇定与惊慌、果断与优柔寡断、勇敢与怯懦、坚韧性与动摇性等。

(4)性格的理智特征。性格的理智特征是指在感知、注意、记忆、思维、想象等认识过程中表现出来的性格特征,如分析型与综合型、快速型与精确型、保持持久型与迅速遗忘型、深刻型和肤浅型、再造想象型与创造想象型等。

(二)性格的类型

性格类型是指人类所共有的性格特征的独特结合。

目前无分类原则和标准,有几种主要的类型划分。

1. 机能类型说

机能类型说是根据理智、情绪和意志三者各自在性格结构中所占优势的不同来确定性格类型的学说。主要把人分为以下类型:

(1)理智型:以理智来衡量一切,并以理智来支配自己的行动。

(2)情绪型:情绪体验深刻,言谈举止受情绪所左右,处理问题喜欢感情用事。

(3)意志型:有明确的活动目的,行动坚定,具有主动性、积极性和持续性。

除了上述标准的类型,还有介于三种类型之间的中间型,如情绪—理智型、意志—理智型、情绪—意志型。

2. 向性说

向性说是按照个体心理活动的倾向来划分性格类型的学说。主要是将人的性格分为外向型和内向型两种。

内向型性格:沉静谨慎,深思熟虑,顾虑多,反应缓慢,适应性差,情感深沉,交往面窄,较孤僻;长处是内在体验深刻,具有自我分析和自我批评精神。

外向型性格:主动活泼,情感外露,喜欢交际,热情开朗,不拘小节,独立性强,对外部事物比较关心,但比较轻率,缺乏自我分析和自我批评精神。

荣格在测验中发现,多数人是介于二者之间的中间型。

3. 独立—顺从说

独立—顺从说是按照个体的独立性程度来划分性格类型的学说。主要把人的性格分为独立型和顺从型两种。

独立型:善于独立思考,有个人坚定的信念,有主见,能够独立发挥自己的力量,但喜欢把自己的意志强加于人。

顺从型:独立性差,易受暗示,缺少独立见解,容易盲从、随波逐流、屈从权势,遇到重大事件往往惊惶失措,逃避现实。

此外,还有特性分析说、社会文化类型说等分类法。

六、人的价值观

组织成员行为的发生和改变及其行为方式的形成和选择,都要受其价值观的影响和制约。要了解个体行为的规律,必须研究人的价值观的构成及特征,研究价值观对人的行为的影响。

价值观是个人关于事物、行为的意义、重要性的总评价和总看法。其内涵可以从以下两方面来理解:第一,价值观决定了事物或行为对于个人是否有意义及重要程度如何。同一个人会对不同的事物、行为的意义和重要性有不同的评价,如把金钱看得最重要、最有意义的拜金主义者,会把对集体的贡献看得很轻。第二,价值观具有个体性,每个人都有自己的价值观,每个人的价值观都会有所不同。这可表现为,同一事物或行为对于不同的人,其意义和重要程度会有所不同。心理学家斯普兰格(Spranger)将价值观划分为经济的、理论的、审美的、社会的、政治的和宗教的。不同的价值观就有不同的追求和行为。一个人的价值系统中占主导地位的价值,决定着他的人生态度和生活方式。经济型的人重功利和实用,理论型的人重科学和智慧,审美型的人重形式和和谐,社会型的人重利他和感情,政治型的人重努力和影响,宗教型的人重神灵和超越。由此可见,价值的定位与人性假设有关系。所谓人性,实质上是人的价值观念与行为取向的一种描述。事物的价值一旦内化人人的个性体系,就会成为个体头脑中存在的对事物重要性的评价尺度和系统的稳定的看法,这便是价值观。

(一)价值观的基本特征

1. 价值观是事物价值的主观反映

任何事物都有使用价值和实际效益,每个人由于视角不同,对事物价值的范围大小的感受与评价各不相同,也就是说价值观有很大的主观性,同一事物可能存在多种价值评价尺度。

2. 价值观以人的需要为基础

赖因(R . lane)认为,价值这个术语有两个方面:一是一个人想要的,即需要和动机的对象;二是他觉得"应该"要的,是值得希望的。事物是否有价值,是以满足个体的需要程度为转移的。离开了需要,事物就无所谓有价值,价值观是建立在人的基本需要之上的,反过来它又调节人的需要。

3. 价值观是一个具有不同层次不同类型的结构系统

英国心理学家罗姆·哈里(Rom Hare)与罗杰·兰姆(Reger lamb)在《心理学百科词典》中认为:价值存在不同的水平,道德是最根本的。在较为具体的水平上,它可以涉及食物、穿着和音乐等喜好。人们并非必然意识到他们的所有价值,有的时候人们甚至可以同有意识的价值相抵触。根据他们的观点,价值观可分为不同的层次,最高层次为社会整体价值观,以道德伦理、社会规范、社会需要作为判断事物是否有价值及价值大小从而决定取舍的标准;中层为组织价值观,即建立在组织、群体利益与需要基础上的价值评价尺度;低层次为个人价值观,以个体的情感、需要为依托的价值观念。每个人的价值观是在社会化的过程中,随着社会实践范围的扩大,由于个人价值观逐渐发展到组织价值观与社会整体价值观,随着年龄的增长,不同层次的价值观念日趋丰富化。

4. 价值观是个性心理结构的核心因素

价值观属于个性心理结构的深层,经常调节和制约着其他个性品质与特点,把它们配合为统一的结构或整体。价值观是个性倾向中高层次的定向系统,是个体适应社会环境、参与社会生活的内在调整机构,保证个体在生活中作出重要的有意义的选择,所以,它直接决定一个人的理想、信念、生活目标和追求方向的性质。价值观也调节和制约着个性倾向中低层次的需求、动机、兴趣及愿望等内在倾向。价值观对人的性格、能力、气质等心理特征均有制约、影响作用。由此可见,价值观对个体行为的影响最大,组织者引导员工有良好的行为,就应从培育他们正确的价值观入手。

(二)价值观的分类

格雷夫斯在对企业组织中各类人员大量调查的基础上,按照生活形态,把错综复杂的价值观归纳为七个层次。

层次一:反应型。这类人意识不到自己及他人是作为人类存在的,感受不到身处的社会关系。他们的行为是依照自己的基本生理而作出的反应,并不考虑其他条件,类似于婴儿或脑神经受伤的人,这类人在组织中很少见。

层次二:宗法型。这类人极易受传统及权威人物影响,依赖性强,服从习惯和权势,喜欢循规蹈矩、按部就班地看问题、做工作,愿意生活在一个家庭似的和睦集体之中,并喜欢接受友好而专制的监督。

层次三:自我中心型。这类人精力充沛、性格粗犷,为取得自己所需要的东西,愿做任何工作,愿意服从要求严格的上级。这类人信仰冷酷的个人主义,既自私,又富有攻击性。

层次四:坚持己见型。这类人难以接受模棱两可的意见,不能容忍与自己意见不同的人,强烈地希望别人能接受自己的价值观。

层次五:玩弄权术型。这类人喜欢通过操纵他人或事物以达到个人目的。他们重视现实,老于世故,好活动,有目标,喜欢用诡诈的手法取得成就和进展,乐于追随和奉承那些有前途和对自己重要的上级。

层次六:社交中心型。这类人重视集体的和谐,喜欢友好、平等的人际关系,认为人际之间的友爱和睦比超越别人更重要,认为善于与人相处和被人喜爱重于自己的发展。这是一些被玩弄权术者、坚持己见者排斥的人。

层次七:存在主义型。这类人极其重视挑战性的工作和学习成长的机会,喜欢自由、灵活地完成有创造性的任务,金钱和晋升对他们来说是次要的,自我实现是重要的。他们能够容忍与自己持不同观点的人,但对于僵化的制度、束缚手脚的政策以及职权的滥用,敢于直言不讳。

(三)价值观对人的行为的影响

价值观对人的行为的影响可分为四种:

(1)动力作用。动力作用即价值观作为个体追求价值行为的动力。

(2)标准作用。标准作用即价值观作为评价标准而判断人们行为的利害、美丑、善恶,决定人们对事物的取舍,影响人们的态度。

（3）调节作用。调节作用即价值观调节自己的行为指向一定的价值目标。

（4）定向作用。价值观包含着价值要求，具有强烈的倾向性，并带有鲜明的意向和情感色彩。

一个成功的管理者，必须重视人的价值观的稳定性和可变性对经营管理方式及管理目标实现的影响。

第二节　各参建单位主要负责人的选择

一、建设管理单位

（一）行政主要负责人

（1）认为人性观的重要程度顺序为：6，1，2，4，3，5。

（2）X、Y 理论。对人的认识理论：X 理论，超 Y 理论 ，Y 理论。

（3）人性的假设理论。对人的认识顺序：经济人，复杂人，社会人，自我实现的人。

（4）人的气质。

①体质、体型说：肥胖型，斗士型，瘦长型。

②体液说：多血质，黏液质，胆汁质，抑郁质。

（5）人的性格。

①机能类型说：意志型，理智型，意志—理智，意志—情绪型，理智—情绪型，情绪型。

②向性说：内向型，内向—外向型，外向型。

（6）人的价值观：层次四，层次七，层次五，层次六，层次三，层次二，层次一。

（二）技术主要负责人

（1）认为人性观的重要程度顺序：5，4，3，6，2，1。

（2）X、Y 理论。对人的认识顺序：Y 理论，超 Y 理论，X 理论。

（3）人性的假设理论。对人的认识顺序：自我实现的人，复杂的人，经济人，社会人。

（4）人的气质。

①体质、体型说：斗士型，瘦长型，肥胖型。

②体液说：黏液质，抑郁质，多血质，胆汁质。

（5）人的性格。

①机能类型说：理智型，理智—意志型，意志型，理智—情绪型，意志—情绪型，情绪型。

②向性说：内向型，内向—外向型，外向型。

（6）人的价值观：层次四，层次七，层次三，层次二，层次六，层次五，层次一。

二、设计单位

（一）行政主要负责人

（1）认为人性观的重要程序顺序：1，2，6，4，5，3。

（2）X、Y 理论。对人的认识顺序：X 理论，超 Y 理论，Y 理论。

（3）人性的假设理论。对人的认识顺序：社会人，经济人，复杂人，自我实现人。

（4）人的气质。

①体质、体型说：肥胖型，斗士型，瘦长型。

②体液说：多血质，胆汁质，抑郁质，黏液质。

（5）人的性格。

①机能类型说：意志型，理智型，意志—理智型，意志—情绪型，理智—情绪型，情绪型。

②向性说：内向型，内向—外向型，外向型。

（6）人的价值观：层次四，层次七，层次六，层次五，层次三，层次二，层次一。

（二）技术主要负责人（设计总工程师）

（1）认为人性观的重要程度顺序：1,3,4,5,6,2。

（2）X、Y 理论。对人的认识顺序：X 理论，超 Y 理论，Y 理论。

（3）人性的假设理论。对人的认识顺序：经济人，复杂人，社会人，自我实现人。

（4）人的气质。

①体质、体型说：斗士型，瘦长型，肥胖型。

②体液说：多血质，抑郁质，胆汁质，黏液质。

（5）人的性格。

①机能类型说：理智型，理智—意志型，意志型，理智—情绪型，意志—情绪型，情绪型。

②向性说：内向型，内向—外向型，外向型。

（6）人的价值观：层次四，层次七，层次三，层次五，层次六，层次二，层次一。

三、施工单位

（一）行政主要负责人

（1）认为人性观的重要程度顺序：2,6,3,4,5,1。

（2）X、Y 理论。对人的认识顺序：X 理论，超 Y 理论，Y 理论。

（3）人性的假设理论。对人的认识顺序：经济人，复杂人，社会人，自我实现人。

（4）人的气质。

①体质、体型说：斗士型，肥胖型，瘦长型。

②体液说：胆汁型，黏液质，多血质，抑郁质。

（5）人的性格。

①机能类型说：意志型，意志—理智型，意志—情绪型，理智型，理智—情绪型，情绪型。

②向性说：外向型，外向—内向型，内向型。

（6）人的价值观：层次五，层次四，层次六，层次七，层次三，层次二，层次一。

（二）技术主要负责人

（1）认为人性观的重要程度顺序：5,3,4,1,6,2。

（2）X、Y 理论。对人的认识顺序：Y 理论，超 Y 理论，X 理论。

（3）人性的假设理论。对人的认识顺序：自我实现人，经济人，复杂人，社会人。

（4）人的气质。

①体质、体型说：斗士型，肥胖型，瘦长型。

②体液说：抑郁质，多血质，黏液质，胆汁质。

（5）人的性格。

①机能类型说:理智型,理智—意志型,意志型,理智—情绪型,意志—情绪型, 情绪型。

②向性说:内向型,内向—外向型,外向型。

（6）人的价值观:层次四,层次七,层次六,层次三,层次二,层次五,层次一。

四、监理单位

（一）行政主要负责人

（1）认为人性观的重要程度顺序:2,6,4,5,1,3。

（2）X、Y理论。对人的认识顺序:超Y理论,Y理论,X理论。

（3）人性的假设理论。对人的认识顺序:经济人,社会人,复杂人,自我实现人。

（4）人的气质。

①体质、体型说:斗士型,肥胖型,瘦长型。

②体液说:胆汁质,抑郁质,黏液质,多血质。

（5）人的性格。

①机能类型说:意志型,意志—情绪型,意志—理智型,理智型,理智—情绪型,情绪型。

②向性说:外向型,外向—内向型,内向型。

（6）人的价值观:层次五,层次四,层次六,层次三,层次七,层次二,层次一。

（二）技术主要负责人（总监理工程师）

（1）认为人性观的重要程度顺序:5,6,2,4,3,1。

（2）X、Y理论。对人的认识顺序: X理论,超Y理论,Y理论。

（3）人性的假设理论。对人的认识顺序:复杂人,经济人,自我实现人,社会人。

（4）人的气质。

①体质、体型说:斗士型,瘦长型,肥胖型。

②体液说:抑郁质,多血质,黏液质,胆汁质。

（5）人的性格。

①机能类型说:意志型,意志—理智型,理智型,意志—情绪型,理智—情绪型,情绪型。

②向性说:外向型,外向—内向型,内向型。

（6）人的价值观:层次六,层次四,层次七,层次五,层次三,层次二,层次一。

五、质量监督单位

（一）行政主要负责人

（1）认为人性观的重要程度顺序:1,3,4,5,2,6。

（2）X、Y理论。对人的认识顺序:Y理论,超Y理论,X理论。

（3）人性的假设理论。对人的认识顺序:自我实现人,社会人,经济人,复杂人。

（4）人的气质。

①体质、体型说:瘦长型,肥胖型,斗士型。

②体液说:黏液质,多血质,抑郁质,胆汁质。

（5）人的性格。

①机能类型说:理智型,意志型,理智—意志型,理智—情绪型,意志—情绪型,情绪型。

②向性说:外向型,外向—内向型,内向型。

(6)人的价值观:层次六,层次四,层次五,层次七,层次二,层次三,层次一。

(二)技术主要负责人

(1)认为人性观的重要程度顺序:1,6,2,5,4,3。

(2)X、Y 理论。对人的认识顺序:超 Y 理论,Y 理论,X 理论。

(3)人性的假设理论。对人的认识顺序:经济人,复杂人,社会人,自我实现人。

(4)人的气质。

①体质、体型说:瘦长型,斗士型,肥胖型。

②体液说:多血质,抑郁质,胆汁质,黏液质。

(5)人的性格。

①机能类型说:理智型,理智—意志型,意志型,理智—情绪型,意志—情绪型,情绪型。

②向性说:外向型,外向—内向型,内向型。

(6)人的价值观:层次四,层次六,层次七,层次五,层次二,层次三,层次一。

第三篇　政府投资项目的代建制

第十七章　代建制的提出和概念

第一节　代建制在我国的起源

一、政府投资项目代建制在厦门市的实践与发展

大多认为,中国大陆的政府投资项目代建制管理模式起源于福建省厦门市。从 1993 年开始,厦门市在深化工程建设管理体制改革的过程中,针对市级财政性投融资社会事业建设项目管理中"建设、监管、使用"多位一体的弊端,以及由此导致的工程项目难以依法建设、工程建设管理水平低下和贪污腐败等问题,通过采用招标或直接委托等方式,将一些基础设施和社会公益性的政府投资项目委托给一些有实力的专业公司,由这些公司代替业主对项目实施建设,并在改革中不断对这种方法加以完善,逐步发展成为现在的项目代建制度。2001 年 7 月,厦门市开始在重点工程建设项目上全面实施项目代建制。2002 年 3 月开始在土建投资总额 1 500 万元以上的市级财政性投融资建设的社会公益性工程项目中实施项目代建制度。厦门市建委在 2001 年 7 月下发的《厦门市重点工程建设项目代建管理暂行办法》(厦编[2001]63 号)中规定:"市重点工程建设项目代建制是指财政投融资的我市重点工程项目通过委托方式,将建设单位的项目法人责任事项交由熟悉建设程序和建设规定、具有较强经济和技术力量且符合资格条件的企业或机构进行项目的管理工作。"由此确定了代建制度的定义以及代建制度的适用范围。同时在该文件中还规定了代建单位的资质管理、代建单位招投标和代建的管理监督等内容。2002 年 3 月,厦门市政府转发了厦门市计委、建设局、财政局关于《厦门市市级财政性投融资社会事业建设项目代建管理试行办法》(厦府[2002]42 号)(以下简称《试行办法》)。《试行办法》规定:"为完善市级财政性投融资建设的社会事业项目代建制度,明确项目业主、代建单位双方的责、权、利,提高工程建设管理的水平和质量、投资效益,制定本管理办法。"将实施代建制的项目范围进一步扩大。《试行办法》还要求"业主在项目获准后将整个建设项目的前期准备、实施、竣工验收以及项目建设工程质量、投资控制全部工作任务,委托给具有相应代建资质的单位进行建设管理。"确定了代建单位在项目代建中的具体工作任务,对代建的范围、代建单位资质资格条件、项目业主、代建单位的职责、招标投标过程、代理合同等作出了具体的规定。对代建单位的资质,要求具有一、二级房地产开发,或甲、乙级监理,或甲级工程咨询,或特级、一级施工总承包资质,且有相当实力和信誉。至 2004 年 5 月,厦门市符合条件的代建单位有 10 家左右。在处理代建单位与项目法人的关系上,厦门市的做法是:在实行代建制项目中,项目法人负责审批或确定项目建设规模和标准;负责资金筹措和管理;负责重大设计变更的审核报批工作等。代建单位则依据合同负责从前期准备、实施到竣工验收各阶段的组织实施工作。项目法人通过招标选择或直接委

托代建单位进行建设管理,双方签订委托合同。项目管理机构组织进行施工、监理、设备材料招标,与承包人签订合同,并接受政府和项目法人的监督。项目代建费来源于工程概算中建设单位管理费,额度约为建设管理费用的80%,其余的20%为项目业主使用。在代建过程中,政府部门的主要职能是负责审查认定代建单位的资格,对代建活动进行监督,核准项目是否实施代建制及代建招标方式,对项目招标投标活动进行行政监督等。目前该市实行代建的范围是房地产业和教育、卫生等部门,以公益性建设项目为主。

目前,厦门市项目代建制度的实施由计划、建设、财政等几个部门分头管理。总体上讲,厦门市代建制的工程项目是成功的。一些较大的或较有影响的项目,如厦门市市政府和市政协项目的建设,都采用了项目代建制,并取得了很好的效果,为代建制度在厦门市的推广起到了有力的促进作用。近期厦门市实施代建制度的项目有20个,总投资21.5亿元,代建费总额近4 200万元,平均每个项目的代建费占单个项目总投资的1.95%。这些项目包括学校、医院、体育场馆、文化场馆及一些市政工程,其中投资额最高的是国家会计学院,总投资达5亿元,投资额最低的是狐尾山污水利用工程,投资额为100万元。

从政府投资项目代建制在厦门市的试点情况来看,主要取得了如下的积极效果:

(1)从政治体制改革的大环境上看,通过实施政府投资项目管理的代建制,规范了政府行为,促进了政府职能的转变和依法行政。配合代建制的实施,厦门市完善有关法规,使项目代建制度做到有法可依,使各方主体能够依法办事。厦门市对政府投资工程实施代建制以来,通过不断探索和研究,逐步建立起了有关代建制度的法律法规,起草并制定了《厦门市市级财政性投融资社会事业建设项目代建管理试行办法》,明确了代建制度的概念和适用范围、代建单位的选择、业主与代建单位的权利和义务等内容,对于代建管理费的收取和拨付、合同的签订、奖惩办法以及具体的项目变更、代建单位在项目上的配置人员等也作了详细的规定,使项目代建制度的实施做到了有法可依。为了便于实际操作,厦门市制定了《厦门市市级财政性投融资社会事业建设项目代建管理招标投标实施细则(试行)》,规范了代建单位的选择方式,还制定了《代建管理合同》,通过合同使业主单位和代建单位的责、权、利进一步明确。代建制还有助于加快实现政府职能转变。对代建制项目,政府主要把握产业政策和宏观决策,项目具体实施依靠市场机制管理,有助于规范政府投资项目管理行为,减少"三超"现象。代建制的实施有利于落实责任制。对于实施代建制的项目,业主单位和代建单位要通过签订合同来确定双方的责任。由于责任相对明确,避免了过去那种临时机构撤销后,项目出现质量、安全等问题无人负责的状况,促使各方主体更好地履行各自的职责。

(2)代建制的实施,在一定程度上完善了政府投资项目的决策机制,使得项目决策更加科学深入,项目管理趋向集中。由于原有政府投资体制的局限性,虽然项目失败屡有发生,但在追究有关人员的决策失误责任时却无人负责。一向有人将决策失误的政府投资项目称之为"三拍"项目(即上项目拍拍脑袋,干项目拍拍胸脯,失败了拍拍屁股)。在政府投资项目实施代建管理之后,虽然旧有作风一时难以完全革除,有些项目的决策论证仍然缺乏缜密严格的科学论证,不切实际、盲目攀比、跟风上项目的情况屡见不鲜,不少政府部门的领导喜欢将效率简单化为速度,硬性压缩项目前期工作时间,可行性研究的深度远远达不到质量标准和实际要求,常常给项目建设带来不便、埋下隐患,但较以往已经出现一定程度上的改观,多数决策领导在作出最后决定之前都会进行一定的调查研究,听取有关专家学者的分析论证,并能注意相关配套情况。这在一定程度上提高了项目决策的科学性,减少了决策失误的风险。同时,政府投资项目实现了专业化的相对集中管理,改变了以往政府投资项目管理分散性、临时性的状况,消除了机构临时拼凑、人员不稳定、业务不熟悉、管理不到位、教训多经验少等诸多弊端。厦门市在选择代建单位时,将选择目标定在实力强、信誉好且专业性比较强的单位。按《试行办法》规定,可以参与代建的单位应是具有"一、二级房地产开发,甲、乙级监理,甲级工程咨询,特级、一级施工总承包其中之一资质的单位"。目前在厦门市参与代建的单位有10家左右,主要是房地产开发企业和少数监理单位。这些代建单位通过多年建设管理,已经建立了比较完善的工程质量、工期、投资控制等制度体制,积累了丰富的项目建设管理经验。实行代建制,使用单位将前期工作委托代建单位通过选择专业咨询机构完成,而非自己决策。可行性研究等工作不仅需达到国家规定的深度要求,更重要的是必须满足项目后续工作的需要。前期决策阶段所确定的建设内容、规模、标准及投资,一经确定便不得随意改动,使得前期工作的重要性和科学性得到切实体现。同时,在代建制下,政府需根据合同约定,按照项目进度拨付工程款。因此,政府必须比以往更加重视项目资金的筹措和使用计划,排出项目重要性顺序,循序渐进,量力而为。这将改变当前因政府实施项目过多而产生的负债建设、拖欠工程款等问题。

(3)从经济层面上讲,政府投资项目的代建制管理促进了项目管理水平和工作效率的提高。代建制的实施使政府转变了职能,由原来的投资、建设、管理、使用全部功能集于政府一身改为政府投资者和实质意义上的业主,而将全部管理职能和项目的建设实施交由专业的代建管理企业进行监督。因此,政府的管理工作已大大简化,只需加强对于代建单位一个主体的监管即可,社会化分工与简化工作内容本身即意味着提高效率的可能。此外,代建制的机制设计直接解决了责任承担的主体问题,使责任得以落实。正是由于代建制管理模式使得作为项目真正业主的角色归位,将其他可由市场承担的社会化职能剥离,将政府部门的行政管理职能予以纯化,从而促进了在政府投资领域中政府职能的转变,一定程度上减小了政府部门由于管理能力的不足而造成的张力。代建单位的加入,也在一定程度上隔离了政府主管部门与多数相关单位的利益联系,承担具体职能的勘察、设计、制造、施工等单位由向政府负责改为向代建单位负责。这种利益隔断机制很好地防范了政府公务人员腐败行为的发生,从而政府投资的规模真正得以控制。目前,厦门市已进行8个项目的代建制的招标,由于招标采取最低价中标法,中标价一般为概算价的60%~90%。从代建单位的角度来看,代建制使专业性建设单位代替了非专业性单位从事建设,减少了建设风险。与此同时,按照"投资、建设、管理、使用"相分离的原则进行政府投资项目管理,实现决策、执行、监督三者分离,必将有效完善制衡机制,充分发挥政府有限投资的效率,充分利用代建单位的专业优势,提高了政府投资工程整体的建设水平。参与代建的专业公司通过将以往项目管理采用的专业手段注入到政府投资项目中,有效地保证了工程质量和进度,并对工程的成本和投资进行了有效的控制。例如,他们可以通过优化建设方案,为项目节省投资,提高政府投资项目的投资效益;可以严格按照规范的招投标程序,选出优秀的施工队伍;可以准确地核定工程量和工程进度,避免施工单位搞

"钓鱼工程"等。

(4)从政府投资项目的角度来看,在现行政府投资项目管理体制下,缺乏有效的控制机制。由于前期工作不够深入,决策随意变更等,容易造成投资一超再超;通过各种关系挤进项目的施工单位和材料设备供应商,使严格的质量控制难以达到目标;由于跃进式或赶超式发展的历史情结,政府官员偏好抢工期,以项目提前竣工作为进度控制的目标,不顾是否科学合理。实行代建制,即由一套专门施工班子组成的建设单位管理,要比原先那种临时组织施工班子的管理方式更为先进。专业化的建设单位中拥有专业的技术力量,由专业人士负责施工全过程,在此基础上建造的工程更让人放心。同时,从开工立项到施工过程,都进行必要的全过程监督,可以减少"豆腐渣工程"的出现,确保工程质量,使工程真正成为"放心工程"。这对避免和遏制重大安全事故无疑也有深远的意义。代建制为政府投资项目引入严格的、以合同管理为核心的法制建设机制,在满足项目功能的前提下,项目的投资、质量和进度要求在使用单位与代建单位的委托合同中一经确定,便不得随意改动。代建单位将全心全意做好项目控制工作,使用单位则侧重于监督合同的执行和代建单位的工作情况,对项目的实施一般不能无故干涉。

(5)代建制的实施,有利于根据市场经济规律充分发挥竞争机制的作用与优势,促进政府与企业关系的良性发展。代建制实施的实质就是对原来公共投资管理机制进行民间化和市场化的改造,摆脱原有行政权力的羁束,以市场的力量提高项目的实施效率。代建制采用多道环节的招标采购,竞争充分,无论是投标代建的单位还是投标前期咨询、施工或设备材料供应的单位,必然会尽其所能,以合理的报价提供最优的技术方案、服务和产品。这不仅有利于降低项目总成本,还能起到优化项目的作用。代建制能够充分发挥市场竞争的作用,从机制上确保防止"三超"行为的发生。代建单位通过招标产生,能够降低政府投资项目总体成本,体现了市场竞争意识;代建单位具有丰富的项目专业管理经验,有助于提高政府投资建设项目管理水平;代建单位与政府、使用单位三方签订代建合同,通过合同约束三方的行为,有利于排除项目实施中的各种干扰(主要是项目单位提出的"三超"要求),符合法制理念;代建单位须依照代建合同的约定,向政府缴纳一定比例(10%～30%)的履约银行保函,为从经济上制约代建单位的违规行为提供了保障;对项目竣工验收后决算投资低于批准投资的,可按财政相关规定,从节余资金中给代建单位提成奖励,从机制上鼓励代建单位加强管理、降低成本。

(6)代建制的实施有利于净化建设市场,加强政府监管职能,遏制腐败现象。代建制的实行将打破现行政府投资体制中"投资、建设、管理、使用"四位一体的模式,使各环节彼此分离、互相制约。使用单位不再介入项目前期服务、建设施工及材料设备采购等环节的招标定标活动,代建单位在透明的环境下进行招标,公开、公平、公正地定标。这种建设单位与使用单位分离的代建制可以有效遏制基建领域的腐败,体现政府工作的"阳光操作"。实行代建制,待确定建设项目后,由建设单位面向社会公开招标,根据施工单位的资质、信誉、技术力量等情况决定取舍,避免了暗箱操作。与传统的工程管理模式相比,代建制显示出了业务管理更专业化和组织管理更规范化的优势。更为重要的是,代建制使预防职务犯罪更制度化。由于代建制使专业化和规范化管理水平大大提高,因此就为预防职务犯罪打下了坚实的基础。代建制的实施,使项目管理的责任制得以落实,进一步明确责任主体与责任范围,解决对于政府投资项目所存在的造价、工期、质量等问题,通过职责分工,项目建设各方之间产生互相监督的工作关系。特别是使用单位,在提出项目功能和建设要求后,其主要工作就是对代建单位的监督,有利于自觉规范投资管理行为。代建制有利于政府加强对投资项目的监管。政府主要以合同管理为中心,运用法律手段,制衡各方,同时,项目审批部门根据国家政策审批项目的建设内容、投资、规模和标准,并下达项目建设计划和资金使用计划;财政部门将政府资金集中起来,根据发展改革部门下达的资金使用计划直接拨付给代建单位;发展改革、财政、审计、监察等部门运用稽查、审计、监察等手段,对项目进行强力有效的外部监督。

在我国,由于旧有政治体制的影响和政治体制改革步伐远远落后于经济体制的改革深化,因而在目前的政治环境中普遍存在着各政府部门行政权力过大,对社会各领域渗透过深,行政权力的个人化、部门化、集团化等问题,对政府权力缺乏真正有力的监督与制约,政府官员职业化、终身化等体制性问题亟待解决。这些问题的存在已经大大增加了市场运行的成本,严重影响了我国市场的正常发育和经济的顺利运行。对于这一点,各级各地政府已经身同实感。正是由于政府投资项目代建制管理所取得的积极效果和有关政府机构的大力推动,代建制作为政府投资项目管理方式改革的一项重大举措,得以在其他政府投资规模较大的地方大面积进行试点,积累相关经验。

二、上海市代建制的实践情况

与厦门市的情况不同,上海市政府投资项目代建制的实践与发展走过了另外一条路径。随着城市建设速度加快,2000年,上海市推出了以"153060"为目标的市域高速公路网建设发展规划。按照这个规划,上海市需建设高速公路650余千米,共需建设资金420多亿元。如果按照上海市原先的投资速度,即每年投入三四亿元,规划的实现将遥遥无期。在这种情况下,上海市政府为了突破资金"瓶颈",决定将该规划中的11个项目全部实行市场化融资和运营,在较短的时间内吸收了巨额的社会资金投入高速公路项目的建设。而投资主体的改变必然会影响行政管理体制的改变。由于投资者的背景各不相同,甚至有些从未接触过高速公路建设,因而缺乏高速公路的建设管理经验,于是上海市政府为了控制工程建设、保证工程工期和质量,决定让熟悉建设市场法律法规、精通工程建设管理的代建单位帮助业主管理工程建设活动。正是在这种情况下,由民间投资管理机制创新到政府投资体制改革,2001年,上海市建设和管理委员会出台了《关于推进政府投资项目建设管理体制改革试点工作的实施意见》(沪建计〔2001〕第889号),提出了上海市建设交通系统政府投资项目建设管理体制改革实施方案。改革的目标是建立"决策科学化、主体多元化、管理专业化、行为规范化"的政府投资工程管理模式和运行机制,核心是实现政府投资职能、投资管理职能、工程管理职能的分离,切实转变政府职能,确立投资主体地位,形成工程管理市场,进而最大可能地提高投资效益,防范投资风险,提高建设和管理水平。上海市决定从2002年起实行代建制,其核心是:实行政府投资职能与投资管理职能分离,投资管理职能与工程管理职能分离,从而切实转变政府职能,最大可能地发挥投资效益,提高建设管理水平。在实行代建制的项目中,政府的主要工作是负责项目决策,组建和考核项目法人,审核认定项目管理公司资格,对项目招标投标活动进行行政监督等。到 2003 年 10 月,上海市建设委员会认定全市具有代建制资格的单位已有 13 家。由于项目代建费与项目法人管理费均来源于建设管理费,上海市规定建设管理费竞标后不能低于建设管理费总额的 85%,剩余的建设管理费(15% 内)由项目法人使用。项目法人与代建单位的职责划分、招标及合同管理基本与厦门市代建制的做法相同。

三、代建制在深圳市的另一种发展路径

深圳市建市历史虽短,但由于紧邻香港,独享地利之便。1980 年 5 月,中共中央和国务院正式将深圳定为经济特区,同年 8 月,全国人大常委会批准在深圳设置经济特区,从此开始了深圳辉煌 20 年的腾飞历程。目前,深圳为中国大陆人均国内生产总值最高的城市,经济总量相当于一个中等省份,是经济效益最好的城市之一。其国内生产总值居大城市第四位;财政收入居大中城市第三位;进出口总额占中国大陆 1/7,连续 11 年居大中城市第一。深圳经济特区经济的迅速崛起,政府公共投资的引导功不可没,但与我国其他地方一样,深圳市也深为政府投资的管理机制所苦恼。正是在此情形之下,结合国内有关代建制试点地区的经验,深圳市积极学习市场经济充分成熟的近邻——香港的公共投资管理经验,建立起自己的政府投资管理体制与制度。在香港,公共工程分为三大部分,即铁路、基本工程和公共房屋。其中公共房屋工程分别由香港特别行政区政府工务局、房屋委员会及房屋署等部门完成,对于非经营性的公共房屋工程,在政府工务局下设单独性机构——建筑署来管理,实行建、管、用分离。建筑署的职能是对兴建、维修公营及受资助机构的建筑物和设施,提供专业意见和技术支援。对于有一定盈利的经营性公共房屋建设,如廉租房屋等由委员会和其下属的房屋署负责,其管理特征是封闭管理、自我积累与发展。私人房屋工程由香港特别行政区政府屋宇署监管,屋宇署对私人房屋工程的管理只涉及安全(包括结构、使用、工地施工安全)、环境和卫生等,并对工程建设程序进行审批,对这类项目政府管理强调市场调控。但是屋宇署对公共房屋有审批的豁免权,香港的工务局相当于公共工程的总承包公司。

为解决政府投资工程分散管理的弊端,发挥专业性建设管理机构的优势,提高工程项目管理水平,在 2002 年的政府机构改革中,深圳市借鉴我国香港地区的做法,于 7 月 18 日成立了深圳市建筑工务局,作为负责政府投资的市政工程和其他重要公共工程建设管理的专门机构,代表政府行使业主职能。其改革的总体思路是:按照"相对集中,区别对待"的原则,对于长年有建设任务,且有相应建设管理能力或特殊要求的专业部门,如国土规划、交通、水务、公安、教育等部门的政府投资工程暂由其行业部门继续管理外,企业的政府投资的市政工程、"一次性业主"的房屋建筑工程、公益性工程全部由新成立的建筑工务局集中统一管理。2003 年 12 月国家发展和改革委起草、国务院原则通过的《投资体制改革方案》中规定,国家有关部门将在全国范围内"对非经营性政府投资项目加快实行代建制,即通过招标等方式,选择专业化的项目管理单位负责建设实施,严格控制项目投资、质量和工期,建成后移交给使用单位"。深圳市对于建筑工务局主管代建范围之外的国土规划、交通、水务、公安、教育等五部门所属领域的政府投资工程的代建制改革试点工作也已经逐渐展开进行。2004 年 2 月 11 日,深圳高速公路有限公司已经率先与深圳市交通局签下了南坪快速路一期工程项目的"工程建设委托管理合同"。这是深圳市第

一个采用代建制模式的政府投资项目。据称,这也是全国首次在市政道路建设中实行代建制。2004年4月9日,在深圳市交通重点建设项目——横坪一级公路的开工仪式上,龙岗区政府郑重宣布,将该工程的建设组织管理以代建制的方式全权委托给深圳华昱集团(简称华昱公司)和深圳高速公路股份有限公司(简称"深高速")。据了解,横坪一级公路是深圳市按照投融资体制"投资、建设、运营、监管"四分开的改革原则,进行市政公用设施建设管理实施代建制试点的第二个项目。此前的南坪路是政府投资的项目,按照过去的做法,应该由交通局成立指挥部,抽调专人负责建设。但这两个政府投资项目代建制的实施过程还相当初级,留有很多旧有做法的痕迹,带有明显的尝试色彩。事实上,无论是先前的南坪快速路,还是刚刚开工的横坪一级公路,深高速和华昱公司都不乏资质相当的竞争者。但是在代建方的选择上,深圳市政府并没有进行公开招投标,南坪快速路是在市政府常务会上决定的,横坪一级公路同样是由龙岗区政府交给了华昱公司和深高速(其前身是交通局建设处下属高速公路指挥部办公室),因而在业界引起十分激烈的争论。很多业内人士认为,代建制最令人称道的就是将有效遏制政府投资项目中的腐败现象。他们的理由是,代建制的实行将使现行的政府投资体制中"投资、建设、管理、使用"四位一体的管理模式各环节彼此分离、互相制约。政府选择具有相应资质的项目管理公司作为项目建设期的法人,负责项目建设的全程组织和管理,政府通过合同而非行政权力来约束代建单位,这便意味着权力从该环节退出。

从深圳市政府投资项目代建制改革试点的情况来看,该市的做法既借鉴了毗邻的香港地区的做法,也在一定程度上吸收了我国内地其他地区代建制的试点经验,是一种结合型的代建模式。该种政府组建专门的代建行政机构(建筑工务局)的代建制模式的优点是:该模式对于政府投资的非经营性工程专设机构行使政府投资业主职能,由第三方实施专业化管理,负责政府投资工程的建设实施,实现了建、管、用分离,解决了政府投资工程管理中存在的"一次性业主"和"同为一体化"问题。其缺点则是:第一,没有完全解决上述政府角色混淆问题。工务局集政府投资项目业主和政府管理职能于一体,政府设置专门机构管理政府投资工程,但是对政府投资工程的监管是在工务局内部进行。第二,公务员队伍庞大,耗费大量的财政资金。建筑工务局作为政府部门,其工作人员皆为国家公务员,由于工作内容比较庞杂,公务员人数众多。即便是香港地区目前也在学习内地做法,精简政府官员数目,并逐步依赖中介机构实现其部分职能。第三,激励机制不明。由于工务局是一个政府部门,对于政府投资工程建设没有产权及利润的约束,只有行政权威的激励和约束,缺少对政府投资工程投资控制的内在约束机制。从实践效果来看,深圳模式在推行过程中遇到了一定的阻力和困难,不很成功。原因在于工务局统管了所有的代建项目,权力过分集中,形成了一定程度的垄断,严重挫伤了使用单位的积极性,甚至出现了政府投资项目年度计划不能完成的现象。

四、北京市政府投资项目代建制的实践情况

北京市作为我国的首都,在市政基础设施的建设方面,政府公共财政的投资一向是最重要的资金来源。与其他地区相比较,北京市的政府投资项目一是数量多,二是政府投资规模大,这就决定了北京市的政府投资项目管理工作较其他地方具有更高的要求。但是

长期以来,北京市一直是原有政府投资项目管理模式最为典型的执行者。只是由于北京市的首都地位和特有的政治环境,相关的其他配套制度相对比较完善,因而在北京市的政府投资领域暴露出的管理体制中的政府项目"三超"、"两拖"、政府官员腐败等问题好像并不是十分严重。尽管如此,随着我国经济市场化改造进程的进一步加深和政治文明的进一步要求,北京市的政府投资项目代建制试点工作也逐渐开展起来。北京市第一个代建制项目试点是2002年10月推出的回龙观医院项目,以后又陆续推出了北京市残疾人职业培训和体育训练中心、北京市疾病预防控制中心等建设试点项目。为了配合北京市政府及北京市发展和改革委提出的转变投资管理机制,对非经营性政府投资项目试行代建制的思路,北京市交通委、北京市路政局在公路建设领域开始尝试推行代建制。2004年年底,北京市交通委发布了《北京市公路项目实施代建制暂行办法》和《北京市公路项目代建监督管理办法》。随后,北京市路政局在政府网站上公开发布北京市公路建设项目代建单位招标公告,邀请具备条件的申请人参与本市公路工程项目的代建。申请人需是具有独立法人资格、自负盈亏的经济实体,注册资本金1 000万元以上。目前,北京市发展和改革委已批复实行代建制的项目达21个,涉及总投资11.7亿元。项目主要涉及三个领域:教育、卫生及社会福利等社会事业项目;看守所、劳教所、监狱用房等政法设施;机关、事业单位、人民团体办公业务用房。据北京市发展和改革委的规划,下一步北京市将逐步在城市道路、桥梁、公共站点等公用事业项目中推广代建制。

五、代建制在其他地区的试点情况

2000年,重庆市针对长期以来政府投资项目以自营性、分散性和临时性管理为主的建设管理方式,提出了"投资、建设、管理、使用"适当分离的建设管理改革原则。为适应重庆市中国三峡博物馆和重庆人民广场三期工程建设需要,由市政府授权市建委在建设系统内抽调专业建设技术管理人员组建重庆市城市建设发展有限公司(以下简称重庆城建发展公司),专门主管政府投资项目建设。重庆城建发展公司代理政府投资项目的成功运作,推动了代建制在重庆市的推行。2003年2月27日和2003年11月25日,重庆市政府分别出台了《重庆市政府公益性项目建设管理代理制暂行办法》和《重庆市政府投资项目管理办法》,开始对该市的政府投资项目管理活动进行规范建设,在重庆市的政府公益性项目建设管理中全面推行代建制。实行代建制的范围是:使用各级财政预算内外资金和经有关批准收费筹集的资金1 000万元以上,以及1 000万元以下特别重要的政府公益性项目。实行代建制的项目,其项目建成后的使用管理单位,在建设期间是被代理人,负责提供建设条件和外部环境;项目建设管理代理机构是代理人,受被代理人的委托实施建设管理代理。代理机构代表项目使用管理单位对项目实施全过程或若干阶段实施组织、协调和监督工作。对代建制的实施,由建设、计划、财政等部门按照各自职责进行监管。对政府投资公益性项目的建设性项目的建设管理代理机构,重庆市实行了严格的市场准入,必须同时具备下列四个条件的单位,方可向市建委申请从事代理工作:一是具有综合甲级工程设计资质,或者综合甲级监理资质,或者本专业施工总承包一级以上的资质,或者综合甲级工程咨询资质;二是具有相应资产;三是具有与建设管理相适应的组合机构和项目管理体系;四是具有与工程建设规模和技术要求相适应的技术、造价、财务和管理等方面的专业人员,并具有从事同类工程管理的经验。重庆城建发展公司目前采用"集中统一管理,专业化组织建设"的几个项目,均是由政府直接授权市建设行政主管部门全面统管,重庆城建发展公司接受委托,实行独立运作。重庆城建发展公司管理政府投资工程的主要特点是"投、建、管、用"适当分离。重庆城建发展公司目前实施的三峡博物馆和人民广场三期景观工程等,均是分别由文化、规划、机关事务等政府使用部门提出立项申请和功能定位,经主管投资决策的市政府及相关主管部门(市计委、市建委、市财政局等)会同使用单位主管部门进行投资论证和平衡后作出投资决策;再由政府授权重庆城建发展公司进行专业化的组织管理,其项目建设管理过程接受计委、建委、财政、审计、监察的监督管理;项目建成后再移交给国有资产管理部门和政府资产管理部门,进行集中的资产运营管理与使用管理。公司在政府投资项目的具体组织管理中享有一定的经营管理权,同时承担工程管理相应的责任与风险。公司进行企业化运作时,以投资目标、进度目标、质量目标、合同和信息管理目标为其项目经营管理的主要目标。该市代建制试点过程中存在的问题主要是:①项目使用管理单位和代理机构的责、权、利不够明确;②需要进一步明确政府部门对代建行为的监管职责,特别是建设主管部门等如何对代建行为依法实施有效的监管,以保证代理质量和代理市场规范、有序、健康发展;③代理费偏低,代理机构缺乏内在动力;④代理机构的总体素质和水平不高。

　　贵州省省委、省政府对改革政府投资工程项目管理模式一直比较重视。贵州省省长石秀诗曾在2003年《政府工作报告》中明确指出:"以交通建设为重点,改变'投、建、管、用'四位一体的管理方式,建立责任明确、分工合理、管理高效的管理体制。"为了整顿和规范建筑市场秩序以及在工程建设领域反腐败斗争的需要,按照《政府工作报告》中的要求,2004年4月7日,由贵州省建设厅研究起草的《贵州省省级政府投资工程项目代理建设管理暂行规定》经省委、省政府同意后出台,其中规定贵州省将在政府投资工程领域逐步实行代建制。该暂行规定中所说的代建,是指作为投资主体的政府委托专门管理机构,实行专业化、社会化管理,组织开展工程建设项目的可行性研究、勘察、设计、施工、监理等工作,按建设计划和设计要求完成建设任务,直至竣工验收后交付使用单位使用的一种制度,即"交钥匙"工程。凡投资300万元以上且财政性资金投入(含部门预算外资金)占总投资50%以上或使用外国贷款300万元人民币以上的省级非经营性房屋建筑工程和市政基础设施工程,原则上都应委托专业化的工程项目管理服务机构建设管理。其中"工程项目管理服务机构"是指省级政府投资工程项目代建中心(简称省代建中心),即省政府批准成立的事业性质的省级政府投资工程项目代理建设管理机构,其人员工资由省财政拨付。但是规定省代建中心要逐步向市场化过渡。由此来看,该省代建制的开展显示重点参照了深圳市的做法。其后开始动工的省疾病控制中心综合大楼工程则是该省实施代建制后的第一项按照代建管理要求进行管理的工程。

　　2003年6月3日,广西省柳州市出台了《柳州市政府投资项目代建制暂行办法》(柳政发[2003]42号)。办法规定,凡政府投资200万元以上或不具备自行管理条件的行政事业单位(包括公立学校、公立医院等)的建设项目,都应委托专业工程管理公司代建。市政府财政性投资项目,包括用财政预算内外资金、国债资金、国外政府贷款以及其他财政性资金的固定资产基本建设项目。由国有资本控股的多元投资主体投资的建设项目,也按政府投资项目实行代建制。代建单位的资格由市计划、财政、建设、交通、水利、监察部门组成的审查委员会审查认定。市计划主管部门是代建制的综合管理部门，其中房屋建筑及市政基础设施、交通、水利项目的代建管理工作分别由有关行业主管部门负责，其他项目的代建管理工作则由市计划主管部门负责。代建通过招标方式确定，也可由政府委托的建设、交通水利等行业主管部门指定。代建工程竣工验收后，产权属于建设单位的项目，在市财政监督下由代建单位移交建设单位管理使用；公益性的项目，在市财政监督下由代建单位移交有关部门管理、维护。为规范、配合代建制的实施，柳州市同时还配套实施了代建单位信誉备案和信誉准入制。代建单位凡因负责的代建工程出现工期拖延、工程质量等问题而被追究行政责任的，3 年内不得被指定或参与投标竞承代建工程；被追究刑事责任的，5 年内不得被指定或参与投标竞承代建工程。

福建省建设厅 2001 年初发布的《关于印发〈福建省整顿和规范建筑市场秩序实施意见〉的通知》（闽建筑〔2001〕19 号）提出："所有工程都必须严格执行法定的建设程序。要认真落实项目法人责任制，明确建设单位（即项目法人）为该工程项目的第一责任人，对工程项目的组织建设承担法定责任。在工程建设中不执行法定建设程序，应当首先追究建设单位的责任，对于政府投资的工程项目，要推行项目代建制度，逐步改变由政府及其部门，特别是建设行政主管部门作为项目法人和这些单位的领导同志出任项目法人负责人的做法。"

江苏省人民政府 2003 年 1 月 22 日发布的《江苏省政府关于进一步推进全省城市市政公用事业改革的意见》（苏政发〔2003〕9 号）第十项规定：转变政府直接经营管理市政公用事业的模式。政府管理部门要从直接经营管理市政公用事业，转为创造竞争条件、管理经营秩序、营造市场运作机制、加快政企分开步伐，对供水、供气、公交、垃圾及污水处理企业尽快实行政企分开，政府部门与直接经营管理的市政公用企业彻底脱钩，改变建设项目管理模式。以国有资本投资为主的城市市政公用项目，要全面实行建设项目代建制度，改变政府直接管理的模式。

此外，随着大环境的变化，行政体制改革、转换政府职能、更新执政理念等政府自身内部完善活动的展开，实施政府投资项目代建制试点的地方正在不断增多，江苏、江西、山西、河北、海南等省也都在以政府主导、积极推进的方式积极探索代建制的实施方式和规范。

六、中央政府投资项目的代建制试点情况

在各地政府投资项目代建制试点的基础上，中央政府投资项目代建制试点工作正式启动。2004 年 7 月，国务院发布的《关于投资体制改革的决定》，明确了代建制建设实施方式的指导思想和基本原则。"对非经营性政府投资项目加快推行代建制，即通过招标等方式，选择专业化的项目管理单位负责建设实施，严格控制项目投资、质量和工期，竣工验收后移交给使用单位"。近几年来，部分省市已经实行了代建制，在有的地方也已经初见成效，但在中央投资项目中试行代建制，则是从中国残疾人体育综合训练基地建设项目开始迈出第一步。2005 年 6 月 10 日，中国残疾人体育综合训练基地建设项目代建单位开标仪式在京举行，中国国际工程咨询公司等 9 家单位竞标，通过招投标的方式争取中央

政府投资项目试行代建制的第一单。中国残疾人体育综合训练基地建设项目已经列入国家重点建设项目,作为备战 2008 年北京残奥会的训练基地,也是重要的奥运配套项目之一。国家发展和改革委于 2004 年 9 月决定以中国残疾人体育综合训练基地建设项目为试点,试行中央政府投资项目代建制。同期,国家发展和改革委委托中招国际招标公司为中国残疾人体育综合训练基地建设项目选择代建单位进行招标代理,正式启动试点工作。中标的代建单位在代建过程中将以项目法人身份对项目建设全过程负责,对工程质量终身负责。中央政府投资项目试行代建制是配合政府投资体制改革的一个重要措施,中国残疾人体育综合训练基地建设项目招标选择代建单位,标志着中央政府投资领域将引入代建制建设模式。根据国家发展和改革委的要求,中标的代建单位需按招标文件中规定的金额提交“银行履约保函”,如果工程出现质量不合格、超工期、超概算等问题,将在履约保证金中抵扣。进入代建程序后,将按照批准的建设规模、建设标准和概算总投资,组织施工图设计;办理规划、土地、环保、施工等许可手续;组织施工、监理、设备材料供应等招标活动;负责工程建设过程中有关合同的洽谈与签订,对工程建设实行全过程管理;按照项目进度,提出年度投资计划申请,报送月度工程进度和资金使用情况;编制决算报告,组织竣工验收和资产移交等。此次试点代建制项目在制度设计上有所创新,如中标单位在代建过程中进行招标采购其关联企业必须回避的制度,鼓励代建单位保质保量地进行项目管理等。以招标方式选择代建单位,机制更具有先进性。通过公开竞争与合同管理,将责任落实到位,能够形成有效控制投资的约束机制。竞标单位反映本次试点项目的招标文件比较具有代表性,是整个招标环节最关键的部分。据国家发展和改革委自己的认识,对中央政府投资项目实施代建制管理是鉴于长期以来政府对直接投资的项目多实行“财政投资、政府管理”的单一模式,即“投资、建设、管理、使用”多位一体,项目建设中存在一定的薄弱环节,普遍存在“超规模、超标准、超概算”的“三超”现象,也容易滋生腐败。对政府投资项目的建设实施方式进行体制创新,在项目建设中引入代建制模式,是保证工程质量、提高投资效益的有效措施之一,也是从源头上遏制腐败的重要保障措施。同时,也是转变政府职能的客观要求,将有效改变投资管理部门重投资审批、轻投资管理的状况,对促进投资管理部门加强管理和规范市场具有重要意义。

据了解,目前,国家发展和改革委边试点边起草制定相关的管理办法,通过试点,在中央政府投资项目中广泛推行代建制。上述试点项目中标的代建单位将对项目的投资、质量和工期等严格进行专业化控制与管理,确保项目建设按合同目标顺利实现,管好、用好政府资金。未来,作为控制投资、提高政府投资效益的重要手段,代建制将成为投资管理体系中的一项重要内容,保障政府投资项目的质量,提高资金使用效率,营造公平的市场环境。为此,国家正在研究出台代建制的规范性文件。财政部《关于切实加强政府投资项目代建制财务管理有关问题的指导意见》,已于 2005 年 9 月印发。国家发展和改革委有关司局也在研究和草拟《政府投资项目代建制管理指导意见》,从中明确界定委托方、受托方和使用方三者之间的关系,各方的职责和权力,确定受委托代建单位的资质条件和审查程序、招标投标规定,以及《委托代建合同示范文本》和《代建合作协议示范文本》,政府投资建设代建项目管理费收费标准以及绩效评价标准和惩罚办法。一旦国家发展和改革委将《政府投资项目代建制管理指导意见》列为投资体制改革方案的配套文件,无疑将使推行代建制在全国将具有统一性、权威性和有效性,不仅能保证非经营性政府投资项目的代建制规范运行,而且有可能带动准经营性和经营性政府投资(包括国资控股、参股、注入资本金、贷款贴息等)项目以及民营和外商投资项目予以效仿。项目代建制有可能成为像项目总承包(EPC)、项目融资建设(BOT)等模式一样普及的项目建设管理方式,其发展空间十分广阔。

七、我国目前代建制实践工作的总体特点

从总体上来看,目前在我国各地实践的政府投资项目代建制管理模式在代建环节的设计上具有如下一些特点。

(一)关于代建资质

在代建人的选任上,一般采用市场竞争方式从具有相应代建项目管理资质的企业中确定。虽然代建人的选择不是法律规定必须招标的内容,但选择更有经验、更有实力的代建人来完成项目建设,以降低风险和费用,采取招标方式来选择代建人一般为代建制中的通例。在代建人的资格上,各地方文件均规定代建人应是具有相应资质并能够独立承担履约责任的法人。如《厦门市市级财政性投融资社会事业建设项目代建管理试行办法》规定,可以参与代建的单位应是具有"一、二级房地产开发,甲、乙级监理,甲级工程咨询,特级、一级施工总承包其中之一资质的单位"。2003年2月13日,建设部发布的《关于培育发展工程总承包和工程项目管理企业的指导意见》也"鼓励具有工程勘察、设计、施工、监理资质的企业,通过建立与工程项目管理业务相适应的组织机构、项目管理体系,充实项目管理专业人员,按照有关资质管理规定在其资质等级许可的工程项目范围内开展相应的工程管理业务"。实践中,一般要求代建单位具有相应工程咨询、勘察、设计、施工、监理资质。但是,工程总承包企业不能在同一个工程项目上同时承担工程总承包和代建业务。代建人招标文件作为要求投标人作实质性响应的要约邀请文件,应对项目业主(甲方)和代建单位(乙方)的权利和义务、项目代建管理费的收取和拨付、奖惩办法等相关事项均作明确规定。设计代建人招标文件时,招标人不应注重最低价中标原则,不应认为代建费取费越低越好。如果代建费很低,又没有担保、保险等相应的配套措施,很可能会将代建单位的风险转嫁到对项目的管理水平上。

(二)关于代建管理合同

1.代建管理合同的类别

根据代建单位代建项目的不同阶段,代建管理合同可分为前期工作委托合同、建设实施管理合同和全过程代建管理合同。前期工作委托合同是指由中标的项目前期工作代建单位负责根据批准的项目建议书,对工程的可行性研究报告、勘察直至初步设计实行阶段代建管理;建设实施管理合同是指由中标的建设实施代建单位负责根据批准的初步设计概算,对项目施工图编制、施工、监理直至竣工验收实行阶段代理管理;全过程代建管理合同是指由中标的代建单位对工程从可行性研究报告直至工程竣工验收实行全过程的代建管理。总的来看,我国各地试点所使用的代建合同中,全过程代建合同居多。

2.代建管理合同的签约主体

政府投资项目的代建管理合同签约主体一般为项目审批部门(如北京为市发展改革

委)、使用单位和代建单位;社会投资项目一般由投资人与代建单位签署。在签署代建管理合同时要充分考虑设计、施工、监理等合同中代建单位的地位和作用,比较好的做法是设计、施工、监理等工程合同由政府部门(或投资人)、代建单位、承包商三方签订。这种做法在工程合同中充分体现了各方的权利和义务。

3.代建管理合同应规定的基本代建管理内容

采用全过程代建管理合同时,代建单位一般要履行以下职责:

(1)依据项目建议书批复内容组织编制项目可行性研究报告。

(2)组织开展工程勘察、规划设计等招标活动。

(3)组织开展项目初步设计文件编制修改工作。

(4)办理项目可行性研究报告审批、土地征用、房屋拆迁、环保、消防等有关手续报批工作。

(5)组织施工图设计。

(6)组织施工、监理和设备材料选购招标活动。

(7)负责或协助办理开工报告、建设工程规划许可证、施工许可证、施工图审查和消防、园林绿化、市政等工程实施中有关的手续。

(8)负责工程合同的洽谈与签订工作,对施工和工程建设实行全过程管理。

(9)审核、签证工程进度报表及提出进度拨款意见,提出对签证或索赔的处理意见。

(10)按项目进度要求上报工程年度资金计划,并按月向建设单位和有关部门上报工程进度与资金使用情况。

(11)组织工程中间验收和交工验收,按照国家规定的工程质量实行终身负责制。

(12)编制工程决算报告,负责项目竣工及有关技术资料的整理汇编。

(三)代建单位管理取费

根据各地的实际操作,代建单位管理费一般是在建设管理费总额中计取一定比例。如一般建设管理费为项目总投资的3%,厦门代建单位管理费最高可达建设管理费的100%,即项目总投资的3%;宁波规定最高不能超过建设管理费的90%;北京规定最高可按管理费总额的3/7比例确定。

(四)奖励和惩罚

代建制能在造价控制上取得好的成效,一定程度上可说与其奖励和惩罚机制不无关系。各地在代建制实行中,一般规定的项目建成竣工验收并经竣工财务决算审核批准后,如决算投资比合同约定投资有节余,代建单位可参与分成。例如北京、宁波都规定其中30%左右的政府投资节余资金可作为对代建单位的奖励。但如果代建单位不能按约履行代建合同,也要承担巨大的风险责任。如北京规定,代建单位未能完全履行项目代建合同,擅自变更建设内容、扩大建设规模、提高建设标准,致使工期延长、投资增加或工程质量不合格,所造成的损失或投资增加额一律从代建单位的银行履约保函中补偿;履约保函金额不足的,相应扣减项目代建管理费;项目代建管理费不足的,由代建单位用自有资金支付。

第二节　代建制的概念

代建制这种由中国本土发源、从地方自发成长起来的项目管理方式,目前仍在进一步实践、完善之中。由于迄今为止尚未出台国家级的规范性法律文件作依据,因而人们对于代建制的内涵界定难免见仁见智,至今尚未统一。而且在各地方政府制定的地方规章中,由于各地实际情况的不同,对于代建制的定义也缺乏一致性,往往会使得言者论说各顾,众说纷纭。对此,我们有必要作一回顾,并基于归纳比较提出本书的观点。

一、学界的界定

鉴于代建制管理方式的成长性,学界的讨论还仅限于其制度层面,目前尚缺乏对其学理基础的系统阐述。对于代建制概念的界定主要搜列如下:

(1)代建制是"建立专业化、社会化的工程建设代建制项目管理模式(工程管理公司),工程管理公司(代建方)受投资方的委托,依据工程建设的法律、法规和委托合同,对投资方投资的工程建设项目实施全过程、全方位的组织管理"。

(2)代建制是指由专门的项目建设管理部门组织实施的"交钥匙"工程,即项目使用单位和项目建设单位分离,由项目建设单位负责建设,项目使用单位不再直接组织工程建设。

(3)所谓代建制,是指建设单位通过招标委托、直接委托两种形式,委托代建单位进行征地拆迁组织、设计招标组织、施工图审批、监理与施工招标、材料设备招标、竣工验收组织等不同环节的工作。

(4)所谓代建制,就是指政府投资项目经过规定的程序,委托专业的工程管理公司对项目的建设进行组织和管理。代建制按照"建管分开"和"专业化管理"的原则,代行业主责任管理项目,实际上也是对项目法人制的补充与延伸。

(5)代建制是指建设单位(建设项目业主)将建设工程项目全部或部分委托给熟悉建设程序和相关法律法规、具备一定专业技术力量、有资格的代建单位进行全过程管理的制度。

(6)代建制,即政府主管部门对政府投资的基本建设项目,按照使用单位提出的使用要求和建筑功能要求,通过招投标的市场机制选定专业的工程建设单位(即代建人),并委托其进行建设,建成后经竣工验收备案移交给使用单位的项目管理方法(俗称"交钥匙"工程)。

(7)所谓代建制,是指通过设立专业的建设代理机构,代理(或提供咨询服务)建设单位负责有关工程项目建设的前期和实施阶段的工作。其工作性质为工程建设管理和咨询,其单位性质是企业,其盈利模式是收取代理费、咨询费及从节约的投资中提成,并承担相应的管理、咨询风险,不承担具体的工程风险。

(8)所谓代建制,是将有条件的财政性资金投资项目交给专业项目管理公司建设,实行交钥匙工程。

(9)代建制,意为代理建设制式,即具有独立法人资格的专业项目管理公司代理业主行使业主的项目管理任务的一种制度形式。

从上述论述可以看出,尽管在西方市场经济发达国家已经存在比较接近的公益性项目管理模式,但是总的来看,由于代建制的项目管理方式在我国实际产生的时间较短,因而在项目管理理论建设上尚未形成一致的看法。多数学者按其表象将代建制归为工程项目管理的一种新模式,并以此区别于由投资人实施投资管理的项目管理方式,但也有一部分理论和实务人士将代建制实施的范围界定在由政府财政性资金投资的项目范围之内。

二、各级行政机构规章中的界定

代建制,作为一种新的非经营性政府投资项目管理方式,经由学界在理论上的引介分析,已在相当程度上成为我国目前弊端丛生的政府投资项目管理方式的替代措施。随着行政体制的改革、政府职能的转变,代建制已经引起中央和各级政府机构的重视,各地方政府基于本地实际情况的试点和试行,已经在以各种不同的版本或模式对代建制进行演绎。鉴于代建制的实行带来一定程度上的积极效果,2004 年 7 月 25 日国务院发布的《国务院关于投资体制改革的决定》指出:对非经营性政府投资项目加快推行"代建制",即通过招标等方式,选择专业化的项目管理单位负责建设实施,严格控制项目投资、质量和工期,竣工验收后移交给使用单位。归纳起来,各级别行政规章对于代建制这种管理模式有如下基本认识。

厦门市建设委员会《厦门市重点工程建设项目代建管理暂行办法》(厦建法[2001]6号,2001 年 7 月 21 日发布)第二条规定:"市重点工程建设项目代建是指财政投融资的我市重点工程项目技术力量且符合资格条件的企业或机构进行项目的管理工作。"

《上海市市政工程建设管理推行代建制试行规定》(沪市政法[2001]930 号)第十二条规定:"工程管理公司接受项目法人委托管理的内容主要有:(一)工程前期征地、拆迁和市政配套等工作的管理、协调;(二)办理开工前所需的各项手续;(三)组织工程设计、施工和材料设备采购的招标工作,编制招标方案、标底和评标办法、组织评标;(四)向项目法人提供全面的技术咨询服务,参与项目法人与设计、施工、材料供应单位的合同谈判,负责对设计图纸进行审查和设计的优化工作;(五)负责合同管理,按照项目法人与设计、施工、材料供应单位所签订的合同,组织工程建设;(六)负责对工程进度、质量、安全、文明施工的统一管理,并对各施工工序的质量进行全面监理;(七)编制实施项目的年度投资计划、用款计划、建设进度计划,并报项目法人审批,负责工程建设期间的投资控制和工程设计签证,编制项目财务预决算;(八)工程建设过程中,在批准的概算范围内或在项目法人授权范围内对单项工程进行局部调整或变更,重大调整或变更报项目法人审核,并报原审批单位批准;(九)组织工程竣工验收、备案、项目试运营及移交使用,负责编制竣工档案;(十)进行建设工程项目包括投资效益分析在内的后评估。"

《宁波市关于政府投资项目实行代建制的暂行规定》(甬证办发[2002]128 号,2002年 5 月 24 日发布)第二条规定:"本规定所称的政府投资项目代建制,是指政府投资项目经过规定的程序,委托专业的工程管理公司组织和管理项目的建设。"

三、代建制与其他项目管理模式的辨析

从政府投资项目代建制的上述定义可以看出,代建制与 PMC、EPC、DB、工程项目总承包、项目监理制等项目管理模式虽有近似之处,但也有一定差别,这也是其可以独立成为一种管理制度的主要原因。

(一)PMC(Project Management Contractor)

PMC 意为"项目管理承包",即项目管理承包商代表业主对工程项目进行全过程、全方位的项目管理,包括进行工程的总体规划、项目定义、工程招标、选择设计、采购、施工,并对设计、采购、施工进行全面管理。PMC 是受业主委托对项目进行全面管理的项目管理承包。PMC 管理模式分两个阶段来进行,第一阶段为定义阶段,第二阶段为执行阶段。在 PMC 介入的各阶段,PMC 要及时向业主报告工作,业主则派出少量人员对 PMC 的工作进行监督和检查。PMC 的报价组成多数为工时费用部分、利润部分和风险金部分之和。项目的最终决算要同在定义阶段结束时批准的预算相比较,若节约了则按 PMC 约定的分成办法就节约部分初步计算,再按项目的可用性、性能、工期三个方面的指标考核而得最终奖励额;若超支了,则要按协议约定承担罚款,直至罚没 PMC 的全部担保金。与代建制比较起来,二者在使用范围、合同性质和责任承担方式上有所不同。代建制主要强制性适用于政府投资的项目实施过程,PMC 则可适用于一般项目,项目业主自行选用。在代建制管理中,项目管理公司直接向代表政府建设的投资公司(政府)负责,接受项目任务,在规定的时间内保质保量地将建设项目交给政府。它可以直接与工程项目的总承包企业或勘察、设计、供货、施工等企业签订合同,并负有监督合同履行的责任。PMC 的项目管理实质是提供工程咨询服务,即在工程建设的过程中向业主提供全过程的服务或部分服务,它不直接与该工程项目总承包企业或勘察、设计、供货、施工等企业签订合同,但可以根据合同约定,协助业主与工程项目总承包企业或勘察、设计、供货、施工等企业签订合同,并受业主委托监督合同的履行。代建制下,代建人是对全部项目管理行为和项目成果承担责任,因而风险较大,而在 PMC 中,项目管理承包企业只是就项目管理的全部行为对项目业主负责,因而风险要小得多。

(二)EPC(即设计—采购—施工)项目管理模式

EPC 是指把工程设计(Engineering)、采购(Procurement)、施工(Construction)作为一个整体在一个管理主体的管理下组织实施。业主将包括项目设计(包括概念设计)、设备采购、土建施工、设备安装、技术服务、技术培训直至整个项目建成投产的全过程均交由独立的建设承包商负责的一种模式。承包商将在"固定工期、固定价格及保证性能质量"的基础上完成项目建设工作。显然,代建制与 EPC 不能混为一谈。代建制是对建设管理费用的承包,项目管理企业具有项目建设阶段的法人地位,拥有法人权力(包括在业主监督下对建设资金的支配权),同时承担相应责任(包括投资保值责任);而 EPC 是对工程造价的整体承包,总承包商不具备项目法人地位,从而无法行使全部权力并承担相应责任,因而,项目使用单位无法从项目建设中超脱出来。

(三)DB(Design – Building)

DB 即设计—施工总承包,泛指工程总承包企业按照合同约定,承担工程项目设计和

施工,并对承包工程的质量、安全、工期、造价全面负责。DB 模式与代建制的区别主要在于,代建制管理中的代建人只就工程项目的全部管理工作向业主承担委托合同责任,并不参与项目的具体实施工作,而在 DB 模式中承包企业要完成全部或者主要的项目设计施工工作,并就其行为向业主承担责任。

(四)工程项目总承包

工程项目总承包是指从事工程总承包的企业受业主委托,按照合同约定对工程项目的勘察、设计、采购、施工、试运行(竣工验收)等实行全过程或若干阶段的承包。代建制与工程项目总承包的区别主要表现为委托合同的内容和项目具体实施的主体不同。工程项目总承包合同所约定的委托内容为承包项目的建设工作,总承包企业在承包项目后应当严格按照承包合同的规定亲自完成承包合同指明的全部或者部分项目,没有法定事由一般不允许总承包人将项目实施工作擅自转让或分包与他人;在代建制管理中,代建合同仅仅是将代建项目实施的全部管理工作委托给代建人,代建人只是对于项目的管理承担义务,为了保证代建人管理工作的公正性,代建人不仅不能自行完成代建的项目,而且相关法规也禁止其这样做。

(五)建设工程监理制

建设工程监理制是指根据法律法规的规定,工程建设项目必须由项目业主委托的具备相应资质条件的监理单位进行监理的一种过程管理制度。在建设工程监理制中,作为工程建设监督管理专家的注册监理工程师接受业主委托,以自身的专业技术知识、管理技术知识和丰富的工作实践经验,有效地对工程建设项目的质量、进度、投资进行管理和控制,公正地管理合同,使工程建设项目的总目标得到最优化的实现。建设工程监理制是工程建设参与各方能够得到共赢的工程监督管理模式。1997 年制定的《中华人民共和国建筑法》以法律制度的形式作出规定,国家推行建设工程监理制度之后又推行了注册监理工程师制度,建设部还专门颁布了《建设工程监理规范》、《施工旁站监理管理办法》等一系列的部门规章。建设工程监理制与代建制的差异比较明显,建设工程监理制中的监理企业主要是对建设项目的质量、进度、投资等内容进行监督和控制,履行专职的监督辅助职能,向业主承担责任的范围仅限于其监理公正的范围之内;而代建制下的代建人则是就项目的全部管理工作向业主承担责任,其中当然涵盖了监理工作的全部内容,其承担的责任则是项目全部管理责任。此外,在代建制中,建设企业一般是由代建人聘用的,需与代建人而不是项目业主签订合同。

四、政府投资项目代建制的主要特征

通过上述定义,我们可以得出政府投资项目代建制具有下列特征:

(1)代建制管理方式一般主要用于政府投资的非经营性项目,即由政府单独或者主要是由政府财政性资金投资建设不以营利为目的的项目。代建制主要解决的就是目前在我国的行政体制和法律制度中,政府这一公法人作为公益性项目的投资人和最终业主却被"虚置"又缺乏权力制约机制的问题。政府投资的公益性项目,或称非经营性项目本身由于缺乏营利性而难以自行承担其财产责任,其责任最终由政府以公共财政承担,则会严重地损害广大公民、纳税人的利益,有损社会公平与正义。因而,为了限制、隔离行政权力与项目管理的联系,落实责任承担主体,需要引入代建的市场予以解决。而对于业主属于一般私营主体的项目以及由政府财政投资的经营性项目,则由于其责任承担主体为私人主体或者项目本身的营利性,存在相应的责任财产,因而一般可不强制其采用代建的管理方式。当然在准经营性和经营性的政府投资项目中,仍然可以吸纳代建制的合理制度和成熟做法。

(2)代建管理的主体应当是代建企业。项目代建管理制度设立的初衷,即是为了解决政府权力与市场资本距离过近的问题,是在政府法人与企业主体之间人为增加一个市场的环节。通过委托专业项目管理企业实施管理的方式来隔离行政权力与市场资本,以防止其发生腐败现象,提高管理的效率;而受托代建的项目管理企业,也可以通过项目管理从政府公共财政获得相应的管理报酬(代建费用)并承担相应的项目风险。正是由于代建管理中代建企业责任机制的真正落实,足以促使代建企业从维护自身利益、规避项目风险的利己心态出发增强对代建项目实施监管,最终实现政府、社会公共利益与企业的共赢。如果按照某些地方政府所试点的代建制模式,仅仅是将现有政府的相应职能部门进行重组或者是另外组建新的政府职能部门承担当地所有政府投资项目的代建管理,这种不彻底的做法无论是从法理还是实践效果来看均带有相当的局限性。一是从法理上来看,代建管理本来是政府业主将自己投资建设的项目以委托的(一般均有书面的委托合同)方式,通过支付相关费用把项目管理职能转交由受委托的代建企业行使,并以自愿的方式令其承担相应的责任,这是以责任转嫁的市场方式提高政府投资项目实施的质量和效率。而某些地方政府的前述做法仅是以一个部门替代另一个部门对政府投资的项目实施管理,而所有政府部门都归属一个唯一的国家公法人。这种委托代建的做法,从理论上讲仅仅是政府职能的一定移转,没有解决政府项目建设中所迫切需要解决的我国政府行政权力结构中最根本的分权与制衡问题,因而不是真正意义上的(委托)代建制。二是从实践的效果上来看,上述代建制虽然有代建之名,但是仍然没有能从根本上解决政府投资项目严重的“三超”问题,因而这种代建制模式应属中庸的“半拉子”应景做法,难以全收代建制之时效。

(3)代建企业的选择主要是用市场竞争方式,通常是通过招投标的方式予以确定。从原理上讲,限于政府投资项目使用的资金来源于政府的公共财政,在市场发达的市场经济国家,其最终来源于广大纳税人所缴纳的国家税收,因而对于公共财政在一国之内的支出,所有符合其相应目的与要求的纳税人均可与之交易。因此,在市场上存在众多可能交易者的情况下,国家作为从事交易的一方公法人,理应从其中以市场竞争方式择优选任之,民主机制已经大大限制了政府的契约自由权力。所以,在市场上存在众多的符合相应资质条件要求的代建企业的情况下,政府作为项目业主和委托人应当采用竞争缔约的方式选任合格的代建人,一般是以招标的方式确定。

(4)代建实施的法律机制应当是特殊的委托合同。代建企业的管理权限来源于政府业主的委托,代建企业可以依据合同获取代建费用并应当对代建项目的风险承担相应责任。在政府业主以委托授权的方式交由代建人行使的若干权限中,有一些是可以存在于平等主体的当事人之间基于项目实施而产生的权力,如项目实施的监督权、索赔权等合同权力;而另外一些则是原属于政府组织的权力,这些权力主要是行政优益权,包括处罚权、解除权等。对于前述权项,政府业主可以普通民事合同委托之;而对于后述政府职能的移转,则无法为民事合同所覆盖,因而必须要有相应的法律、行政法规依据。因此,总的来看,政府投资项目委托代建的实施,不能仅以合同法律制度规范,而应当制定具有针对性的行政法律法规,因而是一种特殊的委托合同。它具有民事与行政的双重属性,有人称之为行政合同,在其实施与发生争议时需适用特殊的程序,也有人将其作为一种特殊的民事合同。

第三节 我国政府投资代建制的主要作用

在我国目前的政府体制环境下,对非经营性(公益性)政府投资建设项目实行"代建制"管理,与现行政府投资项目管理体制相比具有明显的优势。

(1)将内部委托代理关系转化为外部委托代理关系,能够充分发挥市场竞争的作用,从机制上确保防止发生"三超"行为。在代建制管理模式之下,政府(业主)将项目建设的有关工作委托给工程项目管理公司,并通过委托代理合同建立起市场化的外部委托代理关系,业主与代建人的责任明确。工程项目管理单位(代建人)的实质,是把过去由建设单位(使用单位)的职责在建设期间划分出来,以专业化的项目管理公司代替建设单位行使建设期项目法人的职责,拥有项目的经营管理权,全权负责项目投资管理和建设全过程的组织管理。①代建单位通过招标产生,能够降低政府投资项目总体成本,体现了市场竞争意识;②代建单位具有丰富的项目专业管理经验,有助于提高政府投资建设项目管理水平;③代建单位与政府、使用单位签订三方代建合同,通过合同约束三方的行为,有利于排除项目实施中的各种干扰(主要是项目单位提出的"三超"要求),符合法制理念;④代建单位须依照代建合同的约定,向政府缴纳一定比例(10%～30%)的履约银行保函,为从经济上制约代建单位的违规行为提供了保障;⑤对项目竣工验收后决算投资低于批准投资的,可按财政相关规定,从节余资金中给予代建单位提成奖励,从机制上鼓励代建单位加强管理、降低成本。

(2)对政府投资项目实施代建制管理,实现了项目管理队伍的专业化。工程项目管理公司是由工程咨询各方专家组成的,有效地提高了项目管理水平。一方面提高了对政府投资项目的管理效率和水平,为有效控制质量、工期和造价,保证财政资金的使用效率提供了制度上的保障;另一方面将原来由政府亲力亲为的项目管理方式转变为由专业化项目管理企业实施,大大减轻了由政府专门组建项目管理机构对自己投资的项目实施进行管理所付出的人员及资金的成本,也为政府精简机构和人员、提高投资质量提供了治本之策。

(3)对非经营性政府投资项目实施代建制管理,能够规范政府投资项目建设实施管理行为,增强项目使用单位的责任意识。在"代建制"项目中,项目使用单位主要职责是负责提出项目功能需求和实行工程质量、工期、资金合理使用的监督。①由项目使用单位提出功能需求、建设标准,使得建设项目能够满足使用单位要求;②项目使用单位从盲目、烦琐的项目管理业务中超脱出来,有助于减少建设实施过程中建设规模、建设标准变动的随意性;③能够使项目使用单位集中力量加强对建设工期、质量和资金合理使用的监督,把项目使用单位从决策角色转变为监督执行角色,有利于规范政府投资项目管理行为。

(4)代建制的实施,能够从机制上隔离行政权力与市场资本,压缩了政府权力寻租空间,有助于加快实现政府职能转变,防范权力寻租和公务人员腐败,保证政府管理职能部门及其人员的清正廉洁。在我国历来采用的"自建自管"政府项目管理方式中,行政权力过分"贴近"具体承担建设任务的企业并拥有绝对的决策权,因而政府权力的行使方式往往对于企业利润具有致命影响。出于资本逐利的天性,企业对控制相关项目的政府机关的人员的贿赂腐蚀已经成为一种重要的经营方式。而实施代建制,将政府对于政府投资项目的全部管理职能通过委托转交给以市场竞争方式确定的代建企业来执行,代建企业向政府业主负责,各项目承包企业向代建企业负责,两者均以合同方式确定各方权利义务关系。这就使得行政权力寻租的难度加大。对"代建制"项目,政府主要把握产业政策和宏观决策,项目具体执行实施依靠市场机制管理,有助于规范政府投资项目管理行为,减少"三超"现象。代建制下,政府不直接与建设项目的其他当事人(设计单位、监理单位、咨询单位、施工承包商)打交道,与之打交道的是接受政府授权作为一个实体的工程项目管理公司,它代理政府对公关项目进行协调和管理,政府的作用主要是培育代建市场、制定规则和维护良好的市场秩序,而不是直接参与政府投资项目的管理活动。

第十八章　典型的代建制模式

第一节　国内实施代建制的典型模式

一、根据项目管理方式划分

根据代建制管理下的项目管理方式不同,可以将代建制分为两种。

(一)业主管理模式

业主管理模式是传统的基本建设项目管理模式,即由业主(项目管理公司)自行选择工程的设计、材料供应、设备供应、施工、安装调试、监理等单位并分别与之签订合同,负责对整个项目的建设过程进行管理。在业主管理模式下,业主通过对各类合同的管理来最终达到项目管理的目的。在业主管理模式下,由于各个合同是分别签订,所有合同均由业主(或其受托人)负责管理。从风险管理角度而言,由于各个合同主体均对业主负责,就会产生一定的合同接口风险。因此,在业主管理模式下要求各个项目合同主体相互紧密配合才能保证整个项目得以顺利完成,所以在起草、签订合同时需要特别注意使各个与项目建设有关的合同之间能够做到项目衔接、紧密配合。但是,项目建设过程中还是会产生一些无法预知的问题,通过合同完全划分各个合同主体的责任或风险界限并不现实,大量不同的合同及合同主体的存在,不可避免地造成责任相互交叉或落空,由此产生的风险及责任则只能由业主承担。总的来说,在业主管理模式下,业主必将承担一些无法转嫁或难以转嫁的项目建设风险,容易造成投资难以控制、工期难以确定、质量难以保证等缺陷。

(二)EPC 模式

为减少业主管理模式下业主所承担的风险,在基础设施项目及社会公益性项目建设过程中产生了工程总承包(EPC)的项目建设管理模式。EPC 模式是指业主将包括项目设计(包括概念设计)、设备采购、土建施工、设备安装、技术服务、技术培训直至整个项目建成投产的全过程,均交由独立的建设承包商负责的一种模式,承包商将在"固定工期、固定价格及保证性能质量"的基础上完成项目建设工作。EPC 模式一般具有如下特点:由于"交钥匙"承包模式下的承包商兼具业主管理模式下项目管理公司的一部分职能及施工单位的职能,并对业主承担全面的管理责任,因此它必须对整个建设过程进行充分有效的协调。一般来说,"交钥匙"承包模式下的承包商,对项目所涉及的技术有较充分的掌握和理解,并具有很强的项目施工管理能力。业主则通过合同管理对承包商进行监督和管理。"交钥匙"承包模式就其字面含义,即为在项目完工并可投入运行时方才移交给业主,承包商提供的服务应包括自项目开工起至项目完工投产止的全过程服务。在此情况下,业主对工程建设的参与应当仅限于合同管理及对施工质量监督管理。承包商对工程建设过程享有较充分的自主权,业主除按合同规定外不得进行任何干预。"交钥匙"承包模式是一项固定工期的建设模式,承包商对项目的整体交付时间承担责任,除非合同另有规定,否则业主不得要求承包商提前或推迟工期。因此,业主对工程项目的投产基本上有一个比较准确的评估,从而使整个项目的建设工期更有保证。"交钥匙"承包模式也是一种固定价格的建设模式。合同价格在整个合同期内一般是固定不变的,除非出现合同中规定的范围变更或不可抗力等有限的原因外,否则合同价格不得予以调整。因此,业主对工程造价有一个比较客观的了解,使工程投资控制能得到有效保证。在"交钥匙"承包模式下,业主承担的责任主要包括征地、项目报批、缴纳税费、筹措资金并按合同进行支付。由于承包商独立承担了全过程的建设任务,从而使业主有更多的精力和时间放在与政府主管部门、项目使用单位以及其他合同方的协调沟通上,大大提高了工作效率。基于上述理由,我们推荐在"代建制"情况下最好采用 EPC 模式。

从上述代建制模式区分标准和类别来看,这种划分方法显然混淆了代建制管理模式与一般项目管理方法的界限,是将代建制作为项目管理方法的一种,从而降低了代建制管理方法的方法论意义,名义上是项目管理方法上的创新,而实质上将代建制的概念架空。因而,主张该种划分方法者所抱守的代建制的概念已经与本书关于代建制概念的认识相去甚远。

二、按工程项目委托管理受委托人的地位划分

也有人将代建制管理的本质视为工程项目委托管理(托管),即工程项目管理企业受业主委托,按合同约定,代表业主对工程项目的组织实施进行全过程或若干阶段的管理与服务。工程项目委托管理的主要模式分为两种。

(一)项目管理服务(PM)

项目管理服务即工程项目公司按合同约定,在项目的决策、实施阶段为业主编制相关文件,提供招标代理、设计、采购、施工、试运行的管理和服务。英国建筑师协会将项目管理(PM)定义为"从项目的开始到项目的完成,通过项目策划(PP)和项目控制(PC)以达到项目的费用目标(投资目标、成本目标)、质量目标和进度目标",即 PM = PP + PC。项目管理(PM)分为业主方的 PM、设计方的 PM、承包方的 PM 和供货方的 PM 四种类型。其中业主方的 PM 起主导作用,这里所指为业主方的 PM。项目策划(PP)从内容上来说,主要包括目标论证、目标分解、组织结构策划、工作流程策划、合同结构策划、风险管理策划等。项目策划以时间划分包括决策期的策划、实施期的策划(又分进度策划、投资策划、质量策划)及经营策划。策划的目的是为了控制,项目控制(PC)的主要措施包括组织措施、合同措施、经济措施、技术措施。

具体来说,项目管理服务(PM)是指工程咨询公司按照合同约定,在工程项目决策阶段,为业主进行项目策划、编制项目建议书和可行性研究报告;在工程实施阶段,为业主提供招标代理、设计管理、采购管理、施工管理和试运行(竣工验收)等服务,代表业主对工程项目质量、安全、进度、费用、合同、信息等进行管理和控制,并按照合同约定收取一定的报酬、承担一定管理责任的服务方式。

(二)项目管理承包(PMC)

项目管理承包即项目管理承包商代表业主对工程项目进行全过程、全方位的项目管

理,包括进行工程的总体规划、项目定义、工程招标,选择设计、采购、施工承包商,并对设计、采购、施工进行全面管理。PMC 是受业主委托对项目进行全面管理的项目管理承包商。PMC 管理模式分两个阶段来进行,第一阶段为定义阶段,第二阶段为执行阶段。在定义阶段,PMC 要负责组织设计单位完成初步设计和技术设计,提出一定的合理化建议;根据有关标准、类似项目的成本资料与经验作出投资预算,作为工程造价控制的参考;在此基础上,编制出工程设计、采购和建造的招标书,确定工程中各个项目的总承包商,视不同的项目,总承包商可以是 EPC 或设计—建造。在执行阶段,由中标的总承包商负责执行详细设计、采购和建造工作,PMC 在业主的委托管理合同授权下,进行全部项目的管理协调工作,直到项目完成。在 PMC 介入的各阶段,PMC 要及时向业主报告工作,业主则派出少量人员对 PMC 的工作进行监督和检查。PMC 的报价组成多数为工时费用部分、利润部分和风险金部分之和。项目的最终决算要同在定义阶段结束时批准的预算相比较。若节约了则按 PMC 约定的分成办法就节约部分初步计算,再按项目的可用性、性能、工期三个方面的指标考核而算出最终奖励额;若超支了则要按协议约定承担罚款,直至罚没 PMC 的全部担保金。

由以上可知,仅仅是节约了投资,PMC 并不一定能拿到应分成比例的节约奖,还必须满足其他要求,否则仍存在风险。可见与 PM 模式相比,PMC 除完成项目管理服务(PM)的全部工作内容,还要按照合同约定承担相应的管理风险和经济责任,是一项高风险、高回报的服务。PM/PMC(托管)管理模式见图 18-1。

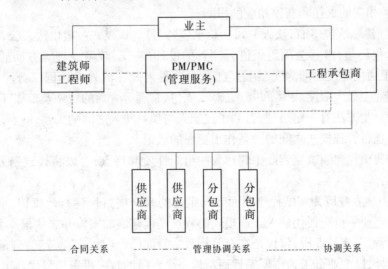

图 18-1　PM/PMC(托管)管理模式

三、从投融资角度划分

从融资角度来说,政府投资项目代建制又有融资代建制和非融资代建制两种。

所谓融资代建制,特指针对公共工程项目的"公共机构"和"私人投资者"的项目目标,得到投资回报是私人投资者的目标。为了实现"双赢"的目标,合作双方合理分担风险,以保证公共工程项目的成功。所以,融资代建制项目是指采用项目融资的投融资方式和建设实施实行代建制委托管理模式的项目,特指公共工程项目中以非政府资金为主的可经营工程项目。

对于非经营性的市政项目来说,代建制是一种非融资型的代建制度。非经营性项目的特点是生产和经营管理工程中无资金流入。在这类项目中市场作用失灵,只有政府有效,其结果是获得了社会效益和环境效益的最大化。这类项目的建设资金主要来源于中央政府和各级地方政府预算内资金、城市建设相关税收和附加、城市土地收益、法律法规规定的各种相关取费及其他可用于市政公用设施的资金。所以,非经营性市政项目投资主体明确——政府。这种代建制不再考虑融资。

有人认为,目前我国的代建制实践中有下列三种具有代表性的实施模式:

(1)委托政府组织代建(项目法人公司 + 政府代建单位)。该模式一般由项目法人公司委托政府组建单位或直接委托政府下属的专业单位作为项目的代建单位,其特点是法人公司只配备少数人员,设置简单的机构,主要负责融资、决策等工作;要求代建单位配备强大的技术、项目管理人员,设置完善的建设管理机构,提供全过程、全方位的工程建设管理。这些代建单位并非政府本身,但和政府有一定的关系。这是一种介于政府管理和纯商业化管理之间的模式。

(2)委托公司组织代建(项目法人公司 + 代建公司)。该模式一般由项目法人公司直接委托有经验的专业化的工程管理公司作为代建单位,法人公司和代建单位之间是一种纯粹的商业关系,代建单位在业主的授权下,利用其在建设管理方面的经验提供专业服务,并承担相应的责任和获得相应的报酬。

(3)代建总承包(项目法人公司 + 总承包公司)。该模式一般由法人公司委托专业全面的总承包公司,由其全面组织进行项目的设计、施工、政策处理等方面的"一条龙"服务,国际上通用的说法即为"交钥匙"工程。这种模式在国外发达国家普遍使用,最大的优点是使业主最大限度减少了设计、施工、支付、管理等方面的协调及工作环节。

这种分类方法有一定道理,看到了代建人与项目法人之间的关系,缺点是未对代建制与通常的项目管理模式之间的关系作出更深的认识。

根据我国代建制试点实践中代建人的组织性质和特点,可以将代建制分为以下两种基本类型:

(1)由地方政府为实施代建制而专门组建的政府项目代建行政机构、事业单位或国有独资的企业单位充任代建人。该模式的特点是代建制的实施并未从根本上改变政府投资项目自营、自建的性质,仅仅是在有关行政主管部门(包括国有资产管理部门)、项目建设单位之外,以专业分工为主要宗旨而组建一个专门的政府投资项目代建单位,称之为局(如深圳的建筑工务局),或称之为政府工程管理中心,或称之为城建发展公司(如重庆市)。必须实行代建管理的政府全部或部分投资的建设项目,全部交由该代建单位进行代建管理。该模式的优势是,政府项目的投资、建设、管理全部由当地政府部门分工负责,因而便于各相关部门之间协调与配合,有利于进一步提高政府投资项目实施的效率。其缺点也显而易见。该种模式代建制尚未根本解决在我国集权制政府体制之下的政府项目"投资、建设、管理、使用"四位一体带来的机制问题;代建单位的确定缺乏市场化竞争机制,因而注定其不可能真正解决政府投资项目管理过程中所积重的问题,如领导人决策主观性强、权力寻租严重、投资规模难以控制、项目质量无法保证等原有问题。此外，专门设置相关的代建管理机构无疑会增加公务人员的数量，增加政府公务流程的环节及公共财政的支出。

（2）以通过遴选并授予相应资质、由竞争方式确定的专业代建企业（非政府出资组建）充任代建人。此种模式的理论基础是，在政府项目实施过程中引入市场机制，吸引民营资本参与，因而从根本上隔离行政权力与逐利资本，加长利益链条，明确责任主体，实施透明操作。该种模式既可改善政府投资的效率与质量保障，又符合我国转变政府职能、建设"阳光行政"、革除吏治腐败及建设节约和谐社会等基本要求，因而具有较强的适用性。这种代建模式的优点是：①顺应市场经济要求，更符合国家投资体制改革方向；②通过招投标方式选择代建单位，体现了市场竞争意识，避免了行政垄断；③不需要增设新的行政管理机构，避免了机构、职能重叠和增加公务人员数量；④分权监督的模式能够从机制上防止发生超概算行为；⑤可以有效地预防权力寻租腐败现象。当然，在我国目前的行政体制之下，这种模式的代建制因其从根本上触动了政府项目"利益蛋糕"的原有分享机制，实施起来仍面临诸多挑战，需要决策者从深化政治体制改革、建设文明行政、提高经济管理水平、增加社会福利的高度予以认真对待，勿使其停留在虚幻的制度层面。

第二节　国内工程项目委托管理市场的发展

一、制约代建制企业发展的若干问题

（一）风险转移问题尚未解决

代建制度是一种民事委托关系还是行政委托关系，理论和实践都提出了这个问题。一方面，代建制普遍存在一个实践矛盾，即委托代建的房屋建起来了，委托人（各相关政府）作为直接的当事人，却不得不面对不断出现的关于工程质量问题和使用功能缺陷的投诉，这种情形在危房改造等安居工程建设中普遍存在；另一方面，国家法律法规赋予了建设单位在建设工程项目上的重大责任与义务，不能够因为实行代建制而产生转移。实行代建制的本来目的是希望通过代建方使建设单位从非专业领域工作中摆脱出来，不必承担这些单位无力承担的专业责任与义务。但是，当代建行为的法律关系不清时，建设单位在签订协议时，就可能出现这种情况：通过委托代建，建设工程的民事责任风险转移了，但更重要的行政责任乃至刑事责任的风险并没有转移，原因在于代建制度并不是一个法定制度。国家行政法规规定的建设单位的责任与义务以及建设单位违法的责任追究，包括对单位主管领导的责任追究，并没有因民事性质的委托而转移。现阶段的代建单位因有限的代建取费而不愿承担更多的代建责任，同时建设单位也因风险并没有完全转移而对委托代建持疑虑态度。合作双方这种相反的期望目标便对建设工程项目产生各种不利的影响，在工程建设过程中，扯皮、纠纷、推卸责任等情况时常发生。这些问题，对于代建制度的顺利推行是十分不利的。

（二）代建制度与现有的建设工程管理制度交叠

我国建设工程管理体制是伴随着市场经济的发展而逐步变化的，加上建设行政管理体制上的条块分割,便产生了一些具有条块分割特征的管理制度和机制形式,如工程咨询管理制度、工程监理制度、设计咨询制度以及其他各类细分的工程建设中介服务制度等。这些制度和机构组织的业务不仅具有重叠性,还因与政府某行业管理职能关联,通过各自的资质、资格及业务范围的管理而形成相对封闭的运行机制,导致建设工程的中间管理服务环节过多,不仅造成资源浪费、管理低效等问题,还在一定程度上阻碍了建筑领域的市场经济发展步伐。现在,在政府投资领域建设项目上又要再实行代建环节,是否会因增加一个中间环节而影响工程建设效能,也是客观存在的一个问题。根据国家法律法规规定,监理单位在工程建设过程中,应当承担工程质量、进度、投资控制义务和对项目的合同管理、信息管理以及工作协调责任。目前的代建制度,代建人在工程实施过程中所承担的权利与义务也大致如此。如果不能有效地处理好两者之间的关系,可能会对工程建设产生副作用。

(三)项目前期工作的风险

由于运用代建制,项目的组织实施工作由项目管理公司来完成,而在政府投资领域的项目管理中,前期准备工作的难点之一,就是大量的房屋拆迁和土地征用问题,过去这些工作往往是依靠政府强有力的行政推动,并适时制定和调整相关政策来保证工程进度,表现的是政府行为。运用代建制后,改为管理公司完成此项工作,作为企业,往往是举步维艰的。此外,在企业行为下,花费在房屋动迁的费用相对以前要多出许多,对工程总投资会造成不利的局面。

(四)现行体制阻碍代建制企业的发展

我国的代建制企业大都隶属于政府部门。虽然根据政府体制改革的要求,代建制企业正在改制,但从整体看,政企不分、产权不明、责权不清的现象依然存在。由于代建制企业与相关政府部门的裙带关系,自然形成行业保护主义、地方保护主义,这将极大地阻碍代建制企业进行市场竞争,对代建制企业的长远发展相当不利。

由于历史的原因,目前国内各家代建公司都有一些行政富余人员,甚至某些人还在领导岗位工作,因此公司的人事制度、工资制度改革迟迟无法开展,且长期的机关作风使得他们的思想观念与现代企业的发展、创新精神格格不入,成为企业发展道路上的绊脚石。

(五)从业人员素质有待提高

我国目前的代建行业,项目管理人员的专业水平很高,现场实践经验较多,可是知识面偏窄,综合协调管理能力较弱,尤其是经济、商务、管理、法律等方面知识和能力不足,缺少项目经理、双语人才、复合型人才,而熟悉国际惯例,能从事国际工程咨询的人才就更少。此外,我国代建制企业的人员组织结构不合理,考核机制尚未健全,而且培训经费缺乏,缺少专门的培训机构。

二、代建制发展过程中企业机制现存问题的解决方案

(一)完善法制建设,确立代建制度的法律地位

在现阶段,代建制度出现而产生的风险转移问题,主要是因为委托代建的法律不明确以及责任无法转移,应通过立法来确立代建制度,将委托代建后的行政责任转移给代建人。

(二)改变经营机制,拓展服务领域

根据代建制的地方法规,代建制服务领域为政府投资项目。但是,近年来我国的投资主体结构已发生了很大变化,民间投资和境外投资所占比重越来越大,工程咨询公司面对服务对象的变化,服务范围、服务层次和服务内容都将发生重大变化。与国家投资相比,民间投资和境外投资对管理咨询企业服务的要求更严格甚至是苛刻的。首先,对管理咨询企业的服务范围要求非常宽泛,涉及从投资机会的研究到项目投产项目经营管理的各个方面;其次,在服务层次方面,除保留建议和评审外,将扩大到编制投资项目经营计划,提供项目经理或经营管理人员或班子,使管理咨询企业达到参与投资甚至对投资承担相应层次的责任;再次,国内管理咨询企业目前工作内容的主要依据是建设项目经济评价方法与参数,由于投资利润率更为敏感,在资金的运营管理上更强调低成本和高效率。另外这些投资中的相当部分还存在着各式各样的制约条件,有些境外投资本身就带有投资领域通行的游戏规则,根据投资者的要求及时调整自己的工作内容。因此,国内的管理咨询企业应该有计划地在各方面进行必要准备,以适应由投资主体变化而出现的市场需求的变化。

(三)深化体制改革,建立现代企业制度

我国具有代建制资质的企业几乎清一色隶属于某个政府机关,有的甚至就是政府机构的原班人马,对外挂出具有企业性质的牌子而已。现阶段这种明显带有垄断色彩的行为使企业的近期发展有得天独厚的优势,但对于企业的长期发展是相当不利的。行业垄断限制了竞争,且企业姓"国",对于调动员工的积极性也有不利的一面。应该借鉴国外的经验,采用合伙人或股份制的形式对企业进行体制改革,用现代企业管理的理念深化企业的人事制度改革和分配制度改革,加强企业员工的凝聚力,以适应未来社会发展的需要。

(四)加强从业人员素质培养,增强企业核心竞争力

代建制企业属于"智力服务业",它与其他产业的主要区别在于,它的成果是在从业人员的知识、经验和智力中产生的,为此从业人员的素质极为重要。它不仅要求从业人员有较高水准的专业知识,还要通晓有关法律、心理、社会及相关科学知识,要有较强的语言表达能力、敏锐的思维能力等,除此之外,还要承担法律和社会责任。国外对管理咨询执业人员管理较严,从事工程管理咨询工作的人必须具有执业资格注册证书。代建制企业应有完整的人员聘用、考核激励和培训计划。

第三节　代建制与其他项目管理方式的比较

一、其他项目管理方式简介

(一)CM 管理模式

CM(Construction Management)模式即建设管理模式,就是在采用快速路径法进行施工时,从开始阶段就雇用具有施工经验的 CM 单位参与到建设工程实施过程中来,以便为设计人员提供施工方面的建议且随后负责管理施工过程。这种模式改变了过去那种设计

完成后才进行招标的传统模式,而采取分阶段发包,由业主、CM 单位和设计单位组成一个联合小组,共同负责组织和管理工程的规划、设计和施工。CM 单位负责工程的监督、协调及管理工作,在施工阶段定期与承包商会晤,对成本、质量和进度进行监督,并预测和监控成本与进度的变化。

从国际上的应用实践看,CM 模式可分为代理型建设管理("agency"CM)和风险型建设管理("atrisk"CM)两种方式,如图 18-2 所示。

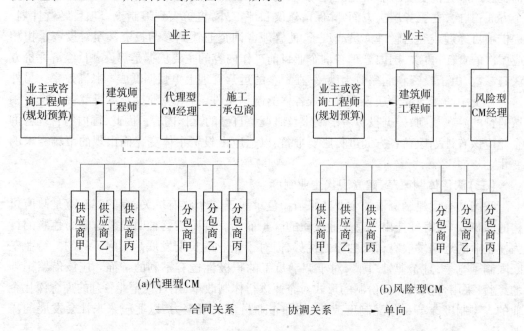

　　　　(a)代理型CM　　　　　　　　　　　　　　　　　(b)风险型CM

——— 合同关系　　- - - - 协调关系　　——→ 单向

图 18-2　CM 模式的两种组织形式

1. 代理型建设管理方式

在此种方式下,CM 经理是业主的咨询和代理人。业主和 CM 经理的服务合同规定费用是固定酬金加管理费。业主在各施工阶段和承包商签订工程施工合同。业主选择代理型 CM 往往主要是因为其在进度计划和变更方面更具有灵活性。采用这种方式,CM 经理可以只提供项目某一阶段的服务,也可以提供全过程服务。无论是施工前还是施工后,CM 经理与业主都是信用委托关系,业主与 CM 经理之间的服务合同是以固定费和比例费的方式计费。施工任务仍然大都通过投竞标来实现,由业主与承包商签订工程施工合同。CM 经理为业主管理项目,但他与专业承包商之间没有任何合同关系。因此,对于代理型 CM 经理来说,经济风险最小,但是声誉损失的风险很高。

2. 风险型建设管理方式

采用这种形式,CM 经理同时也担任施工总承包商的角色。一般业主要求 CM 经理提出保证最高成本限额(Guaranteed Maximum Price,GMP),以保证业主的投资控制。如果最后结算超过 GMP,则由 CM 公司赔偿;如果低于 GMP,则节约的投资归业主所有。但 CM 公司由于额外承担了保证施工成本风险,因而能够得到额外的收入。有了 GMP,业主的风险减少了,而 CM 经理的风险则增加了。风险型 CM 中,各方的关系基本上介于传统的 DBB 模式与代理型 CM 模式之间。风险型 CM 经理的地位实际上相当于一个总承包商,他与各专业承包商之间有着直接的合同关系,并负责使工程以不高于 GMP 的成本竣工。这使得他所关心的问题与代理型 CM 经理有很大不同,尤其是随着工程成本越接近 GMP 上限,其风险越大,他对利润问题的关注也就越强烈。

(二)EPC 模式

EPC(Engineering – Procurement – Construction)模式即设计 – 采购 – 建设模式。在 EPC 模式中,Engineering 不仅包括具体的设计工作,而且可能包括整个建设工程内容的总体策划以及整个建设工程实施组织管理的策划和具体工作;"Procurement"也不是一般意义上的建筑设备材料采购,更多的是指专业设备、材料的采购;"Construction"应译为"建设",内容包括施工、安装、试车、技术培训等。

EPC 工程项目管理有以下主要特点:①业主把工程的设计、采购、施工和开车服务工作全部委托给工程总承包商负责组织实施,业主只负责整体的、原则的、目标的管理和控制;②业主可以自行组建管理机构,也可以委托专业的项目管理公司代表业主对工程进行整体的、原则的、目标的管理和控制,业主介入具体组织实施的程度较低,总承包商更能发挥主观能动性,运用其管理经验为业主和承包商自身创造更多的效益;③业主把管理风险转移给总承包商,因而工程总承包商在经济和工期方面要承担更多的责任和风险,同时承包商也拥有更多获利的机会;④业主只与工程总承包商签订工程总承包合同。设计、采购、建设的组织实施是统一策划、统一组织、统一指挥、统一协调和全过程控制的。工程总承包商可以把部分工作委托给分包商完成,分包商的全部工作由总承包商对业主负责。

(三)PM 模式

项目管理(Project Management,PM)模式是指项目业主聘请一家公司(一般为具备相当实力的工程公司或咨询公司)代表业主进行整个项目过程的管理,其组织结构如图18-3所示。这家公司在项目中被称为"项目管理承包商"(Project Management Contractor,PMC)。PM 模式中 PMC 受业主的委托,从项目的策划、定义、设计到竣工投产全过程为业主提供项目管理承包服务。选用该种模式管理项目时,业主方面仅需保留很小部分的基建管理力量对一些关键问题进行决策,而绝大部分的项目管理工作都由项目管理承包商来承担。PMC 是由一批对项目建设各个环节具有丰富经验的专门人才组成的,它具有对项目从立项到竣工投产进行统筹安排和综合管理的能力,能有效地弥补业主项目管理知识与经验的不足。PMC 作为业主的代表或业主的延伸,帮助业主在项目前期策划、可行性研究、项目定义、计划、融资方案以及设计、采购、施工、试运行等整个实施过程中,有效地控制工程质量、进度和费用,保证项目的成功实施,达到项目寿命期技术和经济指标最优化。

PM 模式的主要任务是自始至终对一个项目负责,这可能包括项目任务书的编制、预算控制、法律与行政障碍的排除、土地资金的筹集等,同时使设计者、工料预测师和承包商的工作正确地分阶段进行,在适当的时候引入指定分包商的合同和任何专业建造商的单独合同,以使业主委托的活动得以顺利进行。

PM 通常用于国际性大型项目。适宜选用 PMC 进行项目管理的项目具有如下特点:①项目投资额大(一般超过 10 亿元),且包括相当复杂的工艺技术;②业主是由多个大公

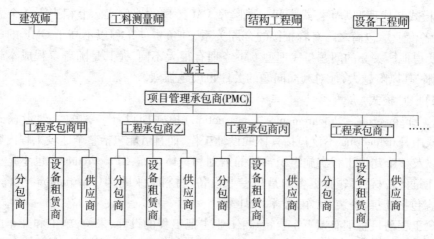

图 18-3　PM 模式组织示意图

司组成的联合体,并且有些情况下有政府参与;③业主自身的资产负债能力无法为项目提供融资担保;④项目投资通常需要从商业银行和出口信贷机构取得国际贷款,需要通过 PMC 取得国际贷款机构的信用,获取国际贷款;⑤由于某种原因,业主感到凭借自身的资源和能力难以完成的项目,需要寻找有管理经验的 PMC 来代业主完成项目管理,这些项目的投资额一般在 5 000 万美元以上。总之,一个项目的投资额越高,项目越复杂且难度越大,业主提供的资产担保能力越低,就越有必要选择 PM 进行项目管理。

采用 PM 模式的项目,通过 PMC 对各环节的科学管理,可大规模节约项目投资。①通过项目设计优化实现项目寿命期成本最低。PMC 会根据项目所在地的实际条件,运用自身的技术优势,对整个项目进行全方位的技术经济分析与比较,本着功能完善、技术先进、经济合理的原则对整个设计进行优化。②在完成基础设计之后,通过一定的合同策略,选用合适的合同方式进行招标。PMC 会根据不同工作包设计深度、技术复杂程度、工期长短、工程量大小等因素综合考虑采取哪种合同形式,从而从整体上为业主节约投资。③通过 PMC 的多项采购协议及统一的项目采购策略降低投资。多项目采购协议是业主就一种商品(设备/材料)与制造商签订的供货协议,与业主签订该协议的制造商是该项目这种商品(设备、材料)的唯一供应商。业主通过此协议获得价格、日常运行维护等方面的优惠。各个 EPC 承包商必须按照业主所提供的协议去采购相应的设备。多项目采购协议是 PM 项目采购策略中的一个重要部分。在项目中,要适量地选择商品的类别,以免对 EPC 承包商限制过多,直接影响其积极性。PMC 还应负责促进承包商之间的合作,以符合业主降低项目总投资的目标,包括最优化项目中的内容,以及获得合理 ECA(出口信贷)数量和全面符合计划的要求。④PMC 的现金管理及现金流量优化。PMC 可通过其丰富的项目融资和财务管理经验,并结合工程实际情况,对整个项目的现金流进行优化。

(四)DB 模式

设计—建造(Design - Build,DB)模式是近年来在国际工程中常用的建设项目管理模式,它又被称为设计和施工(Design - Construction)、交钥匙工程(Turnkey),或者是一揽子工程(Package Deal)。通常的做法是,在项目的初始阶段,业主邀请一位或者几位有资格的承包商(或具备资格的管理咨询公司),根据业主的要求或者是设计大纲,由承包商或会同自己委托的设计咨询公司提出初步设计和成本概算。根据不同类型的工程项目,业主也可能委托自己的顾问工程师准备更详细的设计纲要和招标文件,中标的承包商将负责该项目的设计和施工。DB模式是一种项目组织方式,业主和DB承包商密切合作,完成项目的规划、设计、成本控制、进度安排等工作,甚至负责土地购买、项目融资和设备采购安装。DB模式的管理方式在国际工程中越来越受到欢迎,其涉及范围不仅包括了私人投资的项目,而且也广泛运用于政府投资的基础设施项目。

　　FIDIC《设计—建造与交钥匙工程合同条件》中规定,承包商应按照雇主的要求,负责工程的设计与实施,包括土木、机械、电气等综合工程以及建筑工程。这类"交钥匙"合同通常包括设计、施工、装置、装修和设备,承包商(工程项目管理公司)应向雇主提供一套配备完整的设施,且在转动"钥匙"时即可投入运行。这种方式的基本特点是在项目实施过程中保持单一的合同责任,不涉及监理,大部分实际施工工作要以竞争性招标方式分包出去(如图18-4所示)。

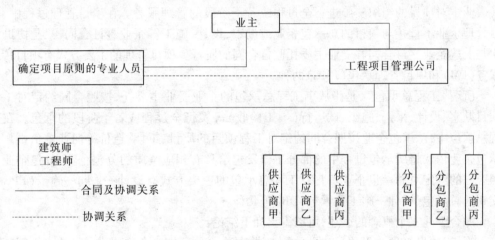

图18-4　DB模式的组织形式

　　DB管理模式的主要特点是业主和一实体采用单一合同(singlepointcontract)的管理方法,由该实体负责实施项目的设计和施工。一般来说,该实体可以是大型承包商、具备项目管理能力的设计咨询公司,或者是专门从事项目管理的公司。这种模式主要有两个特点。①具有高效性。一旦合约签订以后,承包商就据此进行施工图的设计,如果承包商本身拥有设计能力,就促使承包商积极地提高设计质量,通过合理和精心的设计创造经济效益,往往达到事半功倍的效果。如果承包商本身不具备设计能力和资质,就需要委托一家或几家专业的咨询公司来做设计和咨询,承包商作为甲方的身份进行设计管理和协调,使得设计既符合业主的意图,又有利于施工和节约成本,使得设计更加合理和实用,避免了两者之间的矛盾。②责任的单一性。从总体来说,建设项目的合同关系是业主和承包商之间的关系,业主的责任是按合约规定的方式付款,总承包商的责任是按时提供业主所要的产品。承包商对于项目建设的全过程负有全部的责任,这种责任的单一性避免了工程建设中各方相互矛盾和扯皮,也促使承包商不断提高自己的管理水平,通过科学的管理创造效益。相对于传统的管理方式,承包商拥有了更大的权力,不仅可以选择分包商和材料供应商,而且还有权选择设计咨询公司,但最后需要得到业主的认可。这种模式解决了机构臃肿、层次重叠、管理人员比例失调的问题。

二、与代建制的比较

所谓代建制,是指政府通过招标或规定的方式,选择社会专业化的项目管理单位(代建单位),负责项目的投资管理和建设实施工作,项目建成后交付使用单位的制度。代建单位在代建期间按照合同约定代行项目建设的投资主体职责。从本质上来说,代建制源于工程项目管理服务和工程总承包,但工程总承包和项目管理服务在工程建设领域一直长期存在,那么,源于既有建设方式的代建制与其究竟有怎样的联系和区别呢?在现行的工程建设行政管理体系中,代建制在什么地方表现出了制度的创新呢?要明晰"代建制"的创新表现,首先需要弄清它与工程项目管理服务和工程总承包的区别与联系。

所谓"工程项目管理"是指从事工程项目管理的企业受业主委托,按照合同的约定,代表业主对项目的组织实施进行全过程或若干阶段的管理服务。在项目管理过程中,项目管理企业不直接与项目的总承包企业或勘察、设计、施工等企业签订合同,只是协助业主与上述企业签订合同并受业主委托监督合同的履行。项目管理的主要方式有项目管理服务(PM)和项目管理承包(PMC)两种。

所谓"工程总承包",是指从事工程总承包的企业受业主委托,按照合同约定对工程项目勘察、设计、采购、施工、试运行(竣工验收)等实行全过程或若干阶段的承包。在工程总承包中,总承包企业按照合同约定对工程项目的质量、工期、造价等向业主负责。总承包企业依法将所承包过程中的部分工作发包给具有相应资质的分包企业,分包企业按照合同的约定对总承包企业负责。工程总承包的主要方式有设计—采购—施工(EPC)/交钥匙总承包、设计—施工总承包(DB)等几种。

综合上述三个概念的表述,可以得出如下结论:

第一,项目管理对于项目建设单位来讲,是在合同范围内为之提供一种技术性管理服务,工程总承包则是为建设单位提供技术性与一般性劳务结合的服务。在这一点上,代建单位的代建工作与项目管理相同,而与工程总承包有所区别。代建制是对建设管理费用的承包,项目管理企业具有项目建设阶段的法人地位,拥有法人权力(包括在业主监督下对建设资金支配权),同时承担相应责任,包括投资保值责任。

第二,与项目管理和工程总承包一样,工程项目的"代建"从根本上讲是一种适应市场发展和变化的工程建设方式,我国将其作为公共工程建设的制度化范式,从公共投资管理角度来讲,无疑是一种体制创新。

第十九章　我国政府投资项目代建制现存问题及其完善

第一节　政府投资项目代建制在我国实践过程中存在的问题

实施政府投资项目代建制,是与我国政治体制提高管理水平、优化管理质量的改革并行的。研究代建制不能脱开我国政府职能转变、建设廉洁高效政府这一大环境。代建制的试点从一开始就带有较为明确的政治、经济意图,可以说它是我国社会政治、经济发展核心趋势的集中体现之一。代建制在我国的出现已有 10 余年,但是综观代建制在各地试点的情况,简要分析起来尚存在下列问题:

(1)目前代建制的运作实施还缺乏必要的法律法规的保障,缺乏明确的制度规范。从目前的实施情况看,由于没有相应的法规依据,造成代建单位的定义、职责、涉及范围等不明确,使之在履行代建职能时,建设各方和投资单位往往凭经验操作。对最终管理成效的评价无依据,也无法建立相应的奖励和处罚机制。同时,也造成投资者一方面需要代建方服务,一方面又不愿赋予代建方真正的权力,并在项目建设过程中对代建方的方案、管理指手画脚,甚至亲自指定施工单位和材料供应单位。如此一来,代建单位成为了传递信息的"通信员",丧失其对项目建设过程的管理职能。

此外,代建单位的性质、资质、运作、代建范围尚需进一步明确。首先,代建单位性质的确定是影响代建制整体规范制定的一个根本性问题。单从当前情况看,代建单位的性质有三种(事业、企业和政府机关),比较混乱,不利于代建制的具体运行和控制。其次,代建单位的资质各地规定不一,尚需进一步明确。再次,代建制的运作各地不同,有的是全权委托代建单位自主运用资金进行建设和管理;有的是由代建单位和使用单位联合组建筹建处,由筹建处自主运用资金承担建设和管理。最后,代建范围较狭窄,目前各地试行代建制的范围基本上都集中在全额或部分使用财政性资金的公益性项目。

此外,对于各地盛行的项目代建制,一些咨询机构更担心会出现新的垄断和腐败。原因在于,目前从事市政、道路等建设的代建单位,很多是原市政建设单位下属的改制公司,双方关系紧密,其他咨询单位根本无法根据市场原则进入其项目代建市场。因此,这种情况容易引发新的行政性垄断,这样运作的代建制难以产生其应有的效果,更容易引发争议与纠纷。

(2)项目法人与项目管理代建人的职责有待进一步理清。根据我国目前的政府投资管理模式,对于具体项目实施实际管理的主体还有为实施该项目而组建的项目法人,根据《公司法》和原国家发展计划委员会于 1996 年 4 月制定颁布的《关于实行建设项目法人责任制的暂行规定》,要求国有单位经营性基本建设大中型项目必须组建项目法人,实行项目法人责任制,项目法人可按《公司法》的规定设立有限责任公司(包括国有独资公司)和股份有限公司等。项目法人对项目的策划、资金筹措、建设实施、生产经营、偿还债务和资产的保值增值,实行全过程负责。这样按照该规定,在大多数实行代建制的政府投资项目上,就会出现项目代建人与项目法人并存的局面,而且二者的管理职能具有相当的交叉与重合。对于如何处理这两种机构之间的关系,目前无论国家主管部门还是代建制的相关试点地方都尚未相关的规定,仍有待进一步研究。

(3)我国各地实施的代建模式中对于代建单位尚缺乏明确的职能定位依据。目前,各地相继在政府项目及道路基建等项目中推行代建制。形成的基本共识是,代建单位的主要作用是控制使用单位的行为,控制投资规模,控制不必要的浪费,由此将使现行的政府投资体制中"投资、建设、管理、使用"四位一体的管理模式,各环节彼此分离、互相制约,同时,通过建、用分离预防腐败。但对代建单位具体负责的管理范畴没有明确定位。于是,我国相继出现代建制"北京模式"、"厦门模式"、"深圳模式"等多种形式。这其中,有些代建单位是与使用单位、投资单位处于平等地位,可独立履行职责;有些则处于后者的管辖之下,无法发挥真正的代建作用,也造成部分代建单位在实施项目管理中,成了使用单位对突发情况的"灭火员"。同时,定位不一,也造成目前代建单位无法针对政府项目、交通基建项目、一般民营投资项目可能存在的不同项目管理需求,进行区分管理和项目重点监控。

同时,代建制与现行投资计划、预算下达、资金拨付、财务管理等有关制度有一个衔接问题,全国缺少统一指导规范,各自为政,比较混乱。首先,代建单位作为项目的直接建设和管理单位,作为控制投资和工程质量的直接管理者,需要参与预算核定和资金使用。这样,原有的投资申报、预算编制和资金拨付渠道就要在使用单位和代建单位之间进行协调,重新加以规范。同时,在国库集中支付试点和政府采购范围内,也要加强与代建单位的协调。其次,财务管理和会计核算主体不清。在代建制下,一些项目前期工作可能仍要使用单位来做,同时一些设备也可能由使用单位自行采购。这样,两个单位都有使用资金的行为,就产生了谁是会计核算主体、由谁负责项目财务管理、谁来作竣工财务决算的问题。再者,代建管理费没有统一的提取标准,各地代建管理费提取五花八门。有的是控制在建设单位管理费范围内,有的是以必要的费用加税金和合理利润,有的是结合建设单位管理费标准,为项目的节余资金奖优罚劣。

(4)按照政府规章所规定的代建费偏低,制约了"代建制"制度的发展。代建费取费偏低,一方面使得代建单位从代建业务中所能获得的利益与其按照代建合同所承担的项目风险不成比例。由于代建单位承担的项目风险重大,就会凸显代建企业取费相应偏低的问题,使得其代建的权利义务有失公平。另一方面,代建费偏低会严重制约代建单位的规模扩大和经济实力的进一步壮大,使得真正具有竞争性的代建市场难以形成,削弱了代建单位承担风险的能力和发展的后劲,也容易引发代建单位的道德风险。因而,在目前的环境与条件下,应当根据各地具体情况适当提高代建取费的标准。

(5)代建机构总体实力薄弱,没有形成成熟、规范、公平竞争的代建市场,代建单位承担代建责任的机制不明。首先,代理机构总体资质不高。很多代建机构都是从原来的建设单位、工程咨询机构、建设监理公司、工程承包公司等转型过来的,其经济实力、人员队伍素质、内部治理结构等各方面不能完全达到代建机构应有的水平。其次,代建机构数量不足。公平、有效竞争的代建制市场必须有合理数量的代建商参与才能形成,但我国目前符合资质要求的代建机构的数量较少,达不到市场竞争的要求,这也是部分地方选择由政府指定代建单位的原因之一。此外,代建单位虽然有建设经验,但其作为咨询中介机构,单位规模普遍偏小,实力普遍偏弱,资产最多几千万元,无法承担建设管理的经济责任。要承担一个上亿元甚至是几十亿元工程的建设管理任务,工程一旦出现风险,根本无力承担赔偿责任。因而,对于一个仅仅承担有限责任的代建企业法人,随其破产,代建制对于政府投资项目的保障功能也难以实现。

(6)与代建制相关的配套措施不完善。首先,代建工程考核和监督制度不严格。代建制的实际操作中,存在考核机制不健全,重委托、轻监督检查等问题,影响了代建工作的质量。其次,代建保险制度没有建立。按照代理合同,代建单位要承担突破投资的赔付责任。若赔付金额太大,代理单位有可能无力承担,需要相应的保险制度转移赔付风险。我国这方面的保险制度较少,需进一步探索。

无论如何,随着我国投融资体制改革的深入和多元化投资的进一步推行,采取代建模式,建立与市场经济相吻合的新型工程管理模式,已势在必行。如何真正实现代建制操作的"阳光化"、效益化,仍需要政府在制度建设上作出较大的改进,在政策等多方面加以引导和扶持,以及投资、建设参与各方的共同努力。

第二节 政府投资项目代建制的发展和完善

一、代建制的制度建设

政府有关部门应总结各地试点经验,规范代建制工作,对代建单位的性质、资质、实行方式、职责、代建项目的范围、代建制的模式等各个方面给出指导性意见。

(一)代建单位的性质

从发展趋势来看,代建单位的性质主要应为企业型。政府机关型"深圳模式"可设几个试点单位。从目前来看,我国的政府机关比较庞大,人员严重超编超支,财政负担很大,国家一直在精简机构,精简人员,若代理单位采取政府机关型或事业型,与政府精兵简政政策不符,加重了财政负担。所以,未来的代理单位应主要以企业型为主,自主经营、自负盈亏。

(二)代建单位的资质

代建单位必须是规范的工程管理公司,通常应具备以下一些基本条件:①具有甲级监理单位资质、前期拆迁资质和招标代理资质;②具有一定年限以上工程管理资历,承担过数项投资总额在数亿元以上的工程建设项目全过程管理;③投资额较大的工程项目,相应地对工程管理公司注册资金数额的大小也有较高的要求;④主要负责人和技术负责人应由具有高级职称的在职人员担任,应有工程建设实践经验和组织、协调、指挥能力或负责管理过一个以上投资总额数亿元的工程建设项目;⑤应有一定数额专业技术职称的在职人员,包括高级工程师、高级经济师、注册造价师、注册结构工程师、注册监理工程师以及有承发包代理资格人员等,并具有较强的审查设计、审核概预算、对工程质量安全进行直接监理的能力。

(三)代建工作的实施

就目前来说,我国代建机构总体水平发展不高,多数代建单位资质达不到要求,缺乏对项目全过程、全方位管理的经验,而且目前缺乏对代建监督和控制的法律法规,外界的监管力度不够。因此,在代建工作实施上,可采取两种方式:①项目前期工作通过招标确定一个代理单位,项目实施建设通过招标确定另一个代理单位,此种方式适合专业性强的公司;②项目前期工作和建设实施阶段工作通过招标确定一个代建单位,此种方式限于具有较高资质的工程管理公司。

(四)代建项目的范围

目前代建项目的范围仅限于公益性的政府投资项目,面比较窄,应扩大代建的范围。代建制是以委托代理理论为基础,以契约的形式从制度方面规范各方的行为,使各方的责、权、利对等。实质上,代建制只是一种工程建设管理模式,不但非经营性的政府投资项目可以运用,其他项目也可运用。《北京市政府建设项目代建制管理办法》(试行)已明确规定,政府项目中,非经营性、一般经营性的基础设施和公共事业类工程建设项目应采取代建制模式。

(五)代建单位的职责

总体来说,代建单位的职责应包括以下八个方面:①工程前期征地、动拆迁和市政配套工作的管理、协调;②建设项目前期策划、可行性研究等前期技术服务;③组织设计、施工、监理、设备采购选型的招标工作;④设计优化、设计图方案审查;⑤工程设计、施工的投资、质量、进度控制和合同管理;⑥质量、安全监理;⑦组织工程竣工验收、备案、移交使用;⑧建设项目包括投资效益分析在内的后评估。

(六)代建制的模式

代建制可采取如下两种模式。

模式一:组建政府投资工程管理中心,该中心是政府投资工程的投资主体,也确立其业主的地位,对于政府投资过程中的非经营性项目进行专业化的集中管理。

模式二:暂不组建政府投资工程管理中心,不触动目前各个部门在自己行业(事业)内的政府投资过程中的业主地位。这种模式与第一种模式最大的区别是,政府投资工程的业主仍然保持了原来的分散性特征,对现状冲击较小,是一种妥协方式。该模式的工程项目管理公司还可以有两种选择,或者实施三角模式,或者选择总承包模式。

二、代建制的财政财务管理

财政部门要尽快出台一个代建制财政财务管理有关问题的指导意见,做好代建制与现行基本建设财政财务管理制度的衔接工作。

第一,投资项目的投资计划、基建支出、预算申报和下达以使用单位为主体,由代建单位根据代建协议负责代为编制,由使用单位按规定程序上报有关部门,投资计划下达到使用部门,并抄送代建单位。财政部门将年度支出预算编入使用单位部门预算,注明实行代建制,并函告代建单位。年度追加的基建支出,由财政部门下达给项目使用单位,并抄送代建单位。

第二,资金直接拨付给代建单位或供应商。代建单位按工程进度、年度计划、年度基建支出预算、施工合同、代建单位负责人签署的拨款申请,请领资金。

第三,基建财务管理和会计核算以代建单位为主体。由代建单位按国家基建预算、基建财务会计制度、建设资金账户管理规定等要求单独建账核算。

第四,代建管理费按不高于建设单位管理费的标准核定,计入项目建设成本,由项目主管部门报同级财政部门审核,财政部有关部门核定。代建管理费要与代建内容、代建绩效挂钩,奖优罚劣,原则上可预留20%的代建管理费,待项目保修期后支付。

三、代建制的配套措施

我国应尽快规范招投标市场,培育代建市场,建立与代建制相应的配套措施。

第一,加强政府监管。首先,建立严格的内部控制制度,防止个人舞弊;其次,加强外部监督,防止组织舞弊。结合中国的国情,除了加强财政和审计部门监督,还可以发挥纪检、检察部门的作用有效地进行监督。要重点推进政府投资管理改革,打破传统的政府投资直接拨款的模式,实现政府投资管理模式由被动的审批管理向搞好项目储备、前期研究和加强事中、事后监管转变,对新批准的政府投资项目要依法实现百分之百招标,对公益性项目要试行代建制,对政府投资的重点项目要上网公布,让社会监督。

第二,大力发展工程咨询业,培育综合性的工程管理公司。代建市场迟迟不能形成,原因在于中国的工程咨询业不发达,缺少大型综合型的工程管理公司,阻碍了代建制的推广和发展。因此,应加强工程管理公司的培育,早日形成代建市场。

第三,政府投资工程要实行特殊的合同条件。由于政府投资是来源于政府税收即纳税人的钱,所以对政府投资工程必须采用相对于一般非政府投资工程严得多的合同条件。应为政府投资工程编写特殊的施工合同条件,其中应强调政府投资的工程业主可根据承包商的表现,随时解除合同,同时还可以有特权在"为了政府利益而中止合同"(当然要给承包商合理的赔偿)。合同中要指出在支付时的一些特殊程序,比如竣工结算时应接受财政与审计部门的审查,批准后方可支付。

第四,政府投资工程要实行工程担保与工程保险。由于政府投资的影响面大,事关政府形象和广大人民群众的切身利益,因此政府投资工程一定要保证质量和项目的成功,不能承担较大的合同风险与工程风险。解决此类问题的最佳途径就是对政府投资工程实行工程担保和工程保险制度。前者强调承包商必须提出履约保函,并将这一条列为政府投资工程承包市场的准入条件;后者则应在政府投资中单列工程保险费,保障工程风险能通过保险公司转移,确保政府投资项目的成功。

参 考 文 献

[1] 戎贤,穆静波,王大明. 工程建设项目管理[M]. 北京:人民交通出版社,2006.

[2] 建设部工程质量安全监督与行业发展司,建设部政策研究中心. 中国建筑业改革与发展研究报告（2005）——市场形势变化与企业变革[M]. 北京:中国建筑工业出版社,2005.

[3] 尹贻林,阎孝砚. 政府投资项目代建制理论与实务[M]. 天津:天津大学出版社,2006.

[4] 单大明. 组织行为学[M]. 北京:机械工业出版社,2004.

[5] 卢谦,张琰,唐连钰,等. 建筑工程招标投标手册[M]. 北京:中国建筑工业出版社,1987.

[6] 全国建筑施工企业项目管理培训教材编写委员会. 工程招标投标合同管理[M]. 北京:中国建筑工业出版社,1995.

[7] 王雪青. 国际工程项目管理[M]. 北京:中国建筑工业出版社,2000.

[8] 蔡正咏. 混凝土性能[M]. 北京:中国建筑工业出版社,1979.

[9] 刘伊生. 建设项目管理[M]. 北京:北方交通大学出版社,2001.

[10] 宫立鸣,孙正茂. 工程项目管理[M]. 北京:化学工业出版社,2005.

[11] 席相霖. 现代工程项目管理实用手册(第一卷)[M]. 北京:新华出版社,2002.

[12] 张德. 组织行为学[M]. 北京:高等教育出版社,1999.

[13] 四川省土木建筑学会. 施工组织与管理[M]. 成都:四川科学技术出版社,1986.

[14] 全国建筑施工企业项目管理培训教材编写委员会. 施工项目管理概论[M]. 北京:中国建筑工业出版社,1995.

[15] 中国建筑业协会,清华大学,中国建筑工程总公司. 工程项目管理与总承包[M]. 北京:中国建筑工业出版社,2005.

[16] 谭章禄,李涵,徐向真. 工程管理总论[M]. 北京:人民交通出版社,2007.

[17] 石振武,宋健民,赖应良. 建设项目管理[M]. 北京:科学出版社,2005.

[18] 中国水利学会水利工程造价管理专业委员会. 水利水电工程造价管理[M]. 北京:中国科学技术出版社,1998.

[19] 李新军. 水利水电建设监理工程师手册(上册)[M]. 北京:中国水利水电出版社,1998.

[20] 刘士贤. 建筑项目进度控制[M]. 北京:中国水利水电出版社,1994.

[21] 马月吉. 怎样编制审核工程预算[M]. 北京:中国建筑工业出版社,1984.

[22] 黄希庭. 普通心理学[M]. 兰州:甘肃人民出版社,1982.